中華美學全史

第九卷

陈望衡 著

人民出版社

目　　录

第　九　卷
清　朝　编

第 九 卷

清朝编

导　语

　　清代是中国封建社会最后一个朝代。隋唐以降，中国封建社会由盛转衰，直到清代，封建制度达到成熟并逐渐腐朽。

　　清朝的最大贡献为三：实现了中华民族最大的融合，中华民族融合始自先秦，南北朝时，由北魏开始的汉化工程意味着中华民族融合第一个高潮到来，唐宋为第二个高潮，在这个时期汉化工程在广度上、深度上展开了，元朝是中华民族融合第三个高潮，元朝将中华民族的融合提升到新高度，极大地促进了多民族的中华大帝国形成。清为第四个高潮，清朝基本上承传元朝中华民族融合的传统，只是满族统治者较之蒙古族统治者对融合的自觉性更高。统治清王朝的满族人深深知道，要想统治中国，必须借助汉文化，于是汉化工程在全体满洲人中展开。除衣饰和发饰外，满族人完全为汉文化所同化。至此，多民族的中华大帝国空前地统一、强大。到清代中期，汉族知识分子基本上认同了清廷的正统地位，以至于像林则徐、曾国藩、左宗棠这样优秀的汉族知识分子都倾心为清朝服务。

　　清初，当有人提出再修长城时，康熙说他要的不是那条砖石砌的城，而是"众志"所成的城。这就是说他们已清醒地看到长治久安的关键不是毕天下之物力于一役，而是收天下之心于一统，而典籍则是民之心力最直接的载体。于是，有清一代，官、私两家所做的文化集成工程比以往所有时代之总和还要来得多，来得大。《理学家传》《明儒学案》《宋元学案》《明文海》

《全唐诗》《全五代诗》《肇域志》《读史方舆纪要》《康熙字典》《十三经注疏》《古今图书集成》……还有那部鼎鼎大名的《钦定四库全书》，它们的出现标志中国思想文化的总结在清代已达到顶峰。

秦汉以来，大凡每个时代都有自己独特的精神标志。在哲学上，两汉经学、魏晋玄学、隋唐佛学、宋明理学，都是一座座时代的精神丰碑。清代的朴学似乎还够不上一种哲学体系。同样，在文学艺术上，汉乐府、魏晋六朝骈文、唐诗、宋词、元曲、明小说，皆声名显赫。清代小说诚然很好，但与明并提，仅分半席。造成这种现象的原因是清朝处于一个总结性的时代。它无所不有，就是没有特色。这种全有，不是它的缺点，而是它的特点。

所有这些，体现在美学上，则清代可以看作是中国古典美学的总结，中国古典美学到此完全成熟。中华美学的一些重要传统，如"言志"传统、"美刺"传统、抒愤传统、"诗史"传统、文道统一传统、文质统一传统、文品与人品统一传统都得到了总结性的阐述。部门美学均出现最高水平的代表，如王夫之、叶燮、王国维的诗歌美学，石涛、郑燮的绘画美学，金圣叹、脂砚斋、毛宗岗的小说美学，李渔的戏曲、园林美学，刘熙载的书法美学，桐城派的散文美学，等等。在艺术创作上，曹雪芹的《红楼梦》（初名《石头记》）横空出世，不论在思想上，还是艺术上，其成就均超出此前的长篇小说，成为中国封建时代小说创作的最高峰。

清朝，除了早期的王夫之，没有出现大的美学思想家，曾国藩虽然算不上美学大家，但他的美学思想为清朝——中国最后的封建王朝留下了尚称得上绚丽的霞彩，他的美学是中国封建社会美学不够完善的总结。

清代美学的突出成就是总结，它的特点是大全。它的致命问题，是没有创新。没有创新的美学，其命运必然是保守、僵化，也许一时半会儿不会消亡，但基本上没有振奋民族的精神活力了。

它需要一种冲击，一种震撼，一种掀天揭地的风暴，这风暴终于来了。

第 一 章

遗民情绪与清初美学^①

1644 年，李自成率农民军破京，崇祯帝弃国。旋即吴三桂引清兵入关，清朝入主中华。在这个黄宗羲^②称之为"天崩地解"的时期，那些忠于先朝故主的士大夫，或殉节，或投袂，或退隐，或逃禅，不知凡几，都源于一个"节"字。当南明无力回天之时，石涛悲愤不已，曾跋所画竹云：

> 东坡画竹不作节，此达观之解。其实天下之不可废者，无如节。
> 风霜凌厉，苍翠俨然，披对长吟，请为苏公下一转语。^③

自唐以来，中国历史上有两度大的"以夷变夏"，一是宋之亡于元，二是朱明亡于清。前者虽然也创巨痛深，但此前 152 年北宋亡于金的靖康之难，已经在人们的心理上作了一次大的预设和缓冲。文天祥的正气之歌、谢翱的西台勒哭、汪元量的水云悲吟和郑所南的无土之兰，尽管悲愤之情可以感天地而泣鬼神，但比起甲申国变来说，后者的亡国之痛、故国之思则

---

① 此章初稿由笔者的研究生舒建华写就。

② 黄宗羲（1610—1695），浙江余姚人，字太冲，号南雷，别号梨洲老人。明末清初著名的经学家、史学家、思想家、地理学家、天文历算学家。黄宗羲与顾炎武、王夫之、唐甄并称"明末清初四大启蒙思想家"。黄宗羲的著作多达 50 余种，300 多卷，主要有《明儒学案》《宋元学案》《明夷待访录》《孟子师说》《四明山志》等。

③ 黄宗羲：《谢皋羽年谱游录注序》，见《黄宗羲全集》第十册。

更为沉郁、浩大。

　　试检两朝遗民录,明程克勤撰的《宋遗民录》,仅得谢翱等 11 人,而今本《明遗民录汇辑》,载遗民人数几达 3000 之巨;今本《清诗纪事》亦以明遗民开卷,凡二卷,胪列遗民诗家近 400 人之多。遥想当年,可谓江湖满地皆遗民。试看清初,当时第一流的思想家黄宗羲、王夫之,学者顾炎武、傅山,艺术家八大山人、石涛,无不是守节不臣新朝的遗民,可以想见,清初举国郁结着一股何等强烈的遗民情绪,其势之浓烈,连钱谦益、吴伟业这样一度"失节"的文坛盟宗、诗坛巨子都铭感五内,郁郁然终其一生。缘此,我们要厘清清初的美学思潮,就必须从这股掀天动地的遗民情绪入手。

第一节　"厄运危时"与"至文生焉"

黄宗羲在对南宋著名的遗民谢翱的事迹作考辨时说:

　　夫文章,天地之元气也。元气之在平时,昆仑旁薄,和声顺气,发自廊庙,而豳浃于幽遐,无所见奇。逮夫厄运危时,天地闭塞,元气鼓荡而出,拥勇郁遏,坌愤激讦,而后至文生焉。故文章之盛,莫盛于亡

黄宗羲像

宋之日，而皋羽其尤也。然而世之知之者鲜矣！ ①

文中提到的"皋羽"即谢翱（1249—1295），号晞发子，福建长溪人，据胡翰《谢翱传》，他曾"倾家资，率乡兵数百人"投文天祥抗元，后变姓名逃亡，著有《晞发集》。谢氏于元世祖至元二十七年（1290），即文天祥殉国后七年，雪夜登富春江畔严子陵钓台，哭祭文天祥。《西台恸哭记》一文详述其事，曲尽亡国之痛，故人之思。② 黄宗羲曾于崇祯十一年（1638）为此文作注，自称"此时不过喜其文词耳"③。明亡后，间观江海，才对此文包蕴的遗民情绪有了强烈的共鸣，故写下了上面这段文字。国变，对黄宗羲的刺激是极为深巨的，他在另一处说：

> 余学于子刘子（按：刘宗周），其时志在举业，不能有得，聊备戢山门人之一数耳。天移地转，僵饿深山，尽发藏书而谈之，近二十年，胸中窒碍解剥，始知曩日之孤负不可赎也。④

"厄运危时……而后至文生焉"这一命题就是在"天移地转"的时代背景下提出来的。他序其弟黄宗会⑤ 文集时也说：

> 其文盖天地之阳气也。阳气在下，重阴锢之，则击而为雷；阴气在下，重阳包之，则搏而为风。……宋之亡也，谢皋羽、方韶卿、龚圣予之文，阳气也，其时遁于黄钟之管，微不能吹纩转鸡羽，未百年而发为迅雷。⑥

以"气"衡文，是中国古代文论的一大特色。曹丕《典论·论文》提出"文以气为主"。黄宗羲又有发挥。曹丕侧重作家个体的心理内涵，所谓"清浊有体"；黄宗羲强调的是民族情绪，即所谓的"元气"或"阳气"，此种情绪在民族存亡之秋的"厄运危时"，如雷鸣电闪，磅礴而出，发为长留于天

---

① 黄宗羲：《谢皋羽年谱游录注序》，见《黄宗羲全集》第十册。
② 张丁《登西台恸哭记注》云："若其恸西台，则恸乎丞相也。恸丞相，则恸乎宋之三百年也。"
③ 黄宗羲：《谢皋羽年谱游录注序》，见《黄宗羲全集》第十册。
④ 黄宗羲：《恽仲昇文集序》，见《黄宗羲全集》第十册。
⑤ 黄宗会，字泽望，号缩斋，世称石田先生，性尤狷介，国变后，隐于浮屠，浪游名山，以疾终。
⑥ 黄宗羲：《恽仲昇文集序》，见《黄宗羲全集》第十册。

地之间的不灭至文。从理论上讲，"厄运危时……而后至文生焉"这一命题并没有多少原创性，但它有极强的代表性：一方面，它突出地反映了当时美学思潮中一股激愤和悲愤的情绪；另一方面，它又是"诗可以怨"这一中国古典美学重大命题在新的历史时期的集中体现和发展。在黄宗羲那里，"厄运危时"的对立面是"平时"，由于"平时"的状态是"和声顺气"，而不是"孤愤绝人"，它所发出的文章就"无所见奇"，不是什么"至文"了。这就导出了这样一个结论：如果文学作品不是出于厄危之孤愤，其价值就不高。顺此逻辑，黄宗羲提出"文章之盛，莫盛于亡宋之日"。验之以文学史，这种推断是不够准确的，诗歌暂且不说，散文上"唐宋八大家"，北宋独占六位，南宋了无一人，"亡宋之日"并非文章极盛之时。其实，这并非黄宗羲一家之偏见，几乎是当时的一种共识。贺贻孙就提出：

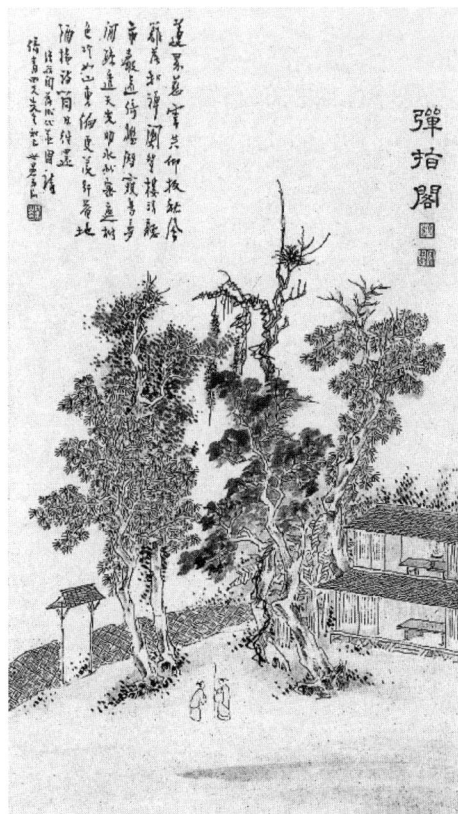

(清) 高翔:《强指阁图》

丧乱以后，余诗多哀怨之旨。……忆昔年避乱禾山，有老父夜半叩床而歌。其妪詈曰："汝妻不食三日矣，汝不知哭，夜半呕哑何为乎？"老父笑曰："吾以歌为哭也。"彼老父以歌为哭，吾以哭为歌。①

词不郁则旨不达，感慨不极，则优柔不深也。不观之风乎？使风之行也，仅能击芙蓉，猎蕙草，上玉堂，入洞房，冷冷洒洒，煦咻披拂以为常乎，则不过起于青苹，绕于华屋焉止矣。胡为乎蓬蓬然发东海而至南海，吹砂崩石，掣雷走电，鼓鲸奋蛟……使夫郁者疏，滞者解，百谷草木甲坼，而万汇以成。然后知风之为物：其怒也，乃其所以宣也；其激也，乃其所以平也；其凄怆也，乃其所以于喁唱和也。风人之诗亦犹是已。……太平之世，不鸣条，不毁瓦，优柔而已矣，是乌睹所谓雄风也乎？②

贺贻孙明亡隐居，康熙时以博学鸿词荐，削发逃入深山不出。他论诗持哀怨之旨，以哭为歌，鼓吹山崩海立、掣雷走电的"雄风"之文，贬斥太平之世的优柔之文，与黄宗羲的议论是一致的。生年晚于黄、贺两位的廖燕③也提出"凡事做到慷慨漓淋激宕尽情处，便是天地间第一篇绝妙文字"④，并以山水解譬云：

大抵登临吊古与夫游览山川之什居多，试为吟讽一过，每多羽声。慷慨者何哉？岂籍山水而泄其幽忧之愤者耶！然天下之最能愤者莫如山水。……故吾以为山水者，天地之愤气所结撰而成者也。天地未辟，此气尝蕴于中，迨蕴蓄既久，一旦奋迅而发，似非寻常小器足以当之，必极天下之岳峙潮回海涵地负之观，而后得以尽其怪奇焉。其气之愤见于山水者如是，虽历经千百万年，充塞宇宙，犹未知其所底止。故知愤气者，又天地之才也。非才无以泄其愤，非愤无以成其才；则山水者，

① 贺贻孙：《自书近诗后》，见《水田居诗文集》卷五。
② 贺贻孙：《康上若诗序》，见《水田居诗文集》卷三。着重号为引者所加。
③ 廖燕（1644—1705），初名燕生，字人也，号柴舟，广东曲江人，绝意仕进，工书，能戏曲。
④ 廖燕：《山居杂谈》，见《二十七松堂集》卷七。

岂非吾人所当收罗于胸中而为怪奇之文章哉？①

黄宗羲曾以"阳气在下，重阴锢之"，以千钧之压，击而为雷为喻；而廖氏则以愤气蕴中聚久，终以海涵地负之势"奋迅而出"为譬。取譬稍异，而其旨则一，都以时势运会为激发文学创作之契机。贺贻孙以哭为歌，廖燕以愤为才，较之黄宗羲的"全愤激讦""孤愤绝人"，可视清初论诗风气之大端。要言之，他们处鼎革之际，以遗民之身，怀着强烈的民族忧患感和绝意仕进的高亢气节，以郁愤哀怒、淋漓尽情为美，倡导一种掣雷走电、"撑霆裂月"②的阳刚之势为美，在一个特定的历史时期，将中国"抒愤"的美学传统张扬到一个空前的高度。

"诗可以怨"③为孔子论诗四端之一，孔安国释为"怨刺上政"。黄宗羲就提出了异议，他说："怨亦不必专指上政。后世哀伤、挽歌、谴谪、讽谕皆是也。"④"怨"的内涵大大扩大了。他又把《诗》和《骚》联系起来，"凄戾为骚之苗裔者，可以怨也"⑤。明末复社主将、优秀诗人陈子龙明亡之后坚持抗清，捐躯赴难，是一位很有民族气节的人。他对于"诗可以怨"有独特的理解，他说："我观于《诗》，虽颂皆刺也——时衰而思古之盛王。"⑥这等于说《三百篇》里说好话的"颂"——本来是可以"观"或"群"的——竟也成了"怨"了。一个说"怨"的范围太窄，另一个说《诗》实质上都是"怨"。我们如果把这两种说法按时序调整一下，先陈而后黄，就可以发现：殉明的烈士说"虽颂皆刺"（"颂"尚如此，遑论其他），而守节的遗民接着说，"刺"非一端，哀、挽、谴、讽皆是。理论脉络就很清晰了。

在中国美学史上，孔子"诗可以怨"经司马迁阐释，成为"发愤以抒情"的美学命题，影响深远。桓谭说："贾谊不左迁失志，则文彩不发……

---

① 廖燕：《刘五原诗集序》，见《二十七松堂集》卷四。着重号为引者所加。

② 黄宗羲《陈子文再游燕中诗序》云："撑霆裂月之作，夫亦可以销磨其岁月矣。"（《黄宗羲全集》第十册）

③ 《论语·阳货》。

④ 黄宗羲：《汪扶晨诗序》，见《黄宗羲全集》第十册。

⑤ 黄宗羲：《汪扶晨诗序》，见《黄宗羲全集》第十册。

⑥ 陈子龙：《诗论》，见《陈忠裕全集》卷二十一。

扬雄不贫,则不能作《玄》言。"① 钟嵘《诗品·序》也说:"嘉会寄诗以亲,离群托诗以怨。……凡斯种种,感荡心灵,非陈诗何以展其义?非长歌何以骋其情?故曰:'诗可以群,可以怨。'"② 刘勰更提出"蚌病成珠"之说,所谓:"敬通(按:冯衍)雅好辞说,而坎壈盛世;《显志》《自序》亦蚌病成珠矣。"③ 诗文如此,音乐也一样。《礼记·乐记》称:"丝声哀。"孔颖达《正义》云:"'哀',怨也,谓声音之体婉妙,故哀怨矣。"《论衡》说:"文章者皆欲为悲。"④ 嵇康说得更为明确:"八音之器,歌舞之象,历世才士,并为之赋颂。……称其材干,则以危苦为上;赋其声音,则以悲哀为主;美其感化,则以垂涕为贵。"⑤

时至唐宋,"发愤以抒情"的美学观念衍化出三个小命题:一是"不平则鸣"⑥;二是所谓"欢愉之词难工,而穷苦之言易好"⑦;三是所谓"诗穷而后工"⑧。前两者是韩愈提出来的,后者是欧阳修提出来的。值得注意的是,韩愈所谓"大凡物不得其平则鸣"与司马迁"大抵圣贤发愤之所为作也"是有区别的,钱锺书先生有缜密的考辨:

> 一般人认为"不平则鸣"和"发愤所为作"涵义相同;事实上,韩愈和司马迁讲的是两码事。司马迁的"愤"就是"坎壈不平"或通常所谓"牢骚";韩愈的"不平"和"牢骚不平"并不相等,它不但指愤郁,也包括欢乐在内。先秦以来的心理学一贯主张:人"性"的原始状态是平静,"情"是平静遭到了骚扰,性"不得其平"而为情。《乐记》里两句话"人生而静,感于物而动",具有代表性,道家和佛家经典都把水因风而起浪作为比喻。……只要看《送孟东野序》的结尾:"抑不知天将和声而

---

① 桓谭:《新论·求辅》。
② 钟嵘:《诗品·序》。
③ 刘勰:《文心雕龙·才略》。
④ 王充:《论衡·超奇》。
⑤ 嵇康:《琴赋》。
⑥ 韩愈:《送孟东野序》。
⑦ 韩愈:《送孟东野序》。
⑧ 欧阳修:《梅圣俞诗集序》。

使鸣国家之盛耶？抑将穷饿其身，思愁其心肠，而使自鸣不幸耶？"很清楚。得志而"鸣国家之盛"和失意而"自鸣不幸"，两者亦是"不得其平则鸣"。韩愈在这里是两面兼顾的，正像《汉书·艺文志》讲"歌咏"时，并举"哀乐"，而不像司马迁那样的偏主"发愤"。……黄庭坚有一联诗："与世浮沉唯酒可，随人忧乐以诗鸣。"（《山谷内集》卷一三《再次韵兼简履中南玉》之二）下句的"来历"正是《送孟东野序》。他很可

（清）袁江:《骊山避暑图》

以写"失时穷饿以诗鸣"或"违时侘傺以诗鸣"等等,却用"忧乐"二字作为"不平"的代词,真是一点儿不含糊的好读者。①

黄庭坚能准确地理解韩愈的意思,但他与欧阳修都对韩文公的苦心纠偏漠然视之,又像司马迁那样偏主"发愤"了:"盖世所传诗者,多出于古穷人之辞也。""盖愈穷则愈工。然则非诗之能穷人,殆穷者而后工也。"②

至此,我们可以发现中国美学史上一个特别耐人寻味的现象:如果我们把《论语》中孔子"兴、观、群、怨"四端并举视为"正",而司马迁"发愤之所为作"视为"偏"的话,那么,这种"正""偏"彼此消长起伏,有纠"偏"之"正",又有纠"正"之"偏"。西汉司马迁偏主"发愤",班固则哀乐并举;桓谭、王充、嵇康又偏主哀情,而钟嵘于"群""怨"又稍加并举。时至韩愈,两面兼赅,欧阳修又偏堕"怨""穷"一边。自南宋以来,随着封建社会由盛势转颓,民族矛盾和灾难日益深巨,民族忧患感如滚雪卷潮,自宋室南渡至陆秀夫负帝投海直至明清鼎革,"发愤以抒情"的美学观,愈占上风,"偏"之一道,积重而难返矣。钱锺书先生曾指出,一些后世学者如洪迈、钱大昕等人,对韩愈"不得其平则鸣"一语理解过于狭窄,将它和"发愤"混淆,所以对韩愈的话加以指摘。③ 这种偏主"发愤"的狭隘理解是有深刻的历史根源的。他们所作的理解过窄恰恰是时代使然。贺贻孙对"不平"的解释就是个好例子,他结合自己的创作经历说:

> 兵燹后,得焚余若干首。今取视之,悲愤之中,偶涉柔艳,柔艳乃所以为悲愤也。……李太白云:"五岳起方寸,隐然讵可平?"今人文章不及古人,只缘方寸太平耳。风雅诸什,自今诵之以为和平,若在作者之旨,其初皆不平也!若使平焉,美刺讽诫何再生,而兴、观、群、怨何由起?鸟以怒而飞,树以怒而生,风水交怒而相鼓荡,不平焉乃平也。观余诗余者,知余不平之平,则余之悲愤未可已也。④

---

① 钱锺书:《诗可以怨》,见《七缀集》,上海古籍出版社 1985 年版,第 125—127 页。
② 欧阳修:《梅圣俞诗集序》。
③ 钱锺书:《诗可以怨》,见《七缀集》,上海古籍出版社 1985 年版,第 127 页。
④ 贺贻孙:《诗余自序》,见《水田居诗文集》卷三。

很显然，此处讲"不平"非韩愈所谓之"不平"，而是"悲""愤""怒"而已。再看抗清殉节的张煌言对"欢愉之辞难工，而穷苦之言易好"的理解。韩愈的原文还是说得较有分寸的，他只是说"难工"和"易好"，没有把话说绝。但欧阳修说的"愈穷则愈工"，就显得绝对化。张煌言未加细辨，将两者强合一处：

> 甚矣哉！"欢愉之词难工，而愁（穷）苦之音（言）易好也"！盖诗言志，欢愉则其性散越，散越则思致不能深入；愁苦则其性沉著，沉著则舒籁发声，动与天会。故曰："诗以穷而后工。"夫亦其境然也。[①]

贺贻孙、张煌言他们理解精度上有差，并不影响他们理论主张的力度。张氏最后说"夫亦其境然也"，这"境"用在这里，很是耐人寻思。

黄宗羲持论可看作一个代表，欧阳修"愈穷则愈工"的独断在他那里得到更为细密的论证，他以阴阳二气的化生搏击来理喻"至文"产生的心理机制。厄运危时，"穷"到极处，那种"贯金石、动鬼神"[②]的"情"也就真到极处，当它磅礴而出，便是"工"到极处的"至文"。"发愤以抒情"的美学传统在黄宗羲这里得到一次大的集成。

第二节　"诗之与史相为表里"

"诗史"说的勃兴，是遗民情绪在清初美学的另一表现，钱谦益、黄宗羲、王夫之等人都有代表性的议论。

钱谦益（1582—1664），字受之，号牧斋，晚号蒙叟、绛云老人、东涧遗老。万历三十八年（1610）进士，官礼部右侍郎，后革职南归。弘光时曾为礼部尚书，顺治二年（1645）清兵南渡时，率众迎降，官礼部右侍郎管秘书院正事，充修《明史》副总裁，任职仅 6 个月，旋病告归。钱谦益文名倾动一时，有"四海文宗"之称。他屈节降清，引起极大震动。顾炎武列谒通衢，

---

① 张苍水：《曹云霖诗序》，见《张苍水集》卷一。
② 黄宗羲：《黄孚先诗序》，见《黄宗羲全集》第十册。

否认曾为他的门生；他的门客、"海内四大布衣"之一的朱鹤龄也"薄其为人，遂与之绝"①。钱谦益归家后，长期秘密联络抗清志士，出资营救张煌言的遗属，又倾家资饷义师。钱谦益的心态是比较复杂的，所谓"大节当年轻错过，闲中提说不胜悲"②。尽管他已经没有资格做遗民了，但遗民情绪在他身上还是比较明显的。这一点在他的诗文美学中体现得尤其强烈。

钱谦益不遗余力地廓清以明代前、后七子为代表的复古主义积习流弊，倡导返经本祖的诗文之道，③追求铿锵伟丽、沉厚雅健的诗风。他精辟地指出诗文创作缘于"灵（一作"人"）心""世运""学问"三者共同作用："萌析于灵心，蛰启于世运，而苗长于学问。"④又称："天地变化与人心之精华交相激发，而文章之变不可胜穷。"⑤这一点与黄宗羲所说的"诗也者，联属天地万物而畅吾之精神意志者也。俗人率抄贩摸拟，与天地万物不相关涉，岂可为诗"⑥是一致的。钱谦益特别强调"世运"变化对促使"灵心"蛰启的作用，提出沧桑巨变、鼎革颠覆的时代会有诗文的大盛：

> 夫文章者，天地之元气也。忠臣志士之文章，与日月争光，与天地俱磨灭。然其出也，往往在阳九百六、沦亡颠覆之时，宇宙偏沴之运与人心愤盈之气，相与轧磨薄射，而忠臣志士之文章出焉。……有战国之乱，则有屈原之楚词；有三国之乱，则有诸葛武侯之《出师表》。⑦

正是在这种"厄运危时"而后"至文生焉"的观念下，钱谦益提出了"诗史"的意义：

> 孟子曰："《诗》亡然后《春秋》作。"《春秋》未作以前之诗，皆国史

---

① 《四库全书总目提要》。
② 阎尔梅：《钱牧斋招饮池亭谈及国变事，作此志之，时同严武伯熊》，见《清诗纪事》明遗民卷第 134 页。
③ 钱氏将"沂流而上，穷风雅声律之由致"视为自己高出时辈之处，他称赞苏轼"实根本六经，又贯穿两汉诸史，演迤弘奥，故能凌猎千古"（《复遵王书》）。
④ 钱谦益：《题杜苍略自评诗文》。
⑤ 钱谦益：《复李叔则书》。
⑥ 黄宗羲：《陆鉁俟诗序》。
⑦ 钱谦益：《纯师集序》。

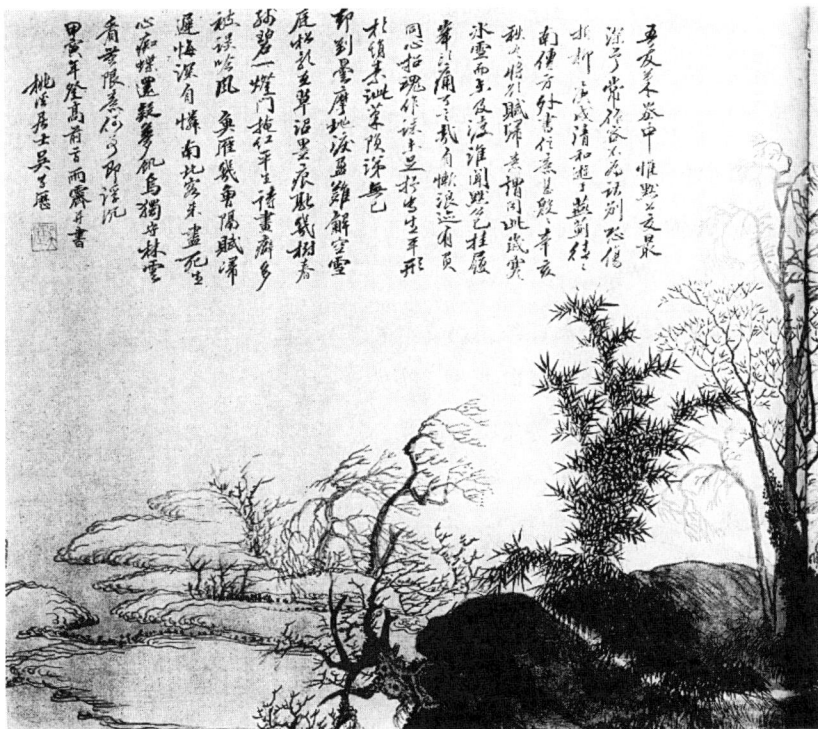

(清) 吴历:《兴福感旧图》

也。人知夫子删《诗》,不知其为定史;人知夫子之作《春秋》,不知其为续《诗》。《诗》也,《书》也,《春秋》也,首尾为一书,离而三之者也。三代以降,史自史,诗自诗,而诗之义不能不本于史。曹之《赠白马》,阮之《咏怀》,刘之《扶风》,张之《七哀》,千古之兴亡升降,感欢悲愤,皆于诗发之。驯至于少陵,而诗中之史大备,天下称之曰“诗史”。唐之诗入宋而衰,宋之亡也,其诗称盛。皋羽之恸西台,玉泉之悲竹国,水云之茗歌,《谷音》之越吟,如穷冬沍寒,风高气慄,悲噫怒号,万籁杂作。古今之诗莫变于此时,亦莫盛于此时。①

这里提到“水云”,即南宋遗民诗人汪元量。钱谦益在崇祯辛未(1631)年就整理过他的诗稿,以“诗史”目之:

---

① 钱谦益:《胡致果诗序》。

夏日晒书,理云间人钞书旧册,得其诗百二十三余首,手写为一帙。《湖州歌》九十八首,《越州歌》二十首,《醉歌》十首,记国亡北徙之事,周详恻怆,可谓诗史。……读水云诗毕,援笔书之,不觉流涕渍纸。①

时至国变,地覆天翻,重提"诗史",真是寄慨遥深。钱谦益梳理了诗与史的关系、流变,强调了民族存亡之秋"诗史"的作用,这些都对黄宗羲有深刻的影响。黄宗羲称:

孟子曰:"《诗》亡然后《春秋》作。"是诗之与史,相为表里者也。故元遗山《中州集》窃取此意,以史为纲,以诗为首,而一代之人物,赖以不坠,钱牧斋仿之为《明诗选》,处士纤芥之长,单联之工,亦必震而矜之,齐蓬户于金闺,风稚衮钺,盖兼之矣。②

今之称杜诗者以为诗史,亦信然矣。然注杜者但见以史证诗,未闻以诗补史之阙。虽曰诗史,史固无借乎诗也。逮夫流极之运,东观兰台但记事功,而天地之所以不毁,名教之所以仅存者,多在亡国之人物,血心流注。朝露同晞,史于是而亡矣。犹幸野制谣传,苦语难销,此耿耿者明灭于烂纸昏墨之余,九原可作,地起泥香,庸讵知史亡而后诗作乎?是故景炎、祥兴,《宋史》且不为之立本纪,非《指南》《集杜》,何由知闽、广之兴废?非水云之诗,何由知亡国之惨?非白石、晞发,何由知竺国之双经?陈宜中之契阔,《心史》亮其苦心,黄东发之野死,《宝幢》志其处所。可不谓之诗史乎?元之亡也,渡海乞援之事,见于九灵之诗。而铁崖之乐府,鹤年席帽之痛哭,犹然金版之出地也。皆非史之所能尽矣。明室之亡,分国鲛人,纪年鬼窟,较之前代干戈,久无条序;其从亡之士,章皇草泽之民,不无危苦之词。以余所见者,石斋、次野、介子、霞舟、希声、苍水、密之十余家,无关受命之笔,然故国之铿尔,不可不谓之史也。③

黄宗羲提出了两个十分重要的观点:一是"诗之于史,相为表里"。诗

---

① 钱谦益:《跋汪水云诗》。

② 黄宗羲:《姚江逸诗序》。

③ 黄宗羲:《万履安先生诗序》。着重号为引者所加。

以深刻地反映时代人物的情感、命运来揭示那个特定时代的风貌,它使抽象概括的史变得丰富起来、鲜活起来。二是,"以诗补史之阙"。史只是大略地记录历史事件,漏缺甚多。有些漏缺是史这种文体决定的,不能过详;有些漏缺是修史者遵循统治者的旨意故意为之,而诗可以起到补苴罅漏的作用。黄宗羲在其文章中列举了大量的例子说明这一点。如元修《宋史》,将南宋最末二帝赵昰、赵昺打入另册,不立本纪。而诗对此做了真实的反映。南宋被元灭后,宫室北徙,汪元量《亡宋宫人分嫁北匠》一诗就真实地记载当时宫女的遭遇,反映出宋亡国之惨。

　　"诗史"之称始见于唐孟棨《本事诗》,其文说杜甫《寄李十二白二十韵》,诗"备叙其事。读其文,尽得其故迹"。又称"杜逢禄山之难,流离陇蜀,毕陈于诗,推见至隐,殆无遗事,故当时号为'诗史'"。[1] 宋祁在《新唐书·杜甫传》中称:"甫又善陈时事,律切精深,至千言不少衰,世号诗史。"因此,"诗史"一说,本是对杜甫现实主义诗歌(尤其是长篇排律)的评价,着眼点在杜甫将"流离"之难"毕陈""善陈"于诗。但此后不少人对"诗史"做了很狭隘的理解,认为"诗史"只是"多记当时事"[2] 而已;"或谓诗史者,有年月、地理、本末之类"[3]。出现了将"诗"简单地史化的倾向,以致闹出了据杜诗考索当时酒价的笑话。[4]

　　靖康之难后,时论推崇陈与义,说他"建炎以后,避地湖峤,行路万里,诗益奇壮"[5],并把他和处安史之乱的杜甫相提并论:"值靖康之乱,崎岖流落,感到别恨,颇有一饭不忘君之意。"[6] 这就是因诗风的雄壮开阔和苍凉悲壮肯定了杜甫式的"诗史"。到了南宋末,有人直称汪元量的诗为"诗史"[7],刘辰翁亦云:

---

① 　孟棨:《本事诗·高逸第三》。
② 　陈岩肖:《庚溪诗话》卷上。
③ 　姚宽:《西溪丛话》卷上。
④ 　参见钱锺书:《管锥编》第一册。
⑤ 　刘克庄:《后村诗话》前集卷二。
⑥ 　吴子良:《荆溪林下偶谈》卷一。
⑦ 　马廷鸾应汪元量之面请序《湖山类稿》,因病未果,"题其集曰'诗史'"。

其诗自奉使出疆,三宫去国,凡都人忧悲叹恨无不有。及过河所历皇王帝伯之故都遗迹,凡可喜、可诧、可惊、可痛哭而流涕者,皆收拾于诗。解其囊,南吟北啸,如赋史传,自有可喜。余盖不忍观之。①

由此可见,"诗史"理论的提出与张扬均与时代的动乱有关。乱世使诗人更深切地认识到:诗应当谱写时代的心声。这是忧患意识的表现。钱谦益、黄宗羲重提"诗史"说,南宋诗人重视"诗史",都是如此。

清兵入关,明朝三百年基业毁于一旦。黄宗羲说是"天崩地解",陈恭尹也说是"地坼天崩"②,都是同声一哭。在这种时代背景下,黄宗羲等在忧患余生中,把那些创作于最为剧烈的历史变动中,能真切叙述民族灾难、宣泄民族忧患感的作品,称为"诗史"。这样,安史之乱中的杜甫,建炎前后的陈与义,景元、祥兴后的汪元量,以及明末清初的陈子龙、张煌言等,他们的作品都被赋予"诗史"这一崇高评价。

清初对"诗史"说提出异议的是王夫之。他说:"夫诗之不可以史为,若口与目之不相为代也。"③又称:

诗有叙事、叙语者,较史尤不易。史才固以镕括生色,而从实著笔自易。诗则即事生情,即语绘状,一用史法,则相感不在永言和声之中,诗道废矣。此《上山采蘼芜》一诗所以妙夺天工也。杜子美放之作《石壕吏》亦将酷肖,而每于刻画处犹以逼写见真,终觉于史有余,于诗不足。论者乃以诗史誉杜,见驼则恨马背之不肿,是则名为可怜悯者。④

很显然,王夫之的说法受到明代杨慎的影响,杨慎说:

宋人以杜子美能以韵语纪时事,谓之诗史。鄙哉,宋人之见,不足以论诗也。夫六经各有体,《易》以道阴阳,《书》以道政事,《诗》以道性情,《春秋》以道名分。后世之所谓史者,左记言,右记事,古之《尚书》

---

① 刘辰翁:《湖山类稿序》。
② 陈恭尹祭易奇际文曰:"公之决科,年始二十。从容盛时,进不汲汲,乃及壮强,地坼天崩。"《胜朝粤东遗民录》卷三,见《明遗民录汇辑》上册,第398页。
③ 王夫之:《薑斋诗话》卷一。
④ 王夫之:《古诗评选》卷四评《上山采蘼芜》。着重号为引者所加。

《春秋》也。若《诗》者,其体其旨,与《易》《书》《春秋》判然矣。《三百篇》皆约情合性而归之道德也。然未尝有道德性情句也。……杜诗之含蓄蕴藉者盖亦多矣,宋人不能学之;至于直陈时事,类于讪讦,乃其下乘,而宋人拾以为己宝,又撰出"诗史"以误后人。如诗可兼史,则《尚书》《春秋》可以并省。①

"诗史"是说"诗如史",而非说"史如诗"。宋代那些曲为之解的饾饤皮毛之见,恰恰抹杀了两种文体的差异,故出现引杜诗考订酒价及柏树的粗细之类笑话。杨慎指出诗与史"各有体",王夫之说各有"定体","异垒而不相入",正是针对此而发的,可说深中其弊。但是杨、王忽略"诗史"创作的时代背景,轻视艺术反映社会现实的重要功能,在这一方面,王夫之的认识是不及同时代的钱谦益和黄宗羲的。

不过,王夫之强调诗的审美价值,提出诗重在"即事生情,即语绘状","永言和声"而不同于"从实著笔"的史,这对廓清"诗即史"的流弊是有积极意义的。

第三节　"义烈"与"三不朽"

"义烈"是一个既熟悉又有点陌生的概念,将这个概念定格化,且在明清易代这样一个天崩地坼的历史剧变之际,它就为一般了。

这样的作为属于明末清初一位卓越的知识分子——张岱(1597—1689)。张岱,字宗子、石公、天孙,号陶庵、蝶庵、古剑老人、六休居士,山阴(今浙江绍兴)人,张岱出身于簪缨望族,高祖、曾祖、祖皆举进士,曾祖还状元及第。张岱家族也是文献世家,著述丰富。张岱在这样一个家庭长大,家庭对于他的影响巨大。第一,家国情怀,其中突出的是对明王朝的情感。1644年,清兵攻入北京,1645年灭南京福王小朝廷,1646年攻陷绍兴,是年张岱49岁,他坚持不降清,也不接受清的礼聘,藏身家乡的山林之中做他

① 杨慎:《升庵诗话》卷四"诗史"条。

的传世学问，历 30 年之功完成了历史巨著《石匮书》《石匮书后集》，他的另外几部传世著作《琅嬛文集》《陶庵梦忆》《西湖梦寻》《四书遇》《夜航船》《古今义烈传》《三不朽图赞》也完成于清朝初期。他以自己的著作弘扬优秀的中华文化，表达深厚的家国情怀。第二，人文修养。出生于仕宦之家的张岱天资聪颖，自幼接受良好的中国传统文化教育，长大遍游名山大川，他兴趣爱好广泛，不仅于正统学问有深厚的学养，而且通晓诸般才艺。在中国士人中，张岱无疑是一个卓越的代表。

《古今义烈传》初撰于明崇祯元年（1628），最后定稿当在清初。这个当口，正是明朝灭亡前后的几年。在国家、民族遭到灭顶之灾之际，自然，作为具有家国情怀且有血性的士人，首先想到的是如何救国救民。然而对于身无官职的张岱来说，没有机会向朝廷进言，他唯一能做的就是著书，以文字唤起民族的自信之心、自强之心。从古代的义士之中寻找这样的典型，将他们的形象、精神展现出来，作为民众效法的榜样，当不失为一条很好的途径。此书初选 400 多人，后增加到 500 余人，时间下限至崇祯末年。

此书核心概念是"义烈"。"义烈"由"义"与"烈"合成。"义"为正义，内涵丰富，此书指的是家国之大义；"烈"，壮烈，为正义而献身，这样的人称为烈士。虽然"义"与"烈"的意义很明白，它们各自组合的词也很多，但"义烈"这样的组合鲜少，也许是张岱的创举。"义烈"这样的熟悉又陌生的概念很是扣人心弦，让人眼前一亮。

此书有意识地将选人的下限定在崇祯末年，目的就是要将抗清的志士选入。在《古今义烈传》的最后一卷中，记录了不少抗清义士。如"陈元纶"条云："陈元纶，字道宁，福州人，名士贡荐。丙戌，贝勒兵入福京，有为清官者，与元纶夙交，造庐通好，元纶束网儒巾青袍迎坐。清官顾骇，请具清式以见。元纶笑起云：'欲生换制，乞少选。'入内，清官俟之坐次，忽哭声出户，报元纶儒巾青袍，雉经死矣。"[1] 服制在中国古代关乎民族大义，陈元纶作为汉人，在清朝开国之后，不愿着清服，仍然衣汉装，体现出凛然的

---

① 张岱:《古今义烈传》,浙江古籍出版社 2018 年版,第 283 页。

民族大义。他明知犯下了砍头之罪，不愿接受清廷的审判，慨然自缢而死。张岱在记述这一故事后，写下《赞》曰："今乃死义，立志铮铮。"另，"吕宣忠"条记载了吕宣忠抗清失败，脱身归里，不幸被清兵捕获最后慷慨赴义的情景：

> 忠知事不可为，脱身归里，益磊块不平，时发狂大叫，或长歌，已而泣，泣罢复歌。为县令所迹，捕诸庭，僵立不屈，令诃之，宣忠大声诟詈，令大怒，叱隶役白梃交下，体无完肤，两踝骨见。宣忠死在地，以水沃之，复苏，苏复诟詈，县官坐以死，乃作《绝命词》七章，书之狱壁。一日绑赴市曹，颜色不变，向监者曰："大明士子吕宣忠来就死。"监者与酒一觥，宣忠一饮而尽，掷杯于地，自褫其衣，谓一卒曰："此衣带中有一偈，家人至，可付之。"言毕受戮。
>
> 赞曰：文弱书生，慷慨激厉，戎马为谣，一无式备。兵败一时，脱身亡去，磊块不平，悲歌泣詈，县官迹之，几死犴狴，骨见两踝，拷死在地。杀以邀功，叛逆定罪。大明士子，市曹赴义，监者与酒，黄泉一醉。一饮而尽，掷盂于地，勿为瓦全，宁为玉碎。①

文字十分精彩，情感喷溢，感人至深！这里有一个关键点：吕宣忠明确说"大明士子吕宣忠来就死"，强调自己的身份是大明士子，其死是为大明尽忠。这是一种爱国主义，立足于汉民族立场的爱国主义。在清为侵略者，明为被侵略者的背景下，不管明政权如何腐败，取代明的不应该是清，吕宣忠作为明之士子，为明尽忠，是大义。

张岱所肯定的"义烈"，其义是大义。张岱在《凡例》中开宗明义：

> 凡慷慨赴义，必于仓皇急遽之交，生死呼吸之际，感触时事，卒然迸裂，如电光江涛不可遏灭，虽生平未通半面，遽与臧洪同日死者，此为第一。其余受人恩结，有为而死，如荆轲、聂政之流，不在此列。②

这里，张岱提出一个概念："有为而死"。有为而死是为利益而死，不管

---

① 张岱：《古今义烈传》，浙江古籍出版社 2018 年版，第 284 页。
② 张岱：《古今义烈传》，浙江古籍出版社 2018 年版，第 13 页。

利益是实（财物）的，还是虚（名声）的，反正是出于私德。荆轲、聂政行刺行为，均是受人所托，其义只是侠义，不是大义，属于有为而死。与之相反的是"无为而死"。无为，不是无利益，而是无私利。无私利，有公利，而且一般来说，公利指国家民族的根本利益。张岱强调只有无为而死才是义烈，才是伟大的，光照日月。这种看法已经由道德评判进入审美判断了。审美虽然未必桩桩都与大义相关，但审美都在某种意义上超越功利，而属于无功利判断，如康德所说："鉴赏是凭借完全无利害观念的快感和不快感对某一对象或其表现方法的一种判断力。"①

张岱对于义烈的判断，一是强调大义，二是强调激烈。激烈，一是事急，"仓皇急遽之交"，二是事重，"生死呼吸之际"。这样一种行为，其美学品格就是崇高了。孟子讲的"浩然之气"，文天祥说的"正气"均属于此种美，它们与义烈相通、相同。

张岱暮年著有《三不朽图赞》，可以作为《古今义烈传》的呼应。《左传·襄公二十四年》云："太上有立德，其次有立功，其次有立言，虽久不废，此之谓不朽。"这"三立"自提出以来，一直是士人的人生理想。张岱暮年，对"三立"情有独钟，立志为搜集具有这"三立"品位的越人先贤的图像，他在此书的小叙中说：

> 余少好纂述国朝典故，见吾越大老立德、立功、立言以三不朽垂世者多有其人，追想仪容，不胜仰慕，遂与埜公徐子沿门祈请，恳其遗像，汇成一集，以寿枣梨，供之在堂，开卷晤对。②

这求像实在不易，张岱的做法是沿门祈请，此书所录图像110幅，这是最后定下的，采集的肯定远大于这个数。张岱如此舍得吃苦，当然不是为了著书，以图像为插图，事实上，这本书以图像为主，而不是以文字为主，事实上，此书的文字，比之于《西湖梦寻》《琅嬛文集》也有所逊色。再想想，"三立"：立德、立功、立言涵盖了士人全部的行止，难道他的目的就是全面

---

① ［德］康德：《判断力批判》上卷，宗白华译，商务印书馆1987年版，第47页。
② 张岱：《古今义烈传》，浙江古籍出版社2018年版，第1页。

地提出士人努力的方向吗？显然不是。作为一位明朝遗老，张岱耿耿于怀的还是明为清取代这一残酷的事实。不管是立德、立功还是立言，骨子深处立的还是中华民族的民族气节，爱国主义精神。这里，"祁世培公像"一条透露了重要信息。祁世培公即祁彪佳，他是张岱的朋友，明崇祯时，官至右佥都御史，清兵入关后，他力主抗清，一度在南明为官，希望挽救危局，最后还是心灰意冷回归故里。弘光二年即顺治二年（1645），清廷欲召他为官，祁彪佳不为所动，自沉湖中，以死明志。张岱在《三不朽图赞》中这样赞扬祁彪佳：

> ……清贝勒以书聘公，公自平水携槔至寓山，赴水而死。子理孙拏舟求之柳陌下，正襟危坐，水仅及额，冠履不动，面带笑容，腹无勺水，时人异之。

> 赞曰：德裕园亭，文山声伎，一旦殉亡，弃若敝屣，危坐正襟，趺跏止水。首不堕冠，足不遗履。毫无戚容，满面欢喜，如斯人也，乃以四负名堂，余曰孔子何阙而居阙里。①

这里对于祁彪佳的称赞不仅充满理性的尊崇，而且充满感性的爱戴。

从义烈到图赞，张岱将亡国之痛化为理性的力量和审美的礼赞。他的潜意识很清楚：中华民族有希望，中国有希望。

---

① 张岱：《三不朽图赞》，浙江古籍出版社 2018 年版，第 36 页。

第 二 章

王夫之的美学思想

王夫之（1619—1692），字而农，号薑斋、船山、一瓠道人、夕堂，湖南衡阳人。明亡后一度任南明永历朝行人司行人，后幽居石船山，潜心著述。据其裔孙王之春《船山公年谱》载，王夫之著述100种之多，见于著录者有88种，《船山遗书》收入70种，计358卷。

王夫之像

王夫之是清初杰出的美学家。他以丰赡精深的学养和富有辩证色彩的观点，对中国美学的一些根本性问题提出了极深刻的见解，其建树之卓，立论之高，在有清一代乃至整个中国美学史上，都是罕有其匹的。可以毫不夸张地说，只有王夫之的出现，中国美学才进入一个全面的总结时期。

第一节　美之根源论

"天人合一"论是王夫之美学思想的基石。王夫之的"天人合一"思想主要有如下几个要点：

一、用"气"一元论来解释"天"与"人"

王夫之对宋代唯物主义哲学家张载十分推崇，临殁前自书墓石就有"希张横渠之正学而力不能企"之句。张载持"气"本体论。王夫之信服并发展了张载的这一学说。他用"气"一元论来解释"天"与"人"。

王夫之认为，"天"是自然的"天"。他说："皇哉！盈天地之间，清乎，虚乎，一乎，大乎！莫之御而自生者乎！"[①]在《周易外传》卷五中他又说，"盈天地者皆器矣"。这"器"，王夫之认为"有其表者，有其里者"。器之"里"就是道，器之"表"就是各种形。表与里的统一，就是道与形的统一，虚与实的统一。

王夫之还认为"天"与"人"都本于"气"。这"气"即充盈天地之间的阴阳二气。阴阳二气化合，"轻者浮，重者沉，亲上者升，亲下者降"[②]，于是产生天地。人也是由阴阳二气化合而成的。"气"的变化造成人的生死。"人之构精而生，所以生者，诚有自来；形气叛离而死，所以死者，诚有自往……"[③]

按现代科学，王夫之如此解释天地的产生，自然有粗疏之嫌，但他肯定天地人是物质运动的产物，基本立场是可取的。

---

① 王夫之：《张子正蒙注》卷一。
② 王夫之：《张子正蒙注》卷一。
③ 王夫之：《周易外传》卷六。

（清）戴本孝:《华山景图》

二、人道与天道

王夫之认为,"道者,天地人物之通理"①。"道"是统管天地万物包括人在内的。这样,"人之道,天之道也"②。

人之道虽然是天之道,但天之道毕竟是不以人的意志为转移的。"鱼之泳游,禽之翔集,皆任其天。"③ 这一"天道"是人不能强行改变的,人道只能遵循天道,以人合天。

"天人合一"的思想自《周易》提出后,历代思想家多有论述。西汉董仲舒提出"天人感应"说,在他的哲学中,"天"被神化了。宋代程朱理学以"理"为宇宙本体,"天"即理。程朱心目中的"理"是封建伦理规范,因而他们说的"天"被高度伦理化了;王阳明、陆九渊以"心"为宇宙本体,不过他

---

① 王夫之:《张子正蒙注》卷一。
② 王夫之:《续春秋左传博议》卷下。
③ 王夫之:《续春秋左传博议》卷下。

们说的"心"仍然不离封建伦理规范，所以实质与程朱并没有太大区别。以上的学说有个共同特点，其所说的"天"都是精神的，而不是物质的。北宋的大理学家张载是个例外。他提出"太虚"这一范畴，"太虚"就是"气"。"气"是物质性的，它是宇宙的本性。"由太虚，有天之名；有气化，有道之名；含虚与气，有性之名。"①整个世界就是这样构成的。王夫之继承发展了张载的这一思想，并以此建立他的"天人合一"论。

"天人合一"论，是王夫之美学思想的哲学基础，他将这一思想作为他思考艺术意象的出发点。艺术意象构成的基本元素是情与景，情景关系实质是天人的关系。王夫之认为，情与景是相通的，因为它们都是天地的产物。他说：

> 情者，阴阳之几也；物者，天地之产也。阴阳之几动于心，天地之产应于外。故外有其物，内可有其情矣；内有其情，外必有其物矣。②

在王夫之看来，情与物（景）作为天地的产物，在本质上是一样的，只是一为"外"，一为"内"而已。情与物（景）的统一实是"天"自身的统一，犹如人之肉体与灵魂的统一。这种观点颇为类似黑格尔的"理念"说，黑格尔的"理念"作为"概念"与"实在"的统一也是自统一。黑格尔说："这实在就是概念的自生发，所以概念在这实在里并不是把自己的什么抛弃了，而是实现了自己。"③"概念其实是自己对自己发生关系。"④

情景统一历代都有论述，也都强调情景统一，但情景为什么能统一，其形而上的道理，在王夫之以前没有人深入探究过。王夫之将情景统一的问题牢牢地筑基于"天人合一"之上。

王夫之基于唯物主义的立场，将美的根源归于天地，即归于自然与社会生活。他说：

> 天地之生，莫贵于人矣。一人之生也，莫贵于神矣。神者何也？

---

① 张载：《正蒙》。

② 王夫之：《诗广传》卷一《邶风七》。

③ [德] 黑格尔：《美学》第 1 卷，商务印书馆 1979 年版，135 页。

④ [德] 黑格尔：《美学》第 1 卷，商务印书馆 1979 年版，141 页。

天地之所致美者也。百物之精，致美于人而为神，一而已矣。求之者以其类，发之者以其物。是故精生神，而神盛焉。……君子所以多取百物之精，以充其气，发其盛，而不惭也。①

这里谈到自然之美与人之美。这二者之美皆为天之美。"天致美于百物而为精"，"致美于人而为神"。"精"——物之美；"神"——人之美。

第二节　审美直觉论

"兴、观、群，怨"最早是孔子提出来的，目的是强调诗歌的社会功能，而且主要是政治教化功能。后人对此多有阐发，基本立场也大体一致。王夫之对"兴、观、群、怨"有新的理解，这种理解不仅涉及诗歌的社会活动，而且涉及诗人、艺术家审美创造过程中的心理活动。王夫之说：

> 诗之泳游以体情，可以兴矣；褒刺以立义，可以观矣；出其情以相示，可以群矣；含其情而不尽于言，可以怨矣。②

值得格外注意的是，王夫之将"兴、观、群、怨"四者都与"情"联系起来。他说"兴"出自"泳游以体情"，有着浓厚的情感色彩；他说"观"须"褒刺立义"，"褒刺"怎能无情？他说"群"须"出其情以相示"，"怨"要"含其情而不尽于言"。

在《薑斋诗话》中，王夫之还明确地将"兴、观、群、怨"称为"四情"。他说：

> "诗可以兴，可以观，可以群，可以怨。"尽矣。辨汉、魏、唐、宋之雅俗得失以此，读《三百篇》者必此也。"可以"云者，随所"以"而皆"可"也。于所兴而可观，其兴也深；于所观而可兴，其观也审。以其群者而怨，怨愈不忘；以其怨者而群，群乃益挚。出于四情之外，以生起四情，游于四情之中，情无所窒。③

---

① 王夫之：《诗广传》卷五《商颂三》。
② 王夫之：《四书训义》卷二十一。
③ 王夫之：《薑斋诗话·诗绎》。

这里，有两点值得注意：一是"兴、观、群、怨"向来分而论之，没有考虑到它们的相互影响、相互联系。王夫之认为这四者密切相关，不可分割。二是"兴、观、群、怨"为"四情"，都离不开情感。这样，"兴、观、群、怨"就不同于一般的教化功能，而是一种审美功能，教化寓于审美之中。用王夫之的话来说："可兴、可观、可群、可怨，是以有取于诗。"①

(清) 吴历：《泉声松色图》

诗是不同于策论、杂文、铭箴、诔碑之类文字的。诗以创造意象来反映生活，表达思想情感。兴、观、群、怨均在诗的意象之中，这就牵涉到艺术创作的问题。王夫之在说了"可兴、可观、可群、可怨，是以有取于诗"一句后，接着说：

---

① 　王夫之：《古诗评选》卷四，阮籍《咏怀·开秋兆凉气》评语。

然因此而诗，则又往往缘景缘事，缘已往，缘未来，终年苦吟而不能自道。以追光蹑景之笔，写通天尽人之怀，是诗家正法眼藏。①

这里，"追光蹑景"类似于苏东坡所说的"兔起鹘落，少纵即逝"②。这就是通常说的艺术灵感了。灵感是一种顿悟式的审美直觉。

王夫之说到审美直觉往往与"兴"联系在一起。他说：

兴在有意无意之间，比亦不容雕刻。关情者景，自与情相为珀芥也。情景虽有在心在物之分，而景生情，情生景，哀乐之触，荣悴之迎，互藏其宅。天情物理，可哀而可乐，用之无穷，流而不滞；穷且滞者不知尔。③

"兴在有意无意之间"，耐人寻味。"兴"作为诗的"六义"之一，通常认为是一种创作手法。"兴"的含义甚多，汉唐经学一直把它与"比"相联系。的确，"兴"与"比"关系密切，在许多情况下，"兴"中有"比"。不过，"兴"还是有它自身的功能的。孔颖达说："兴者，起也，取譬引类，起发己心。"④宋胡寅亦说："触物以起情谓之兴，物动情也。"⑤看来"起情"是它的主要功能。"兴"通常在创作发端，表现为创作的冲动。创作冲动的形成，往往是"触物以起情"。因此，"兴"其实就是审美直觉。

朱熹说："诗之'兴'全无巴鼻。"⑥徐渭说："兴"起之时"天机自动，触物发声，以启其下移欲写之情，默会亦自有妙处，决不可以意义说者"⑦。都谈到起"兴"时那种突发性、非理性的特点。

王夫之认为"兴在有意无意之间"，比朱熹、徐渭的说法更全面。"兴"的确兼有非自觉性与自觉性、感性与理性的特点。把"兴"完全神秘化、非理性化恐怕不妥；但"兴"绝对不是逻辑思维，不是由理智控制的，这亦是

① 王夫之：《古诗评选》卷四，阮籍《咏怀·开秋兆凉气》评语。
② 苏东坡：《文与可画篑筜谷偃竹记》。
③ 王夫之：《薑斋诗话·诗绎》。
④ 孔颖达：《毛诗正义》。
⑤ 胡寅：《与李叔易书》。
⑥ 黎靖德编：《朱子语类》卷八。
⑦ 徐渭：《奉师季先生书》。

(清) 袁江:《观潮图》

事实。将"兴"定在"有意无意之间"比较恰当。

　　另外,王夫之强调起"兴"之后,情与景的结合是不受理性指导的自然的行为。不是事先分别有"情"与"景"的独立存在,然后二者去结合,而是"景生情,情生景"。这个看法是非常深刻的,是王夫之的创见。

　　以"兴"为核心,王夫之对艺术创作中的审美直觉现象做了很有价值的描述:

　　　　含情而能达,会景而生心,体物而得神,则自有灵通之句,参化工之妙。①

　　　　"池塘生春草","蝴蝶飞南园","明月照积雪",皆心中目中与相融浃,一出语时,即得珠圆玉润,要以各视其所怀来而与景相迎者也。②

　　　　以神理相取,在远近之间。才着手便煞,一放手又飘忽去……"青

─────────────

① 王夫之:《薑斋诗话·夕堂永日绪论内编》。
② 王夫之:《薑斋诗话·夕堂永日绪论内编》。

青畔草"，与"绵绵思远道"，何以相因依，相含吐？神理凑合时，自然恰得。①

王夫之这些文字精彩地描述了艺术创作中审美直觉的现象，照他的描绘，这种审美直觉具有以下几个特点：

第一，"即景会心"，强调"心中目中与相融浃，一出语时，即得珠圆玉润"。反对那种刻意穷搜的"形容酷似"，因为此等"妄想揣摩"往往会破坏鲜活、灵动的直觉观照。

第二，不期偶然。王夫之认为这种直觉往往表现为灵感状态，不期偶发，稍纵即逝。"一着手便煞，一放手又飘忽去。"

第三，"自然灵妙"。王夫之认为，处于这种状态，诗人对自己所要创作的意象"未尝毫发关心"，然而"自然灵妙"。诗人的审美体验达到高峰，酣畅淋漓，意象纷呈，心境自由灵动，神理转合，非常愉快。

审美直觉的这三个特点均与"兴"有关，所以，"兴"成为王夫之审美直觉说的核心。有时，他径直用"兴"来代替审美直觉。比如他评明代朱器封的《均州乐》，说：

> 一色用兴写成，藏锋不露。歌行虽尽意排宕，然契紧处亦不可一丝触犯。如禅家普说相似，正使横说竖说，皆绣出鸳鸯耳。金针不度，一度即非金针也。②

这种审美直觉，王夫之说是有如"禅家所谓现量"。"现量"是佛教法相宗的一个概念，法相宗认为心与境的关系有现量、比量、非量三种差别。王夫之予以解释：

> 现量，现者有"现在"义，有"现成"义，有"显现真实"义。"现在"不缘过去作影；"现成"一触即觉，不假思量计较；"显现真实"，乃彼之体性本自如此，呈现无疑，不参虚妄。③

王夫之认为，"现量"最为本质的特点是"现在"即"现成"。"现在"即

---

① 王夫之：《董斋诗话·夕堂永日绪论内编》。
② 王夫之：《明诗评选》卷二，朱器封《均州乐》评语。
③ 王夫之：《相宗络索·三量》。

"即景会心";"现成"即"自然灵妙";"显现真实"即"参化工之妙"。借用"现量"来说明审美直觉的确是恰当的。在王夫之以前也有人描述过审美直觉现象,如宋代的严羽、明代的胡应麟。胡应麟说:"严氏以禅喻诗,旨哉! 禅则一悟之后,万法皆空,棒喝怒呵,无非至理,诗则一悟之后,万象冥会,呻吟咳唾,动触天真。"①

王夫之说:

> "僧敲月下门",只是妄想揣摩,如说他人梦,纵令形容酷似,何尝毫发关心? 知然者,以其沉吟"推""敲"二字,就他作想也。若即景会心,则或推或敲,必居其一,因景因情,自然灵妙,何劳拟议哉?"长河落日圆",初无定景;"隔水问樵夫",初非想得,则禅家所谓"现量"也。②

这是王夫之分析现量在艺术创作中体现的实例。在王夫之看来,代他人作想,揣摩"僧敲月下门"一句中用"推"好还是用"敲"好是没有意义的,完全是"说他人梦"。艺术创作却是说自己的梦。重要的是"即景会心","因景因情"。当下是什么样的景象就是什么样的心态;反过来,当下有什么样的心态就会有什么样的景象。总之,是"即",是"会",而不是刻意去找。"初无定景",因为这景由心生;"初非想得",因为这心由景生。

在西方美学史上谈直觉的很多,笔者认为最值得注意的还是弗洛伊德。弗洛伊德认为人的思维有显意识和潜意识之分,其中介为前意识,前意识是暂时被忘却的意识,也可以说是可能被激发的潜意识。在某种机缘下,前意识突然激发为意识。人在正常情况下,前意识以及潜意识是处于潜在状态的,潜在状态并不是不活动,只是其活动没有被人察觉罢了。某些曾苦思而不得其解的问题,在潜意识及前意识中已酝酿多时接近或熟了。因此,前意识转化而来的意识有时质量是很高的。

一切都是偶然的,一切又是有迹可寻的。这迹,就在景与情的相互作

---

① 胡应麟:《诗薮》。
② 王夫之:《薑斋诗话·夕堂永日绪论内编》。

用之中。王夫之对直觉的分析也许没有弗洛伊德那样过细，但也没有弗洛伊德那样神秘。他抓住景与情的关系，只在"即景""会心"上寻找直觉的规律，"即"重在当下性，"会"重在交感性。这样，出现的直觉，"自然灵通"，可"参化工之妙"。王夫之的直觉理论既具中国文化的特色，又具世界意义，堪与弗洛伊德的潜意识说相媲美。

直觉作为重要的思维方式，在人类的思维活动中占据重要地位，人的思维大量地属于这种直觉。直觉能力、直觉质量、直觉频率都因人而异。许多大科学家相信直觉。艺术家通常是直觉能力比较好的人。艺术创作中大量出现直觉现象，这已是公认的事实。

由于历史的局限，王夫之的情感哲学用的还是古典的话语，但是仔细品察，这分明闪耀着现代思想的光辉。它的情感哲学架构了一道由古典通向现代的彩虹。

宋明以禅悟谈妙悟的文字很多，表明中国美学对审美直觉有相当深刻的认识。尽管西方美学对审美直觉也有一定的认识，但若与中国古典美学相比，似乎稍逊一筹。西方美学更多地强调艺术创作中的理性作用，而中国美学则更多地强调艺术创作中感性（悟性）的作用。王夫之的论述可视为对这个问题的总结。

第三节　审美意象论

王夫之对中国美学的最大贡献在于：他对传统意象理论做了系统、全面的总结。

王夫之的"意象"论包括"意"与"象"关系、"情"与"理"关系、"形"与"神"关系、"情"与"景"关系四个部分。其中"情"与"景"的关系分量最重。

一、"意"与"象"的关系

王夫之认为，诗文要"以意为主"。他说：

　　无论诗歌与长行文字,俱以意为主。意犹帅也,无帅之兵,谓之乌合。李杜所以称大家者,无意之诗十不得一二也。烟云泉石,花鸟苔林,金铺锦帐,寓意则灵。①

　　在"意"与"象"的关系上,确定以意为主,这是很正确的。曹丕曾说过"文以气为主"。二者异曲同工。王夫之强调"意"是艺术意象中的"帅",这"帅"起统率全篇的作用。"寓意则灵",有了"意",整个意象就生动起来了。王夫之主张诗文"以意为主",而且要"寄意在有无之间,忧慨之中自多蕴藉"②。

　　王夫之指出,"以言起意"与"以意求言"的是有区别的:

　　　　以言起意,则言在而意无穷,以意求言,斯意长而言乃短,言已短矣,不如无言。故曰:"诗言志,歌永言。"非志即为诗,言即为歌也。或可以兴,或不可以兴,其枢机在此。唐人刻画立意,不恤其言之不逮,是以竭意求工,而去古人愈远。欧阳永叔、梅圣俞乃推以为至极,如食稻种,适以得饥,亦为不善学矣。襄阳于盛唐中尤为褊露,此作寓意于言,风味深永,可歌可言,亦晨星之仅见。③

　　这的确是一个耐人寻味的区别。"以言起意"是指从生活中提炼"意",在形象化的语言中寄寓"意"。形象大于意,意如盐,要溶在"象"中;"以意求言",主题先行,这样的言只是为了达意,"言"与"意"看起来相当,实际上,"言意俱迫促"。这样的"言",真"不如无言"。王夫之批评"唐人刻画立意,不恤其言之不逮,是以竭意求工,而去古人愈远",亦批判欧阳修、梅圣俞将这种错误做法"推以为至极"。

　　王夫之还提出"意伏象外"④的命题,这种"意伏象外"是不是事先安排的呢? 王夫之说:

　　　　当其始唱,不谋其中,言之已中,不知所毕,已毕之余,波澜合一,

---

①　王夫之:《薑斋诗话·夕堂永日绪论内编》。

②　王夫之:《古诗评选》卷五,江淹《效阮公诗》评语。

③　王夫之:《唐诗评选》卷一,孟浩然《鹦鹉洲送王九之江左》评语。

④　王夫之:《古诗评选》卷一,曹操《秋胡行》评语。

然后知始以此始，中以此中，此古人天文斐蔚，夭矫引申之妙。盖意伏象外，随所至而与俱流，虽今寻行墨者不测其绪，要非如苏子瞻所云"行云流水，初无定质"也。①

王夫之又说：

> 题中偏不欲显，象外偏令有余，一以为风度，一以为淋漓。呜呼！观止矣。②

> 亦理亦情亦趣，逶迤而下，多取象外，不失圜中。③

> 知"池塘生春草"、"蝴蝶飞南园"之妙，则知"杨柳依依"、"零雨其濛"之圣于诗：司空表圣所谓"规以象外，得之圜中"者也。④

> 空中结构。言有象外，有圜中。当其赋"凉风动万里"四句时，何象外之非圜中，何圜中之非象外也！⑤

以上这些文字充分说明王夫之对"象外之意"的重视。"超以象外，得其圜中"最早是唐代司空图提出来的。司空图将它看作"雄浑"这种诗品的性质。而王夫之则将它看作意象的重要性质。这种意象已经上升为意境了。唐代刘禹锡讲"境生于象外"，皎然讲"境象非一，虚实难明"。司空图讲"象外之象，景外之景""味外之旨""韵外之致"。这些都可看作是王夫之"意伏象外"说的前导。王夫之运用辩证的观点，深入分析"意伏象外"与"不失圜中"的关系。如果说，"意伏象外"是指意象的间接性，那么"不失圜中"则是指意象的直接性。间接性是虚，直接性是实。间接性总是超出意象的直接性，指向无限，而直接性又规定意象的大致范围，指向有限。这虚与实、间接性与直接性的辩证统一就是意象的魅力所在。

王夫之举王维诗为例，说："右丞之妙，在广摄四旁，圜中自显，如终南之阔大，则以'欲投人处宿，隔水问樵夫'显之；猎骑之轻速，则以'忽

---

① 王夫之：《古诗评选》卷一，曹操《秋胡行》评语。

② 王夫之：《唐诗评选》卷一，李白《长相思》评语。

③ 王夫之：《古诗评选》卷五，谢灵运《田南树园激流植援》评语。

④ 王夫之：《薑斋诗话·诗绎》。

⑤ 王夫之：《明诗评选》卷四，胡翰《拟古》评语。

过'、'还归'、'回看'、'暮云'显之，皆所谓离钩三寸，鲅鲅金鳞……"①

王夫之在谈意象时，谈到"势"。他说：

> 以意为主，势次之。势者，意中之神理也。②

看来，"势"属于"意"，是"意"中之"神理"，亦即灵魂。"势"的好处是能充分显示出"意"的力量来。他举例说："唯谢康乐为能取势，宛转屈伸以求尽其意；意已尽则止，殆无剩语：夭矫连蜷，烟云缭绕，乃真龙，非画龙也。"③

王夫之所说的"势"，一般是指意象的动态生命。正是因为有"势"，"意"才生意盎然，灵动善变；而且正是因为有了"势"，整个意象才光辉灿烂，充满魅力。

王夫之认为，"意""象""势"是统一的。"合化无迹者谓之灵"。这样，王夫之将自《易传》以来的意象理论提到了一个新的高度。

二、"情"与"理"的关系

宋人以理入诗遭到明代复古派的批评。王夫之对此则持分析的态度，从审美角度，对引理入诗提出了新的看法：

> 议论入诗，自成背戾。盖诗立风旨以生议论，故说诗者于兴观群怨而皆可。若先为之论，则言未穷而意已先竭，在我已竭，而欲以生人之心，必不任矣。以鼓击鼓，鼓不鸣，以桴击桴，亦槁木之音而已。④

王夫之认为，片面追求以理入诗，会淡化诗的意境，犹如"以桴击桴，亦槁木之音而已"。但他并不片面反对议论入诗，因为《诗经》既然被孔子认为有兴观群怨的功能，难免不生些议论。若将议论当作写诗的目标，为议论而议论，就难免"言未尽而意已先竭"。

王夫之还说：

---

①　王夫之：《唐诗评选》卷四，王维《观猎》评语。
②　王夫之：《唐诗评选》卷四，王维《观猎》评语。
③　王夫之：《薑斋诗话》卷二。
④　王夫之：《古诗评选》卷四，张载《招隐》评语。

诗固不以奇理为高。唐宋人于理求奇，有议论而无歌咏，则胡不废诗而著论辩也。[1]

这是一方面。另一方面，王夫之又认为诗中应有理。他说：

谢灵运一意回旋往复，以尽思理，吟之使人卞躁之意消。《小宛》抑不仅此，情相若，理尤居胜也。王敬美谓"诗有妙悟，非关理也"，非理抑将何悟？[2]

诗源情，理源性，斯二者岂分辕反驾者哉？[3]

王夫之又将"性"与"情"联系起来：

诗以道性情，道性之情也。性中尽有天德、王道、事功、节义、礼乐、文章，却分派与《易》《书》《礼》《春秋》去，彼不能代诗而言性之情，诗亦不能代彼也。决破此疆界，自杜甫始，梏桎人情，以掩性之光辉，风雅罪魁，非杜其谁邪？[4]

这是王夫之的创见。他将性分出性中之理和性中之情两类。"诗以道性中之情"，而《易》《书》《礼》《春秋》这样的理论文字和历史著作则"道性中之理"，如"天德""王道""事功""节义""礼乐""文章"等。王夫之批评杜甫"破此疆界"，用诗去代学术论文及历史著作。

从他对《诗经》的分析来看，他不排斥诗中之理，只是要求"理随物显"。理与情高度统一。

三、"形"与"神"的关系

"意象"从其构成来说，其"意"由"情"与"理"组成，是"情"与"理"的统一；其"象"由"形"与"神"组成，是"形"与"神"的统一。

形神问题自六朝顾恺之提出，一直是论者热衷的话题。宋代的苏东坡强调神似，认为："论画以形似，见与儿童邻；赋诗必此诗，定非知诗人。""形

① 王夫之：《古诗评选》卷五，江淹《清思诗》评语。
② 王夫之：《薑斋诗话》卷一。
③ 王夫之：《古诗评选》卷二，陆机《赠潘尼》评语。
④ 王夫之：《明诗评选》卷五，徐渭《严先生词》评语。

神"问题的提出本来自绘画,后波及诗歌,问题就复杂了。苏轼的朋友晁补之认为在形神问题上诗与画应有不同的处理方式。他说:"画写物外形,要物形不改;诗传画外意,贵有画中态。"虽然均要求形神统一,然画要注意"形不改",对形似的要求显然要高。诗虽然也要求有画面,但重在"画外意",只是此意最好能在画中有所暗示("画中态")。明代李贽感于晁说仍有不足之处,复和之曰:"画不徒写形,正要形神在;诗不在画外,正写画中态。"虽然只是就晁诗改动了几个字,显然,更为强调形神的统一。

王夫之对这个问题并无新见,不过是更明确地强调诗的神形合一。他说:"两间生物之妙,正以神形合一,得神于形,而形无非神者。"① 强调形神的统一是"合一",形即神之所在,故"形无非神者"。

形神合一、情理合一、意象合一是王夫之意象理论的三大支柱。特别值得重视的,是王夫之对"合一"的理解,这种"合一"不是两物相加,而是两物互化。就形神关系来说,是"形无非神者";就情理关系来说,是"理无非情者";就总的意象美来说,是"意无非象者"。

第四节　情景妙合论

六朝以来,通常用"心"("意""神")与"物"("象")论述审美关系。刘勰的《文心雕龙·神思》篇提出"物与物冥"。《物色》篇又称:"写气图貌,既随物以宛转;属采附声,亦与心而徘徊。"到唐代,这一传统得到赓续,又有人用情景关系取代心物关系。皎然说:"缘境不尽曰情。"② 宋、元以来,"情"与"景"的关系谈得更多。最有名的当数明代谢榛的一段话:"作诗本乎情景,孤不自成,两不相背……景乃诗之媒,情乃诗之胚,合二为诗,以数言而统万形,元气浑成,其浩无涯矣。"③

考唐宋元明关于情景的言论,大多侧重于作诗技巧,讲究情与景的匹

---

① 王夫之:《唐诗评选》卷二,杜甫《废畦》评语。
② 皎然:《诗式·辨体有一十九字》。
③ 谢榛:《四溟诗话》卷一。

偶相对,有些甚至提出一情一景。王夫之对此做了尖锐的批评:

> 近体中二联,一情一景,一法也,"云霞止海曙,梅柳渡江春。淑气催黄鸟,晴光转绿苹。""云飞北阙轻阴散,雨歇南山积翠来。御柳已争梅信发,林花不待晓风开。"皆景也,何者为情? 若四句俱情,而无景语者,尤不可胜数,其得谓之非法乎? ①

产生这种错误的根本原因,是用主客二分法看待情景关系,将情与景割裂开来。王夫之则认为,从宇宙论来看,天地人本为一体,人是天地的产物。"天地之生,莫贵于人矣。人之生也,莫贵于神矣。神者何也? 天地之所致美者也。……天致美于百物而为精,致美于人而为神,一而已矣。"②"百物"即自然与人本为一体,又怎能将它们割裂开来呢? 情与景的统一是自统一。艺术作品中的情本来就是触物而生,与景有着天然的联系,景经过作家的心灵过滤,也不是原有的自然物,已经浸透情感。王夫之把宇宙本体论与审美论相结合,认为:"情景虽有在心在物之分,而景生情,情生景。哀乐之触,荣悴之迎,互藏其宅。"③

在王夫之看来,情景之本是相同的,只是有"在心在物之分"。这个"分"是存在的方式之分、载体之分。在艺术作品中,这个"分"就不存在了。虽然由于言情体物的需要,某些诗句以情胜,某些诗句以景胜,然都是情与景的统一。王夫之说:

> 夫景以情合,情以景生,初不相离,唯意所适。截分二橛,则情不足兴,而景非其景。④

> 景者情之景,情者景之情。⑤

> 情不虚情,情皆可景;景非滞情,景总含情。⑥

---

① 王夫之:《薑斋诗话·夕堂永日绪论内编》。
② 王夫之:《诗广传》卷五《商颂三》。
③ 王夫之:《薑斋诗话·诗绎》。
④ 王夫之:《薑斋诗话·夕堂永日绪论内编》。
⑤ 王夫之:《唐诗评选》卷四,岑参《首春渭西郊行呈蓝田张二主簿》评语。
⑥ 王夫之:《古诗评选》卷五,谢灵运《登上戍石鼓山诗》评语。

王夫之不是从创作技巧的角度去看待情景关系的，而是将情与景看作意象的两个基本元素，将情与景的统一当作意象的本体。

一、"情中景"与"景中情"

他说：

> 情景名为二，而实不可离。神于诗者，妙合无垠。巧者则有情中景，景中情。①

在处理情景关系时，有多种情形，或情景作对，或情景双收，或上景下情，或句句皆景语，或句句皆情语……而最巧的是"情中景，景中情"。举例来说："景中情者，如'长安一片月'，自然是孤栖忆远之情；'影静千官里'自然是喜达行在之情。"② "情中景"，王夫之认为"尤难曲写"。他也举了一个例子："'诗成珠玉在挥毫'，写出才人翰墨淋漓、自心欣赏之景。"③

二、"情语"与"景语"

王夫之认为，情或景在诗中的比重，不是如"山家村筵席，二荤一素"，而是根据需要来安排。有的作品语不涉情，而"情自无限"。他说：

> 语有全不及情，而情自无限者，心目为政，不恃外物故也。"天际识归舟，云间辨江树"，隐然一含情凝眺之人呼之欲出。以此写景，乃为活景。④

这里，王夫之提出"活景"这一概念，颇耐思量，"活景"之所以为"活"，是因为它不仅写了景，而且写了人，景即人，人即景。这是最高明的写景手法。从他举的例"天际识归舟，云间辨江树"来看，画面没有出现人，但"识""辨"，又分明是人在"识"，在"辨"。在万千景物中，独选"归舟""江树"，并且置于"无际""云间"这样浩阔的背景之中，那位没有出现的人物

---

① 王夫之：《薑斋诗话·夕堂永日绪论内编》。
② 王夫之：《薑斋诗话·夕堂永日绪论内编》。
③ 王夫之：《薑斋诗话·夕堂永日绪论内编》。
④ 王夫之：《古诗评选》卷五，谢朓《之宣城郡出新林浦向板桥》评语。

以及他的情感已经清晰地出现在我们面前了。这种"景语"，其实就是"情语"。王夫之说：

> 不能作景语，又何能作情语邪？古人绝唱句多景语，如"高台多悲风""胡蝶飞南园""池塘生春草""亭皋木叶下""芙蓉露下落"皆是也，而情寓其中矣。①

能不能将"景语"写成"情语"，关键是能否"以写景之心理言情"②，如果能这样，"则身心中独喻之微，轻安拈出"③。王夫之特别欣赏《诗经》中写景的佳句"昔我往矣，杨柳依依；今我来思，雨雪霏霏"，认为有"达情之妙"④。

写"景语"是不容易的，然"情语"更难。王夫之说：

> 古今人能作景语者，百不一二，景语难，情语尤难也。"世人皆欲杀，吾意独怜才"，非情语。"不才明主弃，多病故人疏"，尤非情语。⑤

王夫之认为，杜甫的"世人皆欲杀，吾意独怜才"，与孟浩然的"不才明主弃，多病故人疏"都不是情语，因为情感直露，"冲喉直撞，如里役应县令者"⑥。那么，"情语"是什么呢？王夫之没有下过定义，但从他一贯主张"景中情""情中景"来看，这"情语"应是"情中景"的诗句。他举杜甫的《登岳阳楼》诗中的两句为例："'亲朋无一字，老病有孤舟'，自然是登岳阳楼诗。尝试设身作杜陵，凭轩远望观，则心目中二语，居然出现，此亦情中景也。"⑦他还说："情语能以转折为含蓄者，唯杜陵居胜，'清渭无情极，愁时独向东''柔舻轻鸥外，含悽觉汝贤'之类是也。"⑧

"景语"是王夫之的创造，很有理论价值。景相当于再现，情相当于表

---

① 王夫之：《薑斋诗话·夕堂永日绪论内编》。
② 王夫之：《薑斋诗话·夕堂永日绪论内编》。
③ 王夫之：《薑斋诗话·夕堂永日绪论内编》。
④ 王夫之：《薑斋诗话·夕堂永日绪论内编》。
⑤ 王夫之：《明诗评选》卷五，曹学佺《寄钱受之》评语。
⑥ 王夫之：《明诗评选》卷五，曹学佺《寄钱受之》评语。
⑦ 王夫之：《薑斋诗话·夕堂永日绪论内编》。
⑧ 王夫之：《古诗评选》卷一，曹丕《燕歌行》评语。

现。再现与表现应当是统一的,表现藏于再现之中,情藏于景中。这种统一即为意象。

从符号学的角度来看,符号与意义有三种结构方式:第一种"代表性"(representation)结构方式,符号仅仅代表意义。第二种是"存有性"(presence)结构方式,符号即意义:"存有性的符号结构在于肯定能指与所指的同样真实性,就是说能指与所指合成事物的整体,正如形式与颜色合成绘画的整体一样,中国传统哲学中的形名关系或名实关系,社会生活方面的知行关系,都体现了存有性的结构。"① 第三种是"标记性"(significance)的结构方式,符号"标记"意义。

王夫之说的"景语"恰好是第二种方式,即"存有"方式。景语的"呈现"即是意义的展示。这种符号与意义的贴合绝不同于代表性的结构方式,作为符号的"景语"不是意义的代表,它就是意义本身。景语的妙处在于"以写景之心言情"。这种景与情的合一超过了"景中情"的程度,因为不只是景中有情,而是情景合一。这种手法的极致,王夫之概括成"含情而能达,会景而生心,体物而得神"②。其独特的审美效果是"心中独喻之微",可以"轻安拈出"。

"天人合一"体现在艺术上就是情景合一。而情景合一的极致,则是景语即情语,景语的创造是最重要的,也是最难的,所以王夫之说:"不能作景语,又何能作情语邪?"一般人认为,美是情感的表现,情感是第一位的,有情才谈得上表现。这固然不错,但美又离不开表现,而且审美的极致正是在于表现。王夫之是深刻的!

中国艺术的这种符号结构方式,是艺术家精心的创造,从符号结构的特点来说,可以说是呈现(present),但呈现的不是自然之物,而是人为之物,像"池塘生春草"这样看似"轻安拈出"的诗句,岂是自然之物? 因此,从艺术创造而言,"呈现"其实是"创现"。

---

① 梅勒:《冯友兰新理学与新儒家的哲学定位》,《哲学研究》1999 年第 2 期。
② 王夫之:《姜斋诗话·夕堂永日绪论内编》。

　　"情景合一"是意象创造的一条重要原则,它的体现是多种多样的。要注意到"语有全不及而情无限者",如前面所引的"天际识归舟,云间辨江树";也有一些诗"唯抒情在己,弗待于物发思"①,像这样的诗,"虽在淫情,亦如正志,物自分而己自合也"②。总而言之,对"情景相合"的理解不能过于僵化。"句句叙事,句句用兴用比,比中生兴,兴外得比,宛转相生,逢原皆给。"③ 这都是可以的。

三、"乐景写哀"与"哀景写乐"

　　王夫之说:

　　　　"昔我往矣,杨柳依依;今我来思,雨雪霏霏。"以乐景写哀,以哀景写乐,一倍增其哀乐。知此,则"影静千官里,心苏七校前",与"唯有终南山色在,晴明依旧满长安",情之深浅宏隘见矣。况孟郊之乍笑而心迷,乍啼而魂丧者乎? ④

　　王夫之深谙"相反相成"的道理。"乐景写哀""哀景写乐"是他的辩证法思想在意象创造论中的体现,上引文字中,王夫之以《诗经》中反映征夫生活的一首诗为例,很能说明问题。在《诗广传》中,他就这首诗如何"以乐景写哀,以哀景写乐"做了详细的分析,特录之如下:

　　　　征伐(一作戍),悲也;来归,愉也。往而咏杨柳之依依,来而叹雨雪之霏霏,善用其情哉,不敛天物之荣凋以益己之悲愉而已矣。夫物其何定哉? 当吾之悲,有迎吾以悲者焉;当吾之愉,有迎吾之愉者焉,浅人以其褊衷而捷于相取也。当吾之悲,有未尝不可愉者焉;当吾之愉,有未尝不可悲者焉,目营于一方者之所不见也。故吾以知不穷于情者之言矣:其悲也,不失物之可愉者焉,虽然,不失悲也;其愉也,不

---

① 王夫之:《古诗评选》卷一,曹丕《燕歌行》评语。
② 王夫之:《古诗评选》卷一,曹丕《燕歌行》评语。
③ 王夫之:《古诗评选》卷一,曹丕《燕歌行》评语。
④ 王夫之:《薑斋诗话·诗绎》。

失物之可悲者焉，虽然，不失愉也。①

在这里，王夫之将悲、愉相反相成的道理讲得非常透辟。中华美学的情景问题在王夫之这里做了系统的总结。

王夫之的美学是中国传统美学的高峰。虽然他几乎没有提"意境"概念，但他的"现量"说、意象论、势论、情景关系论，都是对意境学说的精辟阐述，是在王国维将传统的"意境"理论推入现代美学的门槛之前，对"意境"理论最为全面深刻的阐发和总结。

---

① 王夫之：《诗广传》卷三《论采薇》。着重号为引者所加。

第 三 章

叶燮的美学思想

叶燮（1627—1703），字星期，号已畦，浙江嘉兴人。晚年定居吴江横山讲学，世称横山先生。叶燮自幼颖悟，及长，工文，喜吟咏。康熙九年（1670）进士，后选任江苏宝应县知县，旋罢归，遍游四方，专意著述，有《已畦文集》二十二卷、《已畦诗集》十卷、《原诗》内外卷四卷等。

叶燮小王夫之十来岁，与王属同一时代人。他们都是中国封建文化高峰式的人物，在美学思想上都有囊括百代、纵论古今的博大气魄，是诸多美学问题的集大成者。

第一节　"文运"与"世运"

叶燮与王夫之在美学思想上有很多相似之处，他们都崇尚艺术个性，对那种一味摹仿古人，"穷其余唾"，"假他人余焰、妄自僭王称霸"[①] 的文坛陋习给予猛烈的批判。他们都提倡"活法"，反对"死法"，倡言"法在神明之中，巧力之外，是谓变化生心"[②]。提出"不但不随世人脚跟，并亦不随古

----

① 叶燮:《原诗·内篇》。
② 叶燮:《原诗·内篇》。

人脚跟……盖天地有自然之文章,随我之所触而发宣之"①。他们都重视审美直觉,强调"兴"在创作中的作用。叶燮说:"原夫作诗者之肇端而有事乎此也,必先有所触以兴起其意,而后措辞,属为句,敷之而成章。"②

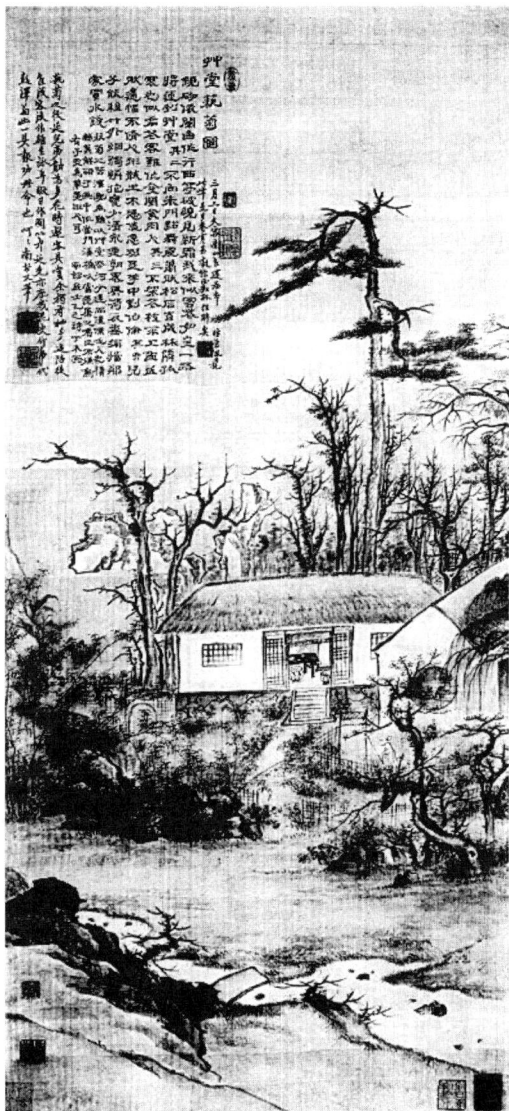

(清) 高凤翰:《草堂兰菊图》

---

① 　叶燮:《原诗·内篇》。

② 　叶燮:《原诗·内篇》。

由于特殊的历史原因，王夫之的著作长期未能行之于世。叶燮与他某些见解相似是不谋而合。原因是他们具有大致相同的学识，又处于同一时代风气之中。叶燮谈到诗歌创作时说："从来豪杰之士，未尝不随风会而出，而其力则尝能转风会。"① 这话用来描述诗歌理论的兴衰也是适合的。

(清) 王原祁:《山中早春图》

---

① 叶燮:《原诗·内篇》。

　　叶燮与王夫之的美学思想也有差异，这种差异主要表现在思路上，而不是结论的不同。王夫之常常通过作品鉴赏和批评阐发重大美学问题；叶燮的特点是：主题方面，比较注重艺术与人生的关系问题，方法方面，注意把美学观点放入美学发展史中去考察。

　　对诗歌"源"与"流"的关注，是叶燮美学思想的一个重要方面。叶燮认为，整个诗歌发展史是一条环环相扣的艺术链条：

　　　　夫自《三百篇》而下，三千余年之作者，其间节节相生，如环之不断，如四时之序，衰旺相循而生物，而成物，息息不停，无可或间也。吾前言踵事增华，因时递变，此之谓也。故不读"明""良"《击壤之歌》，不知《三百篇》之工也；不读《三百篇》，不知汉、魏诗之工也……夫惟前者启之，而后者承之而益之；前者创之，而后者因之而广大之。①

　　尽管诗是非常个人化的东西，每一行诗句均出自诗人的肺腑，然而他总会自觉不自觉地借鉴前代诗人的创作经验。前者与后者的关系是："前者启之，而后者承之而益之；前者创之，而后者因之而广大之。"非常准确地概括了诗歌创作中继承与发展的关系。

　　叶燮又提出诗歌的"源"与"流"的问题：

　　　　诗有源必有流，有本必达末；又有因流而溯源，循末以返本。其学无穷，其理日出。乃知诗之为道，未有一日不相续相禅而或息者也。②

　　叶燮提出"源""流"问题，其用意不在论述何谓"源"、何谓"流"，而在论述由"源"到"流"的"变"。既然以《诗经》作为中国最早的诗歌，叶燮就从《诗经》谈起：

　　　　且夫《风》《雅》之有正有变，其正变系乎时，谓政治、风俗之由得而失，由隆而污。此以时言诗，时有变而诗因之。时变而失正，诗变而仍不失其正。故有盛无衰，诗之源也。吾言后代之诗，有正有变，其正变系乎诗，谓体格、声调、命意、措辞、新故升降之不同。此以诗言时，

————————————

① 叶燮：《原诗·内篇》。

② 叶燮：《原诗·内篇》。

诗递变而时随之，故有汉、魏、六朝、唐、宋、元、明之互为盛衰。惟变以救正之衰。故递衰递盛，诗之流也。①

刘勰曾提出"文变染乎世情，兴废系乎时序"②，已经注意从社会生活的角度来考察文学的变化。叶燮在此基础上又深入了一步。提出"正变系乎时"，强调政治、习俗的"得失""隆污"对文学的重大影响。对于"正"与"变"的关系，叶燮提出"时变而失正，诗变仍不失其正"，坚持诗歌发展的观点，认为诗歌"有盛无衰"。这不仅对复古派是个有力的打击，而且具有一般方法论的意义。

叶燮认为，"时变而失正，诗变仍不失其正"就含有时代的盛衰与诗歌的盛衰并不同步的意思。在《百家唐诗序》中，叶燮将这一道理论述得更为透辟：

> 自有天地，即有古今。古今者，运会之迁流也。有世运，有文运。世运有治乱，文运有盛衰，两者各自为迁流。然世之治乱，杂出递见，久速无一定之统。孟子谓：天下之生，一治一乱。其远近不必同，前后不必异也。若夫文之为运，与世运异轨而自为途。③

叶燮认为，"世运""文运"各有其途。文艺自有其发展规律，不全由社会发展的状况所决定，这个观点非常精辟。这使我们联想到马克思著名的观点——"物质生产的发展同艺术发展的不平衡关系"。马克思说：

> 关于艺术，大家知道，它的一定的繁盛时期决不是同社会的一般发展成比例的，因而决不是同仿佛是社会组织的骨骼的物质基础的一般发展成比例的。④

叶燮的观点当然没有达到马克思的高度，但是他已接近马克思的看法，这在叶燮所处的时代是难能可贵的。

根据"世运""文运"各自为途的观点，叶燮对晚唐诗歌做出了他的评价。晚唐比之盛唐，经济、政治都要衰弱许多，但是不是晚唐的诗歌也要

---

① 叶燮：《原诗·内篇》。

② 刘勰：《文心雕龙·时序》。

③ 叶燮：《百家唐诗序》。

④ 《马克思恩格斯选集》第2卷，人民出版社1995年版，第28页。

衰弱许多呢？叶燮不这样看。他认为盛唐、晚唐诗歌各有其美，难分高下。据此他批驳晚唐诗歌衰飒论：

> 论者谓"晚唐之诗，其音衰飒"，然衰飒之论，晚唐不辞；若以衰飒为贬，晚唐不受也。夫天有四时，四时有春秋。春气滋生，秋气肃杀。滋生则敷荣，肃杀则衰飒。气之候不同，非气有优劣也。使气有优劣，春与秋亦有优劣乎？故衰飒以为气，秋气也；衰飒以为声，商声也。俱天地之出于自然者，不可以为贬也。又盛唐之诗，春花也：桃李之秾华，牡丹芍药之妍艳，其品华美贵重，略无寒瘦俭薄之态，固足美也。晚唐之诗，秋花也：江上之芙蓉，篱边之丛菊，极幽艳晚香之韵，可不为美乎？ ①

以"极幽艳晚香之韵"来评晚唐诗，可谓卓识。叶燮认为，晚唐之诗和盛唐之诗反映它们各自的时代，各有其美，不能分出优劣。这个观点是颇为深刻的。叶燮注意从社会学与美学两个角度来看唐诗，既不把这两个角度等同起来，以其中一个角度取代另一个角度，也不把这两个角度分割开来，而是既联系又区别。这种考察文艺的基本立场是很可取的。

第二节　理、事、情、气、道

关于诗文的内容，叶燮将它概括成理、事、情三个方面。他说：

> 自开辟以来，天地之大，古今之变，万汇之赜，日星河岳，赋物象形，兵刑礼乐，饮食男女，于以发为文章，形为诗赋，其道万千，余得以三语蔽之：曰理、曰事、曰情，不出乎此而已。②

叶燮所谓的"理""事""情"具体何所指，他有过一个比喻：

> 譬之一木一草，其能发生者，理也；其既发生，则事也；既发生之后，夭乔滋植，情状万千，咸有自得之趣，则情也。③

"理"指事物发生的原因；"事"指事物发生、发展的过程；"情"指事物

---

① 叶燮：《原诗·外篇》。
② 叶燮：《原诗·内篇》。
③ 叶燮：《原诗·内篇》。

在发展过程中所展现的情貌、状态。

"理""事""情"三者在创作中的地位如何呢？叶燮将"理"摆在第一位，其次是"事"，最后是"情"。他说：

> 先揆乎其理，揆之于理而不谬，则理得；次征诸事，征之于事而不悖，则事得；终絜诸情，絜之于情而可通，则情得。三者得而不可易，则自然之法立。故法者，当乎理，确乎事，酌乎情，为三者之平准，而无所自为法也。①

叶燮很看重"真"的品格。"揆乎其理"，为的是使作品所论之理"不谬"；"征于其事"，是为了使作品所述之事"不悖"；"絜之于情"，则是为了使作品生动感人。叶燮认为，"当乎理，确乎事，酌乎情"，则"自然之法立"。

叶燮认为，诗文内容除"理""事""情"外，还有一个"总而持之，条而贯之"的要素，那就是"气"。他说：

> 曰理，曰事，曰情三语。大而乾坤以之定位，日月以之运行，以至一草一木一飞一走，三者缺一则不成物。文章者，所以表天地万物之情状也。然具是三者，又有总而持之，条而贯之者曰气。事理情之所为用，气为之用也。②

这里，叶燮提出一个非常重要的观点："事理情之所为用，气为之用。""气"成了"理""事""情"的灵魂。草木之所以长得"夭乔滋植，情状万千"，是因为"气以行之"。"合抱之木，百尺干霄，纤叶微柯以万计，同时而发，无有丝毫异同，是气之为也。苟断其根，则气尽而立萎。"③

从这些例子来看，叶燮说的"气"是生命之气，或者说，它就是生命。生命是文之本。理、事、情三者都"藉气而行"。叶燮说：

> 三者（理、事、情——引者注）藉气而行者也。得是三者，而气鼓行于其间，氤氲磅礴，随其自然所至即为法，此天地万象之至文也。④

---

① 叶燮：《原诗·内篇》。
② 叶燮：《原诗·内篇》。
③ 叶燮：《原诗·内篇》。
④ 叶燮：《原诗·内篇》。

草木气断则立萎，理、事、情俱随之而尽，固也。①

叶燮认为理、事、情三者"藉气而行"，那就是说，有了"气"，理、事、情就有了生命，就成了活物，没有"气"或者说"气尽"，理、事、情也就没有任何价值了。

叶燮由"气"又引出"法"。"法"是"随其自然所至"，可见"法"是规律，是客观存在的，它的作用不以人的意志为转移。"法"与"气"的关系，叶燮说：

岂先有法以驭是气者哉？不然，天地之生万物，舍其自然流行之气，一切以法绳之，夭乔飞走，纷纷于形体之万殊，不敢过于法，不敢不及于法，将不胜其劳，乾坤亦几乎息矣。②

不是先有法，以法驭气，而恰好是先有"自然流行之气"，然后才有"法"，"法"是"气"运动的规律，"法"不能约束"气"，而反过来是"气"约束"法"，决定"法"，"气"是"法"之本。

这样，叶燮的观点与苏轼的"自然成文"说殊途同归了。他以云为例，说："云或有时归，或有时竟一去不归，或有时全归，或有时半归，无一同也。此天然自然之文，至工也。"③如果"以法绳天地之文"，好比泰山在出云之前召集云族商量，"先之以某云，继之以某云，以某云为起，以某云为伏……"则不成其为天地。叶燮于此谈到苏轼："苏轼有言：'我文如万斛源泉，随地而出。'亦可与此相发明也。"④

根据以上的分析，叶燮的思路是：

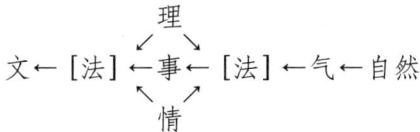

$$文 \leftarrow [法] \leftarrow 事 \leftarrow [法] \leftarrow 气 \leftarrow 自然$$
（理、情分别位于"事"上下）

有了理、事、情，诗文内容问题解决了，"三者得，则胸中通达无阻，出而

---

① 叶燮：《原诗·内篇》。

② 叶燮：《原诗·内篇》。

③ 叶燮：《原诗·内篇》。

④ 叶燮：《原诗·内篇》。

敷为辞,则夫子所云'辞达'。'达'者,通也,通乎理、通乎事、通乎情之谓"①。

至此,似乎有关诗文内容的问题说完了,其实不然。叶燮在《与友人论文书》中又提出"道"的概念:"道者何也? 六经之道也。"② 这样问题就复杂了。因为根据他在《原诗》中所论,文之本为"气",而"气"又是天地自然之元气,生命之气;而现在他提出"六经之道"的概念,并说:"为文本于六经。"这就有了两个"本"。且看他是如何论述的:

> 今有文于此,必先征其美与不美。其美者,则人共誉之曰美,彼文而美固可誉也。夫固有其文之美者矣,然而未可即谓之曰通也,固有其文之通者矣,然而未可即谓之曰是也。固有其文之是者矣,然而未可谓之曰适于道也。③

> 仆尝有《原诗》一编,以为盈天地万有不齐之数,总不出乎理、事、情三者。故圣人之道自格物始,盖格夫凡物之无不有理、事、情也。为文者亦格之文之为物而矣。夫备物者莫大于天地,而天地备于六经。六经者,理、事、情之权舆也。合而言之,则凡经之一句一义皆各备此三者而互相发明……④

"美"在这里是指文辞之美,"通"是指文辞通达"理、事、情"三者之功,"是"相当于"理、事、情"三者和总摄三者并赋予三者以生命的"气"。叶燮认为到此地步,文还未达到极致。文之极致是"适于道",道为"六经","六经"为文之本。"六经"与自然的关系又如何呢? 叶燮说是"天地备于六经"。

叶燮此种看法,与宋代理学的观点如出一辙。"六经"为"理","理"即"道","道"又通向"天地"。真正的"体"不是"天地",而是"理"即"道"。在上面引文之后,他又说:"理者与道为体,事与情总贯乎其中。"⑤

"六经"是"理、事、情之权舆",然而理、事、情在"六经"中也不是都齐

① 叶燮:《与友人论文书》。
② 叶燮:《与友人论文书》。
③ 叶燮:《与友人论文书》。
④ 叶燮:《与友人论文书》。
⑤ 叶燮:《与友人论文书》。

(清) 王时敏:《山水册》

备的。有的"似专言乎理",如《易》;有的"似专言乎事",如《书》《春秋》《礼》;有的"似专言乎情",如《诗》。虽然,理、事、情在"六经"中存在的情况不同,但"适乎道则一也"。

　　叶燮的这种说法,与他在《原诗》中理、事、情"三者缺一则不成物"的观点似乎有点不一致。

综上所述,叶燮关于诗文内容的理解应是真与善的统一,如果加上文辞之美,则为真、善、美的统一。

第三节　才、胆、识、力、胸襟

如果说,"理""事""情"主要指艺术的客观方面,那么,叶燮提出的"才""胆""识""力"等是指艺术的主观方面。他说:

> 曰理、曰事、曰情,此三言者足以穷尽万有之变态。凡形形色色,音声状貌,举不能越乎此。此举在物者而为言,而无一物之或能去此者也。曰才、曰胆、曰识、曰力,此四言者所以穷尽此心之神明。凡形形色色,音声状貌,无不待于此而为之发宣昭著。此举在我者而为言,而无一不如此心以出之者也。以在我之四,衡在物之三,合而为作者之文章。①

叶燮说得很清楚,"在我之四"是"才""胆""识""力";"衡在物之三"为"理""事""情"。这两者相合就成为文章。

"才""胆""识""力"也可以说是艺术家必须具备的几种修养或者能力。叶燮说:"大约才、胆、识、力四者交相为济,苟一有所歉,则不可登作者之坛。"②

这四者各有其功:

> 大凡人无才,则心思不出;无胆,则笔墨畏缩;无识,则不能取舍;无力,则不能自成一家。③

"才"指才华,对于作家来说,这是最基本的条件。文学所需要的才华是什么呢? 叶燮说:

> 夫于人之所不能知,而惟我有才能知之;于人之所不能言,而惟我有才能言之。纵其心思之氤氲磅礴,上下纵横,凡六合以内外,皆不得而囿

---

① 叶燮:《原诗·内篇》。
② 叶燮:《原诗·内篇》。
③ 叶燮:《原诗·内篇》。

之。以是措而为文辞，而至理存焉，万事准焉，深情托焉，是之谓有才。①

叶燮认为从事文学创作所需要的"才"，主要是敏锐的感知力、丰富的想象力和高超的语言表达能力。

虽然"无才则心思不出"，但对于已经成为作家、诗人的人来说，"识"最为重要。叶燮说：

> 四者无缓急，而要在先之以识，使无识，则三者俱无所托。无识而有胆，则为妄，为鲁莽，为无知，其言背理叛道，蔑如也；无识而有才，虽议论纵横，思致挥霍，而是非淆乱，黑白颠倒，才反为累矣；无识而有力，则坚僻妄诞之辞，足以误人而惑世，为害甚烈。若在骚坛，均为风雅之罪人。惟有识，则能知所从，知所备，知所决，而后才与胆力，皆确然有以自信，举世非之，举世誉之，而不为其所摇。安有随人之是非以为是非者哉！②

叶燮将"识"置于四者中最重要的位置，与他在论述"理""事""情"时将"理"放在最重要的位置是相呼应的。

叶燮对"识"的认识也相当深刻，他将"识"视为三者之体，认为"无识，则三者俱无所托"，这种看法是前人没有提过的。"识"不仅是三者之体，还是三者正确发挥作用的保证。无"识"，"才"反为之"累"，"胆"则为"鲁莽"。

对于"胆"，叶燮也给予重要的地位。他说：

> 昔贤有言："成事在胆。""文章千古事"，苟无胆，何以能千古乎？吾故曰：无胆则笔墨畏缩。胆既诎矣，才何由而得伸乎？惟胆能生才，但知才受于天，而抑知必待扩充于胆邪？③

有"识"才能生"胆"，有"识"还须有"胆"。可见"胆"既来自"识"，也不只来自"识"。"才"虽受于天，然唯"胆"能生"才"。"识""胆""才"三者综合就产生"力"，"力"也很重要。

> 如是之才，必有其力以载之；惟力大而才能坚，故至坚而不可摧

---

① 叶燮：《原诗·内篇》。
② 叶燮：《原诗·内篇》。
③ 叶燮：《原诗·内篇》。

也，历千百代而不朽者以此……立言者无力则不能自成一家。①

在中国古典美学中，"才""胆""识""力"每个单项都经常有人提到。如《文心雕龙·风骨》篇就谈到"骨力"的问题，唐代史论家刘知几，宋代诗人严羽，明代文论家王世贞、李贽，清代文论家魏禧都分别谈到"才""识""胆"的问题：刘知几云："史才须有三长……谓才也，学也，识也。"② 严羽说："夫学诗者识为主。"③ 王世贞说："才生思，思生调，调生格。思即才之用……"④ 李贽说："才与胆皆因识见而后充者也。"⑤ 魏禧说："愚尝以谓为交之道，欲卓然自立于天下，在于积理练识。"⑥

叶燮的不同之处在于：他把它们看成一个整体，并深入论述了四者之间的相互联系；他还将"才""识""胆""力"四者与"理""事""情"三者联系起来，共同构成浑整的审美主客关系论系统，全面而又深刻地揭示了审美意象的内部构成。

不管是理论的完整性，还是理论深度，刘勰等人都无法与之匹敌。

关于艺术家的修养，叶燮还提出"胸襟"说：

> 我谓作诗者，亦必先有诗之基焉。诗之基，其人之胸襟是也。有胸襟，然后能载其性情、智慧、聪明、才辨以出，随遇发生，随生即盛。千古诗人推杜甫。其诗随所遇之人、之境、之事、之物，无处不发其思君王、忧祸乱、悲时日、念友朋、吊古人、怀远道，凡欢愉、幽愁、离合、今昔之感，一一触类而起；因遇得题，因题达情，因情敷句，皆因甫有其胸襟以为基。⑦

"胸襟"，侧重人格而言。如果说"才""胆""识""力"四者是与艺术创造直接相关的审美心理品性的话，那么"胸襟"是指起间接作用的伦理品格。这种伦理品格虽然不能直接关乎艺术，但是没有它作依托，那些心

① 叶燮：《原诗·内篇》。
② 《旧唐书·刘知几传》。
③ 严羽：《沧浪诗话》。
④ 王世贞：《弇州山人四部稿》卷一一四。
⑤ 李贽：《杂述》，《焚书》卷四。
⑥ 魏禧：《答施愚山侍读书》。
⑦ 叶燮：《原诗·内篇》。

理品性也就成了无本之木,所以叶燮称之为"诗之基",是"性情智慧、聪明才辨"的载体。我们知道,中国古典诗学起始就称"诗言志",这"志"的内涵极为复杂,作者的所思所感、才具、人品无不囊括其中。这就为后来理论上的混乱埋下了伏笔。一方面,称"言为心声";另一方面,"心画心声总失真"①,文品与人品向背歧出在文学史上屡见不鲜,所谓"大奸能为大忠之文"②,梁简文帝不早就说"立身之道,与文章异;立身先须谨重,文章且须放荡"③吗?这一难题自然也摆在叶燮面前。叶燮首先肯定为人与为文的一致,所谓"诗是心声,不可违心而入,亦不能违心而出。功名之士,决不能为泉石淡泊之音;轻浮之子,必不能为敦庞大雅之响"④,提出"诗以人见,人又以诗见"⑤。这一点他与同时代的顾炎武是高度一致的⑥。但同时他又承认有"诗文与人判然为二者"的例外⑦。叶燮的"胸襟"说就是在这种情况下提出的。他将"志"划分为审美和伦理两个层面,"才""胆""识""力"四者直接关乎艺术创作,"胸襟"则通过"才""胆""识""力"对艺术创作间接发生作用。真正成功的艺术作品,都是通过"才""胆""识""力"的淋漓抒发体现出作者的人格力量的。

　　清代的文论大多注重作者的人格力量。清初的学者贺贻孙提倡"养气""养胆"。他说:

　　　　昔吾先君子尝养气、养胆之学训贻孙矣。其言曰:养气者养之使老;养胆者养之使壮;气老欲其常翕,胆壮欲其常张,以气驭胆,以老用壮,以翕主张,天下无难事矣。⑧

　　贺贻孙用"气""胆"说评论作品:

① 元好问:《论诗三十首》。
② 魏禧:《日录·杂说》。
③ 梁简文帝:《诫当阳公大心书》。
④ 叶燮:《原诗·内篇》。
⑤ 叶燮:《原诗·内篇》。
⑥ 顾炎武:《日知录》卷十九"文辞欺人"条。
⑦ 叶燮《南游集序》云:"近代间有巨子,诗文与人判然为二者,然亦仅见,非恒理耳。"
⑧ 贺贻孙:《皆园集序》。

  吾友刘安世,成仁取义,生平以胆自负,人亦以胆许之。吾独谓安世之胆,安世侠烈之气所克也。盖尝读皆园全集,而益征其为人矣。安世以英绝之才,俯视一世,杯酒成诗,刻烛作赋,据案走笔作弹文,莫不排岳倒峡,挟风霜而走雷电,操觚之家,人人震慑其胆。然吾谓安世诗文之胆,亦皆侠烈之气所克也。克而不止,是在善养。①

  贺贻孙强调"气""胆"是有其特别考虑的。从他对"气""胆"的解释看,"气"可能是指"仁""义"这类儒家的道德品质,这是人安身立命之本。与孟子说的"浩然之气"同。"胆"指人的进取精神、气概,是"气"的运用。"以气驭胆",以气克胆,"以老用壮",既是为人处世之基本态度,也是为文的基本原则。

  贺贻孙关于作者修养的观点与叶燮的观点基本上是一致的。这颇能反映清代前期的美学风尚。

第四节 意象与想象

  叶燮在美学上最卓异的建树是对艺术美本质特征的辨析。叶燮认为:

  诗之至处,妙在含蓄无垠,思致微渺,其寄托在可言不可言之间,其指归在可解不可解之会;言在此而意在彼,泯端倪而离形象,绝议论而穷思维,引人于冥漠恍惚之境,所以为至也。②

  叶燮这段话是对艺术意象的精辟分析。从他的分析我们可以看出,艺术意象有这样几个特点:

  第一,意象以"象"为本位,它是形象思维的产物,"绝议论而穷思维",虽然意象中有意,但意在象中,如盐在水中,味存形匿。

  第二,意象的"象"是虚象,不是实象,然虚中有实,实中有虚,是虚实的统一,它能引人进入"冥漠恍惚之境"。

---

① 贺贻孙:《皆园集序》。
② 叶燮:《原诗·内篇》。

第三，意象的"意""含蓄无垠，思致微渺"，往往是"言在此意在彼"。

第四，意象的"意"，亦是虚与实的统一，"其寄托在可言不可言之间，其指归在可解不可解之会"。"可言""可解"为确定性，为实；"不可言""不可解"为非确定性，为虚。非确定性在确定性之中，确定性通向非确定性，非确定性又指向确定性。这就叫作"超以象外，得其圜中"。

第五，意象是浑整的，"泯端倪而离形象"。意象中的意与象浑然不可分，象即意，意即象。

以上这五点实际上不只是在谈诗的意象，而是在谈比意象更高的范畴——意境了，尽管叶燮论诗既不用"意象"概念，也不用"意境"概念。

在关于诗歌意象构成的论述中，叶燮沿着"理、事、情"的思路着重谈诗中的"理、事、情"与一般所讲的"理、事、情"有何区别。他说：

> 可言之理，人人能言之，又安在诗人之言之？可征之事，人人能述之，又安在诗人之述之？必有不可言之理，不可述之事，遇之于默会意象之表，而理与事无不灿然于前者也。[①]

叶燮提出有两种"理"与"事"：一是人人能言之理，人人能述之事；二是不可言之理，不可述之事。问题的提出非常奇特，而问题的解答却又非常深刻，富有说服力。叶燮认为，前者的事与理是生活中的实事、实理；后者的事与理则是诗人的创造。说是"不可言之理"，包含两个意思：一是此理是诗人独特的认识，强调诗的创造性；二是此理不是以通常的形式逻辑思维的形式出现，而是以艺术特有的形式——形象思维的形式出现。同样，说是"不可述之事"也包含有两个意思：一是此事不一定是实事，即使是实事也经过了诗人的加工、改造，因而它与历史事实有很大不同；二是此事同样不是以通常的形式——逻辑思维的形式出现。在诗中的"事"往往与情、思化合成"意象"或"意境"，其"事"不那么清晰、有头有尾，而往往只留下一些重要的片段、精彩的细节，而且这片段、细节也非常理、常情可解，而必须换一种思维方式——审美的思维方式才能领悟。

---

① 叶燮:《原诗·内篇》。

(清) 王云:《雪溪行舟图》

　　这样,叶燮由论艺术意象的构成过渡到论述艺术意象构成的思维活动
了。他举杜甫诗句为例:

　　一是杜甫《玄元皇帝庙作》中的诗句:"碧瓦初寒外。""碧瓦初寒外"有
"事"、有"情"、有"理",然这"事""情""理"不是常事、常情、常理。如按

常事、常情、常理去看，它不能为人所接受，这是因为："外"是个方位词，用来界定具体事物方位，"碧瓦"可以分内外，"初寒"不是物，又怎么分内外呢？另外，寒气"尽宇宙之内，无处不充塞"，碧瓦又怎能"独居其外"呢？凡此，都说明"碧瓦初寒外"是"不可言之理""不可述之事"。然而作为诗，大家都认为是好诗，都能接受，这又是为什么呢？叶燮说：

> "初寒"无象无形，"碧瓦"有物有质，合虚实而分内外，吾不知其写"碧瓦"乎？写"初寒"乎？写近乎？写远乎？使必以理而实诸事以解之，虽稷下谈天之辩，恐至此亦穷矣。然设身而处当时之境会，觉此五字之情景，恍如天造地设，呈于象，感于目，会于心。意中之言，而口不能言；口能言之，而意又不可解。划然示我以默会想象之表，竟若有内，有外，有寒，有初寒，特借"碧瓦"一实相发之。有中间，有边际，虚实相成，有无互立，取之当前而自得，其理昭然，其事的然也。①

叶燮认为重要的是欣赏者以什么样的眼光去看。如果不以实事实理去衡量，而设身处地去体会，去领悟，则会觉得"此五字之情景恍如天造地设，呈于象，感于目，会于心"。这种不拘泥于字面上的逻辑关系，打破逻辑思维程序，设身处地去感觉对象、体悟对象的方式即审美的方式。审美不是认识，故它不合逻辑思维，但审美又包含有认识，故它虽然不合逻辑思维，仍然有思维，这种思维通常叫形象思维。

其基本特点乃是："虚实相成，有无互立。"这也正是艺术意象的基本特点。形象思维的突出特点是想象，而且这想象是以情感为动力并接受情感的指导的。形象思维的"逻辑"是想象与情感的"逻辑"（如果也称之为"逻辑"的话）。形象思维的"理"是不可执的，形象思维的"事"是不能一一征之于实事的。叶燮说："诗则理尚不可执，又焉能一一征之实事者乎？"② 形象思维的"理"和"事"，叶燮对杜甫《夔州雨湿不得上岸作》中的"晨钟云外湿"亦做了精彩的分析。他说：

---

① 叶燮：《原诗·内篇》。
② 叶燮：《原诗·内篇》。

以"晨钟"为物而"湿"乎？"云外"之物，何啻以万万计！且钟必于寺观，即寺观中，钟之外，物亦无算，何独湿钟乎？然为此语者，因闻钟声有触而云然也。声无形，安能湿？钟声入耳而有闻，闻在耳，止能辨其声，安能辨其湿？曰"云外"，是又以目始见云，不见钟，故云"云外"。然此诗为雨湿而作，有云然后有雨，钟为雨湿，则钟在云内，不应"云外"也。斯语也，吾不知其为耳闻耶？为目见耶？为意揣耶？俗儒于此，必曰："晨钟云外度。"又必曰："晨钟云外发。"决无下"湿"字者。不知其于隔云见钟，声中闻湿，妙悟天开，从至理实事中领悟，乃得此境界也。①

的确，从实理实事角度来分析，"晨钟云外湿"亦是不可解的。正如叶燮所说，"声无形安能湿"？如因钟湿而联系到声音，那么，"有云然后有雨，钟为雨湿，则钟在云内，不应云外"。总之，从实理实事角度来看这一句诗，可说是荒谬的。俗儒正是这样做的。他们认为只有"晨钟云外度"或"晨钟云外发"，而决无"晨钟云外湿"。

叶燮嘲笑俗儒"不知其于隔云见钟，声中闻湿，妙悟天开"。

的确，这是"妙悟"，是异想天开。而诗又正是要这样写。而读诗者亦正是要这样读。

艺术的境界需要的不是认识，而是"领悟"。

最后，叶燮做出结论：

要之作诗者，实写理、事、情，可以言，言可以解，解即为俗儒之作。惟不可名言之理，不可施见之事，不可迳达之情，则幽渺以为理，想象以为事，惝恍以为情，方为理至事至情至之语。②

艺术是不能求"解"的。俗儒写诗"实写理、事、情"，将诗混同于一般性的文章，不懂得诗。诗中的"理"是"不可言之理"，唯其"不可言"，所以是"幽渺"的；诗中的事是"想象"的事，唯其是"想象"的，所以是"不可施

---

① 叶燮：《原诗·内篇》。
② 叶燮：《原诗·内篇》。

见"的;诗中的"情"是"不可迳达"的,唯其是"不可迳达"之情,所以是"惝恍"的。对于这种"理、事、情",叶燮不仅不轻视,反而推崇为"理至、事至、情至"。

对意象审美本质及其特点的深刻认识和对艺术想象的精辟分析是叶燮美学思想的精髓。意象的本质及特点,在叶燮前大体上都有相似的论述,但论述的深度可以说没有一个赶得上叶燮。与叶燮同时的王夫之在《薑斋诗话》中对意象的本质及特点的论述在深度上与叶燮差不多,但二人的角度不一样。王夫之主要从意象中的情景关系入手,也主要在情景关系上有所突破。叶燮则主要从辨析"可言"与"不可言"之"理"、"可述"与"不可述"之"事"、"可迳达"与"不可迳达"之"情"入手,揭示艺术意象的本质及特点。叶与王的理论其实是相通的,可以互相补充。

叶燮对艺术想象的高度重视和精辟分析,是叶燮美学中很引人注目之处。纵观中国美学史,自汉魏以来,艺术想象问题一直处于蒙然不觉的状态。陆机与刘勰关于艺术想象的言论很精彩,但侧重于描述,对想象的本质并没有揭示,他们也都没有用"想象"这个概念。陆机没有专指想象的术语,而是用泛指的"心"来取代想象;刘勰则有了专门的术语,名之为"神思"。叶燮在这方面的贡献有三:

第一,明确提出"想象以为事"的命题,在美学意义上首次运用了"想象"这个概念,并且明确指出文艺作品中的"事"是"想象"的产物。艺术思维的特点是想象。

第二,揭示了"想象"的本质。叶燮指出艺术中要表现的理、事、情,是"不可名言之理""不可施见之事""不可迳达之情",而创造出这样的"理""事""情"正是"想象"的功能。想象创造的是一个与客观世界有联系但又不同的另一个世界。这个世界就它从现实客观世界吸取素材、原料、养分来说,它是真实的;就它并非实事、实情、实理来说,它是虚幻的。想象的世界是真实与虚幻相合一的世界。创造这样一个世界是诗人、艺术家的任务。而诗人、艺术家的最大本领也就是想象的本领。用叶燮的话来说:"可言之理,人人能言之,又安在诗人之言之? 可征之事,人人能述之,又安在诗人之述之?"①

　　第三,想象的激发往往起自直觉。用叶燮的话来说是"妙悟天开"。"妙悟"就是审美直觉。审美直觉不是无源之水,无本之木,它虽然奇妙,却立根于现实的土壤。叶燮说:"妙悟天开,从至理事实中领悟,乃得此境也。"②

　　想象牵涉到诗与史的区别。唐宋以降,"诗史"问题一直纠缠不清,其中症结之一就是没有充分认识到诗作为审美活动的形式是运用想象创作出来的,而史却不能运用想象,哪怕是合理想象。这就是说,诗是"言不可名言之理",而史只能"言可言之理";诗可述"不可施见之事",而史只能述"可施见之事"即实事。王夫之不同意将诗与史混淆起来,以诗代史。他说:"史才固以檃括生色,而从实著笔自易,诗则即事生情,即话绘状,一用史法,则相感不在永言和声之中,诗道废也。"③王夫之也反对议论入诗,说:"议论入诗,自成背戾。"④叶燮的观点与王夫之基本一样,但在艺术想象问题上,他比王夫之要深刻,尽管他未直接谈到诗与史的问题,但从他强调区分两种"理、事、情"来看,他也是不赞成以诗代史的。

　　几乎与叶燮生活在同一时期的意大利美学家维柯在西方美学史上第一次明确提出形象思维与逻辑思维的区别。他说:"按照诗的本性,任何人都不可能同时既是高明的诗人,又是高明的玄学家,因为玄学家要把心智从各种感官方面抽开,而诗的功能却把整个心灵沉浸到感官里去;玄学飞向共相,而诗的功能却要深深地沉浸到殊相中去。"⑤叶燮的观点可说与维柯的观点异曲同工。叶燮的美学思想是中国古典美学的高峰之一,与王夫之一样,他同样是中国古典美学的总结者,而且叶燮的美学已经透出近代的意味。

① 叶燮:《原诗·内篇》。
② 叶燮:《原诗·内篇》。
③ 王夫之:《古诗评选》卷四《古诗》。
④ 王夫之:《古诗评选》卷四,张载《招隐》评语。
⑤ [意]维柯著,朱光潜译:《新科学》,中国社会科学出版社1987年版,第429页。

第 四 章

朴学与美学（上）

　　源于顺、康而大盛于乾、嘉的朴学，被梁启超称为中国历史上第四大文化思潮，与汉代经学、隋唐佛学、宋明理学并称，其声势之浩，影响之大，清代其他学说不能比。

　　明清之际，政治剧变，促使许多学者对前代学说、文风作深刻的反思，抨击宋明理学"空谈心性"，提倡"实学经世"和"返经本祖"，如王国维所说："顺康之世，天造草昧，学者多胜国遗老，离丧乱之后，志在经世，故多为致用之学，术之经史，得其本原，一扫明代苟且破碎之习，而实以兴。"[①]入清以后，统治阶级以高压的文化政策和残酷的手段来钳制学术思想，知识分子噤若寒蝉。从清初"文网多繁梦未安"[②]到乾、嘉"避席畏闻文字狱"，使得读书人再不敢谈国事。一时考据成风，多谈"虫鱼之学"，实也是时势使然。王国维说："雍乾以后，纪纲既张，天下大定，士大夫得肆意稽古，不复视为经世之具，而经史小说专门之业兴焉。"王国维此说显然是曲护之词，不过倒也道出时风。朴学就是在这种背景下兴起来的。

　　朴学至少在两个方面与美学有深刻的关联。一、朴学有着强烈的反理

---

① 　王国维：《沈乙庵先生七十寿序》。

② 　《清诗纪事·明遗民卷》第 1 册，凤凰出版社 2003 年版，第 211 页。

学的色彩。它以实证考据为宗,以实学的方式来考察文学艺术,倒也有一些深刻的发现,如顾炎武对诗歌音韵学的研究。清代朴学家中能以精审之学识衡文诠诗的,颇有其人,除了顾炎武外,还有纪昀、杭世骏、李调元、沈德潜、翁方纲、张惠言、阮元、方苞、刘大櫆、姚鼐、焦循等。在诗歌理论方面,沈德潜的"格调"说、翁方纲的"肌理"说轰动一时。散文理论方面,桐城派提出的"义理、考据、辞章"影响更是深远。这是一方面。另一方面,朴学也有反美学的一面。由于朴学关注经典更甚于现实,热衷于考据更甚于体悟,偏重义理而轻视情感,因而在涉及文学艺术的言论中就表现出对审美情趣的忽视,忽视艺术个性。这就引起了一些美学家的不满,他们起而批评朴学的反美学的言论,捍卫艺术的审美原则。

第一节 顾炎武的"音韵"学

顾炎武(1613—1682),字宁人,原名绛,学人多称亭林先生,昆山(今江苏昆山市)人。明亡,不仕,专意于学术,著作甚多,有《天下郡国利病书》一百二十卷、《日知录》三十卷、《音论》三卷、《诗本音》十卷、《易音》三卷、《唐韵正》二十卷、《亭林诗集》五卷、《文集》六卷、《亭林余集》一卷等。

顾炎武像

顾炎武是开有清一代朴学风气的学术大师。他抨击以"王学"为代表的明代学风,称明中叶以来,学者们往往言心言性,"置四海之困穷不言,而

终日讲危微精一之说"①。愤激地将"王学"与魏晋清谈并论为祸国殃民之
祸水。他指斥宋代理学仅得汉代训诂之学的肤廓，而将"达道""达德"这
样关系国计民生的大事置之不论。顾炎武大声疾呼学术应以实学经世为
旨归：

> 文之不可绝于天地间者，曰明道也，纪政事也，察民隐也，乐道人
> 之善也。若此者，有益于天下，有益于将来，多一篇，多一篇之益矣。
> 若夫怪力乱神之事，无稽之言，剿袭之说，谀佞之文。若此者，有损于己，
> 无益于人，多一篇，多一篇之损矣。②

> 凡文之不关于六经之指、当时之务者，一切不为。③

在这种高度强调文学的现实功用的前提下，顾炎武提出文学创作要以
重"实"、重"厚"为目标，切忌巧言肤泛、文辞欺人。他的"实学"主张体
现在美学上，就是要求以历史的眼光看待诗歌的音韵，以及诗歌与音乐的
关系。

音韵学是顾炎武以毕生精力研究的学问之一。中国诗歌的音韵，自沈
约提出"四声八病"以来，研究者代不乏人。晚明之前，关于音韵的研究多
注重声律，到晚明则发生了很大的变化。不少学者转向对音韵作历史性的
考察。焦竑和陈第对《诗经》《离骚》的音韵问题作了深入的研究。焦竑提
出"古诗无叶韵"④。陈第著《毛诗古音考》，焦竑为之作序。这种研究已经
偏离现实的文学创作而纯是一种学问了。顾炎武在这方面可谓集大成者。

顾炎武在诗歌音韵方面提出了一些富有美学意味的观点：

一、"以韵从我"与"以我从韵"

顾炎武通过对《诗经》等古诗用韵的精密研究，提出古人之诗"以韵从
我"、今人之诗"以我从韵"的观点。他说：

---

① 顾炎武：《与友人论学书》。
② 顾炎武：《日知录》卷十九"文须有益天下"条。
③ 顾炎武：《与人书三》，见《亭林文集》。
④ 焦竑：《焦氏笔乘》"古诗无叶韵"条。

古人用韵，无过十字者，独《閟宫》之四章，乃用十二字。使就此一韵，引而伸之，非不可以成章，而于义必有不达，故末四句转一韵。是知以韵从我者，古人之诗也；以我从韵者，今人之诗也。①

诗以义为主，音从之。必尽一韵无可用之字，然后旁通他韵，又不得于他韵，则宁无韵；苟其义之至当，而不可以他字易，则无韵不害。②

凡诗不束于韵，而能尽其意，胜于为韵束而意不尽，且或无其意，而牵入他意，以足其韵者，千万也。故韵律之道，疏密适中为上，不然，则宁疏无密。文能发意，则韵虽疏不害。③

顾炎武在这里提出的观点无疑是正确的。诗固然要讲究韵，但韵毕竟是形式的因素，比之"义"，它是次要的。顾炎武通过对今诗的考察，批评某些诗人"以我从韵"的形式主义倾向，明确提出"诗以义为主，音从之"，"凡诗不束于韵，而能尽其意，胜于为韵束"。这些观点强调了内容对形式的决定作用，形式服从于内容。当然，这种观点，在顾炎武之前也有人提出过，顾炎武的可贵，在于他作为一名学养深厚的学者，以充分的历史根据支持了自己的观点。这对那些动辄援引古人来为自己的形式主义张目的诗人，无异于有效的清醒剂。

二、诗乐合一

顾炎武认为中国诗歌的传统是诗与音乐合一的。他援古诗为证：

《诗》三百篇皆可以被之音而为乐。……自汉以下……诗之与乐，判然为二，不特乐亡，而诗亦亡。④

古人以乐从诗，今人以诗从乐。古人必先有诗，而后以乐合之。舜命夔教胄子："诗言志，歌永言，声依永，律和声。"是以登歌在上，而堂上堂下之器应之，是之谓以乐从诗。古之诗，大抵出于中原诸国，其

---

① 顾炎武：《日知录》卷二十一"古人用韵无过十字"条。
② 顾炎武：《日知录》卷二十一"诗有无韵之句"条。
③ 顾炎武：《日知录》卷二十一"次韵"条。
④ 顾炎武：《日知录》卷五"乐章"条。

人有先王之风，讽诵之教，其心和，其辞不侈，而音节之间，往往合于自然之律。楚辞以下，即已不必尽谐；降及魏晋，羌戎杂扰，方音递变，南北各殊，故文人之作，多不可以协之音。①

顾炎武以丰富的学识，发现古人“以乐合诗”，先有诗，然后配乐，诗与乐是合一的；这与今人“以诗从乐”不一样。所谓“以诗从乐”，就是先有乐谱，然后按乐谱填词，诗与乐也是合一的。顾炎武的贡献不仅在于深刻地指出古今诗乐合一的不同，而且在于独具慧眼地发现古代的诗“音乐之间，往往合于自然之律”。

顾炎武从音韵学这一角度对中国古代诗歌的美做了最深刻的揭示。

在清代，注重诗与乐关系研究的还有王夫之，他根据《尚书·尧典》中“诗言志，歌永言，声依永，律和声”一语，提出“君子贵乐”的观点：

以诗言志而志不滞，以歌永言而言不郁，以声依永而永不荡，以律和声而声不诐。君子之贵于乐者，贵以此也。②

王夫之的观点与顾炎武一致，都强调诗歌的内容是最重要的，诗的韵律、诗的音乐美主要在于帮助内容的表达，增强诗歌的感染力。

王夫之也很看重音节的合乎自然之律，并提出律与历相融通的观点。他说：

圣人之制律也，其用通之于历。历有定数，律有定声。历不可以数术测，律不可以死法求。任其志之所志，限其言之必诎，短音朴节，不合于管弦，不应于舞蹈，强以声律续其本无而使合也，是犹布九九之算以穷七政之纪，而强盈虚、进退、朒朓、迟疾之忽微以相就。何望其上合于天运，下应于民时也哉！③

这里所谓“律”即音律，“历”为时序节气。在中国古代阴阳五行学说所建构的宇宙一体化模式中，音乐发声规律与自然界时序节气变化的节律有内在的一致性。西汉的刘安和司马迁对此都有所论述，到明代，著名的

---

① 顾炎武：《日知录》卷五“乐章”条。
② 王夫之：《尚书引义》卷一《舜典》三。
③ 王夫之：《尚书引义》卷一《舜典》三。

(清) 高简:《仿古山水松下观泉图》

音乐天才朱载堉做了总结:

> 《周髀》曰:"冬至夏至,观律之数,听钟之音,知寒暑之极,明代序
> 之化。"是知律者,历之本也;历者,律之宗也,其数不相倚而不可相违。
> 故曰:"律历融通",此之谓也。①

这也印证了《乐记》所谓"大乐与天地同和"的观点。主张音乐宇宙化,
认为最伟大的"至乐"是宇宙化的音乐,这是中国美学的一个重要观点。王
夫之提出"圣人之制律也,其用通之于历",再次肯定了这一观点。顾炎武
通过对《诗经》时代诗与乐关系的考察,提出古人作诗,"以乐从诗",而"音
乐之间,往往合于自然之律",为朱载堉的"律历融通"说提供了历史的证
明。由于历史的变迁,中国诗歌的音韵问题已成为艰深的学问。顾炎武在
这方面辛勤劳作所取得的成就,对中国古代诗歌美学的研究是一个非常重

---

① 朱载堉:《律历融通·序》。

要的贡献。

第二节　王士禛的"神韵"说

王士禛（1634—1711），字贻上，号阮亭，别号渔洋山人，后世多称王渔洋，山东新城（今山东桓台）人，官至刑部尚书。

王士禛是康熙时期诗坛领袖，是"神韵"说的倡导者。"神韵"说就其本身而言，不应划入朴学的诗学，但乾隆朝著名的朴学家翁方纲将王的"神韵"说看作他的"肌理"说的先导。他说：

> 诗自宋、金、元接唐人之脉，而稍变其音，此后接宋、金、元者，全恃真才实学以济之。乃有明一代，徒以貌袭格调为事，无一人具真才实学以副之者。至我国朝，文治之光，乃全归于经术。是则造物精微之秘，衷诸实际，于斯时发洩之。然当其发洩之初，必有人焉，先出而为之伐毛洗髓，使斯文元气复还于冲淡渊粹之本然，而后徐徐以经术实之也，所以赖有渔洋首倡神韵以涤荡有明诸家之尘滓也。①

翁方纲将自宋代开始的诗全纳入学问之诗的范围，认为王士禛的"神韵"说所起的作用是为清朝的学问之诗清道："涤荡有明诸家之尘滓"，"伐毛洗髓"，"使斯文元气复还于冲淡渊粹之本然，而后徐徐以经术实之"，翁方纲还尽力将"神韵"说纳入朴学的轨道。他说王士禛援引严羽的"诗有别才非关学"一语，"非谓诗可废学也，须知此正是为善学者言，非为不学者言"②。这样，王士禛也是主张以学问写诗的了。

翁方纲的说法虽不一定合乎"神韵"说的实际，但"神韵"说因此被纳入朴学的轨道却是事实。

后世对"神韵"说评价总的来说不高，有不少学者认为"神韵"说缺乏新意，是严羽"兴趣"说的片面发展。我国目前出版的中国美学史著作基本

---

① 翁方纲：《神韵论》下。
② 翁方纲：《神韵论》下。

(清) 高简:《仿古山水雪山寒林图》

不谈或少谈神韵说。这种态度是不妥当的。"神韵"说作为清代前期的一种诗歌理论,它总结了自六朝钟嵘到明代胡应麟等许多文论家的思想,中国的诗歌理论自孔子开始基本上有尚"实"、尚"虚"两种传统。尚"实"传统重在志、道,尚"虚"传统重在韵、味。"神韵"说是属于后一种的。在中国意境理论的发展史上,王士禛的"神韵"说是一个重要环节。意境与意象的重要区别主要在意境尚"虚",强调"象外之象""味外之味"。而"神韵"说所推崇的正是"象外之象""味外之味"。王国维的"境界"说吸取了"神韵"说的营养。王国维说:"沧浪所谓'兴趣',阮亭所谓'神韵',犹不过道其面目,不若鄙人拈出'境界'二字,为探其本也。"① 虽然王国维认为"兴趣""神韵"的概念不如"境界"概念准确、深刻,但还是肯定了它的价值。

_____

① 王国维:《人间词话》。

　　研究王士禛的"神韵"说，令人感到困惑的是，王士禛虽然在很多地方谈到了"神韵"，但从没有给"神韵"下过定义。这就造成理解上的困难。后世不少人阐发过王士禛的"神韵"说，但未必都合乎王士禛的本意。我们还是先来看王士禛的原话：

　　　　汾阳孔文谷云："诗以达性，然须清远为尚。"薛西原论诗，独取谢康乐、王摩诘、孟浩然、韦应物，言"白云抱幽石，绿篠媚青莲"，清也；"表灵物莫赏，蕴真谁为传？"远也；"何必丝与竹，山水有清音。""景昃鸣禽集，水木湛清华。"清远兼之也，总其妙在神韵矣。神韵二字，予向论诗，首为学人拈出，不知先见于此。①

　　王士禛在这里先引用孔文谷的话。孔文谷认为"诗以达性，然须清远为尚"，又说"总其妙在神韵"。虽然这不是王士禛的话，但显然王士禛是同意这个观点的。

　　王士禛早年为教授子侄选编过一本《神韵集》，选诗都为唐律诗、绝句；晚年又编选一本《唐贤三昧集》。此集编在写作《池北偶谈》之前。我们知道，在《池北偶谈》中，王士禛还在谈"神韵"。他的《唐贤三昧集》编选，其指导思想应也是"神韵"。那么，这本书到底选了一些什么作品呢？翁方纲的《七言诗三昧举隅·丹青吟条》有这样一个评论：

　　　　渔洋选《唐贤三昧集》，不录李、杜，自云；仿王介甫《百家诗选》之例，此言非也。先生平日极不喜介甫《百家诗选》，以为好恶拂人之性，焉有仿其例之理？以愚窃窥之，盖先生之意，有难以语人者，故不得已为此辞云尔！先生于唐独推右丞、少伯诸家得三昧之旨，盖专以冲和淡远为主，不欲以雄鸷博奥为宗。……其沉思独往者，则独在冲和淡远一派，此固右丞之支裔，而非李、杜之嗣音矣。②

　　这段话倒是透露了王士禛的真意。原来王士禛的"神韵"说的代表性作家是王维、韦应物、孟浩然。那么，他所说的"神韵"就是从王维、韦应物、

---

① 　王士禛：《池北偶谈》。
② 　翁方纲：《七言诗三昧举隅·丹青吟条》。

孟浩然的诗中所体现出来的冲和淡远的境界。

做这种大致认定后,我们再来看王士禛在许多言论中对"神韵"性质、特点的揭示。

在为《唐贤三昧集》写的序言中,王士禛说:

> 严沧浪论诗云:"盛唐诸人,唯在兴趣,羚羊挂角,无迹可求,透彻玲珑,不可凑泊,如空中之音,相中之色,水中之月,镜中之象,言有尽而意无穷。"司空表圣论诗,亦云:"味在酸咸之外。"康熙戊辰春杪,归自京师,居宝翰堂,日取开元、天宝诸公篇什读之,于二家之言,别有会心,录其尤隽永超诣者,自王右丞而下四十二人,为《唐贤三昧集》,厘为三卷。不录李、杜二公者,仿王介甫《百家》例也……①

王士禛引严羽、司空图的两段话,旨在说明,他所选的诗是含蓄、空灵的。含蓄、空灵这正是"神韵"的本质特征。

王士禛对含蓄、空灵的偏爱在许多言论中表现出来。他曾说:"表圣论诗,有二十四品,予最喜'不著一字,尽得风流'八字。"②当有人问他何谓"不著一字,尽得风流",他举李白和孟浩然诗各一首为例③,然后说:"诗至此,色相俱空,正如羚羊挂角,无迹可求,画家所谓逸品是也。"④

王士禛用"色相俱空"来解释"不著一字,尽得风流"。这说明,"神韵"与禅境是相通的。这是"神韵"说另一个重要特点。

以禅喻诗,中唐以后蔚成风气,特别在宋明两代。严羽的"兴趣"说就建立在以禅喻诗的基础上,王士禛的"神韵"说又来自严羽的"兴趣"说。在以禅喻诗这点上可谓一脉相承。王士禛说:"严沧浪以禅喻诗,余深契其

---

① 王士禛:《渔洋文略》。
② 王士禛:《香祖笔记》。
③ 李白诗为《夜泊牛渚怀古》,诗云:"牛渚西江月,青天无片云。登舟望秋月,空忆谢将军。余亦能高咏,斯人不可闻。明朝挂帆去,枫叶落纷纷。"孟浩然诗为《晚泊浔阳望香炉峰》:"挂席几千里,名山都未逢。泊舟浔阳郭,始见香炉峰。尝读远公传,永怀尘外踪。东林精舍近,日暮但闻钟。"
④ 王士禛:《分甘余话》。

（清）石涛：《对菊图》

说。"① 王士禛特别推崇唐诗,他年轻时编选的《神韵集》选的都是唐五七言律诗绝句。看来唐诗尤其是律诗绝句是"神韵"说所依托的大本营,而对唐诗,王士禛的评价是:"唐人五言绝句,往往入禅,有得意忘言之妙,与净名默然,达磨得髓,同一关捩。观王、裴《辋川集》及祖咏《终南残雪》诗,虽钝根初机,亦能顿悟。"②

禅境的重要特点在"透彻玲珑,不可凑泊"。王士禛说的"神韵",特点也在这里。《渔洋诗话》有一条记载:

> 洪昇昉思问诗法于施愚山,先述余凤昔言诗大指。愚山曰:"子师言诗,如华严楼阁,弹指即现;又如仙人五城十二楼,缥缈俱在天际。余即不然,譬作室者,瓴甓木石,一一须就平地筑起。"洪曰:"此禅宗顿、渐二义也。"③

施愚山(1618—1683),即施闰章,顺治六年进士,诗人,与王士禛同朝为官。他是懂得王士禛的,因此,明确地用禅境来喻王士禛诗之大旨。不过,王士禛的"神韵"说也不只是以禅喻诗,它的来源其实可以溯至魏晋玄学。魏晋玄学讲"无",因之影响到美学讲"神",讲"韵",讲"味",讲"冲淡"。这些也许更应看作"神韵"说的源头。玄学讲的"冲淡",不同于佛家的空寂,而是充满无限生命意味的"道"。从王士禛用来说明"神韵"的诗例来看,也都蕴含着蓬勃的生意。禅学与玄学在王士禛的"神韵"说中有合流的倾向,但这种合流似乎更多的是玄统一禅。玄学很强调自然、天然。王士禛讲神韵也是如此。他说:"七言律联句,神韵天然,古人亦不多见。"④ 另外,他赞同孔文谷的说法,认为"诗以达性,然须清远为尚"。这些都是很富有玄学意味的。崇尚"天然""达性"可以看作"神韵"说的一个重要内容。

王士禛以王维为"神韵"说的代表性作家,亦包含有许多耐人探索的奥秘。

---

① 王士禛:《蚕尾续文》。

② 王士禛:《香祖笔记》。

③ 王士禛:《渔洋诗话》卷中。

④ 王士禛:《香祖笔记》。

　　从诗风来看，王维的诗基本上属于阴柔美，秀雅、恬淡，以韵味取胜。王士祯为了纠正明前、后七子的肤廓和公安派的浅率，倡导以王维为代表的这种诗风，并以之作为神韵说的标本，这是否意味着他所倡导的"神韵"，从美学风格来说是一种阴柔美？当年，稍后于王士祯的大诗人沈德潜就明确表示过对王士祯这种狭隘、偏颇的不满。他在《重订唐诗别裁集序》中指出，王士祯编《唐贤三昧集》"于杜少陵所云'鲸鱼碧海'、韩昌黎所云'巨刃摩天'者，或未之及"。"鲸鱼碧海""巨刃摩天"这样的意象都属于阳刚美。而《唐贤三昧集》将它们剔除在外。因此，我们认识王士祯的"神韵"说仅仅把它看作冲和淡远的境界，含蓄空灵的品位，自然达性的风格是不够的，还应认识到它只属于阴柔美，不属于阳刚美。

　　另外，众所周知，王维的诗有个突出特点就是诗中有画。王维不仅是大诗人，而且也是大画家，他在诗坛上的地位不及他在画坛上的地位。在中国绘画史上，他被誉为"南宗"画风的开创者，水墨画、文人画的祖师爷。王维的画风淡远、萧疏、空寂，与其诗是一致的。王士祯的审美趣味源于文人画，且王士祯对于游山玩水亦有浓厚的兴趣。他所激赏的神韵派的诗基本上是山水诗，而且都是带有浓郁的文人画韵味的山水诗，如王维的"明月松间照，清泉石上流"；刘眘虚的"时有落花至，远随流水香"；常建的"松际露微月，清光犹为君"。这些诗句其境界都以静为特点，而且大多是王国维所说的"无我之境"，以自然景物本身来透示某种深层的意蕴。

　　从王士祯编选《唐贤三昧集》时将杜甫的诗排除在外来看，"神韵"说有远离政治、淡化诗歌社会教化功能的倾向。王士祯不喜欢干预现实的诗歌是很明显的。他曾这样批评杜荀鹤、罗隐的诗："恶诗相传，流为里谚，此真风雅之厄也。如'世乱奴欺主，时衰鬼弄人'，唐杜荀鹤诗也；'今朝有酒今朝醉，明日愁来明日当'，罗隐诗也。"① 看来，"神韵"说是标举唯美主义、唯艺术主义的，尽管它未明确地说。中国的诗歌自魏晋南北朝开始，就分化出伦理派与艺术派：伦理派强调诗歌的社会功能，主张诗歌反映社会现

_____

① 王士祯：《香祖笔记》。

（清）石涛：《采菊图》

实，或言志，或载道。艺术派则比较疏离现实，疏离政治，强调诗歌的唯美功能，标举"韵味""空灵"。司空图、皎然、严羽、王士祯都属于这一派。当然，也有界于两者之间或者说兼取二者的，如苏东坡。

"神韵"说的提出，就王士祯最初的本意来说是纠正明代复古派的貌袭古人和公安派的肤浅率直的，但它的实际影响远不止此。在清政权对汉族知识分子严密防范的社会背景下，"神韵"说不失为一条逃避现实政治的道路。"神韵"说的偏颇、狭隘是很明显的，但"神韵"说仍然可以说是一种有价值的意象理论，它为王国维"境界"说的提出做了很好的铺垫。

第三节　沈德潜的"格调"说

清代中期，清廷统治地位获得稳固，汉族知识分子的遗民情绪逐渐淡化。清统治者从巩固统治地位、笼络知识分子出发，倡导儒学，致使儒家美学复兴。在这中间，沈德潜的诗学理论可谓代表。

沈德潜（1673—1769），字确士，号归愚，江苏长洲（今江苏苏州）人，乾隆四年进士，官至礼部侍郎。沈德潜是当时文坛最有影响的诗人，乾隆皇帝对他甚为赏识，常相唱和。沈德潜晚年归乡养老，乾隆特赠诗送行，诗云："清时旧寒士，吴下老诗翁。……近稿经商榷，相知见始终。"沈德潜论诗的理论著作主要为《说诗晬语》。

沈德潜的诗学理论后人用"格调"说概括，这种概括不是很准确。沈德潜的诗论大体应分两个方面，一是"诗教"说，二是"格调"说。

沈德潜的"诗教"说，沿袭儒家美学的老调，缺乏新意。不过，沈德潜作为清廷重臣、诗坛领袖，重谈此说，意义非比寻常。沈德潜在《说诗晬语》第一节就说：

> 诗之为道，可以理性情，善伦物，感鬼神，设教邦国，应对诸侯，用如此其重也。[1]

---

[1]　沈德潜：《说诗晬语》。

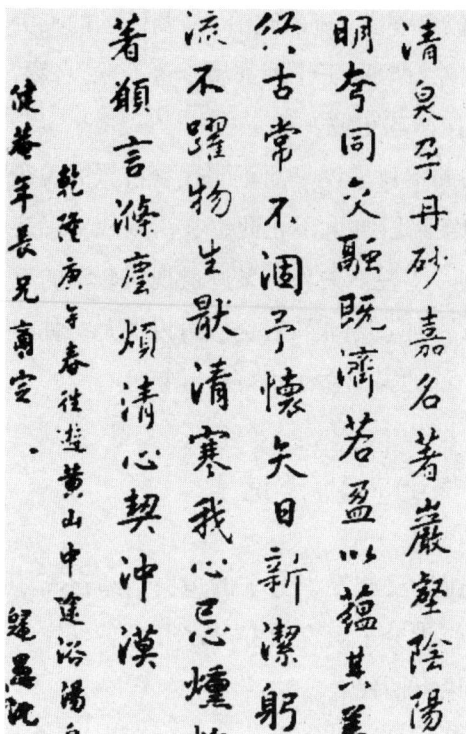

沈德潜书法

沈德潜此说明显来自《毛诗序》。在《重订唐诗别裁集序》中他又说："诗道之尊，可以和性情，厚人伦，匡政治，感神明。"强调诗文的政治伦理目的是儒家美学的重要特点。沈德潜的诗论以此为首，亦可见他的政治、学术的归属。清统治者对沈德潜的美学观点自然是欢迎的，他们也需要更多像沈德潜这样的诗人为之歌功颂德。

与"厚人伦，匡政治"相关，沈德潜大谈孔子的温柔敦厚的诗教。他说：

作诗先审宗旨，继论体裁，继论音乐，继论神韵，而一归于中正和平。①

诗主唐音，以温柔敦厚为教。②

礼之为教，不外孔子教小子教伯鱼数言，而其立言一归于温柔敦

---

① 沈德潜：《重订唐诗别裁集序》。

② 《太子太师礼部尚书沈文悫公神道碑》。

厚，无古今一也。①

　　温柔敦厚，斯为极则。②

　　"温柔敦厚"是儒家诗教的核心，虽然自孔子以后，历代儒家都遵循之，强调之，但无一人像沈德潜这样将它提到诗的"极则"的高度。

　　沈德潜在理论上如此认识，在其创作与批评实践上也以此为指导思想，比如他评论《诗经》中《巷伯》一诗。"《巷伯》恶恶，至欲'投畀豺虎'、'投畀有北'，何尝留一余地？然想其用意，正欲激发其羞恶之本心，使之同归于善，则仍是温厚和平之旨也。"③《巷伯》一诗战斗性很强，对坏人之恨溢于言表，将坏人投于豺虎，豺虎不食，正言其坏到极点。现沈德潜用"温柔敦厚"解释就大变其味了。

　　沈德潜论诗强调"厚"。这"厚"含义较多，其一，是"厚重"，这与古朴相关。他说："延年声价虽高，雕镂太过，不无沉闷，要其厚重处，古意犹存。"④ 其二，是淳厚。他认为"陶诗合下自然，不可及处，在真在厚"⑤。这"厚"是指淳厚。其三，是"忠厚"。他评论徐干、二谢、王粲等人的诗句说："古今流传名句，如'思君如流水'，如'池塘生春草'，如'澄江净如练'……情景俱佳，足资吟咏，然不如'南登霸陵岸，回首望长安'忠厚悱恻，得迟迟我行之意。"⑥ 这"回首望长安"，透出忠君主义，沈德潜也将之归于"忠厚"。

　　沈德潜甚至认为"经史诸子"也可入诗，实际上是说，诗未必不可以说理。在持儒家"诗教"说这方面，沈德潜可谓独领风骚。他说："以诗入诗，最是凡境。经史诸子，一经征引，都入咏歌，方别于横潦无源之学。"⑦

　　不过，沈德潜毕竟是深懂诗歌艺术的行家，他认为诗可以说理，但应带情韵方好。他说：

---

① 沈德潜：《清诗别裁·凡例》。

② 沈德潜：《说诗晬语》。

③ 沈德潜：《说诗晬语》。

④ 沈德潜：《说诗晬语》。

⑤ 沈德潜：《说诗晬语》。

⑥ 沈德潜：《说诗晬语》。

⑦ 沈德潜：《说诗晬语》。

　　人谓诗主性情，不主议论，似也，而亦不尽然。试思二雅中何处无
议论？杜老古诗中，《奉先咏怀》《北征》《八哀》诸作，近体中，《蜀相》
《咏怀》《诸葛》诸作，纯乎议论。但议论须带情韵以行，勿近伧父面
目耳。①

　　这个说法是正确的。沈德潜很看重"比兴"，认为"事难显陈，理难言
罄，每托物连类以形之；郁情欲舒，天机随触，每借物引怀以抒之"。其基本
立场还是教化与审美的统一，其中教化是目的，审美是手段。

　　沈德潜对儒家美学的据守，妨碍他对诗歌审美本质的进一步认识。他
的《说诗晬语》很少接触到诗歌的审美意象、意境的问题，这是令人感到遗
憾的。

　　沈德潜诗歌美学另一重要部分是"格调"说。如果将"格"作广义的理
解，不只是讲诗的格律，还包括内容上的品格，那上面所谈的诗的"教化"
说也未尝不可以包括进去。

　　沈德潜的"格调"说并没有明确地划定一个范围，而就他所论述的方方
面面来看，主要有这样几点：

　　第一，人品与诗品的问题。

　　沈德潜是叶燮的学生，叶燮论诗，很看重诗人的"才""胆""识""力"
的作用。沈德潜也是如此。他说："有第一等襟抱，第一等学识，斯有第一
等真诗。"②"品格既高，复饶还韵，故为正声。"③他强调"作文作诗，必置身
高处，放开眼界"④。这些思想基本上来自于叶燮。沈德潜较之叶燮更为深
入的是对诗的个性有很好的见解。他说：

　　　性情面目，人人各具。读太白诗，如见其脱屣千乘；读少陵诗，如
　　见其忧国伤时。其世不我容，爱才若渴者，昌黎之诗也；其嬉笑怒骂，
　　风流儒雅者，东坡之诗也。即下而贾岛、李洞辈，拈其一章一句，无不

---

① 沈德潜：《说诗晬语》。
② 沈德潜：《说诗晬语》。
③ 沈德潜：《说诗晬语》。
④ 沈德潜：《说诗晬语》。

有贾岛、李洞者存。①

第二，学古与通变的问题。

沈德潜的诗论具有浓厚的复古意味。他标举唐诗，视唐诗为典范。对于明代的复古派，他给予比较多的肯定，说："李宾之（李东阳）力挽狂澜，李（李梦阳）、何（何景明）继之，诗道复归于正。"②"李于鳞拟古诗，临摹已甚，尺寸不离，固足招诋諆之口。而七言近体，高华矜贵，脱去凡庸，正使金沙并见，自足名家。"③

值得注意的是，沈德潜虽崇尚复古，但反对泥古，而主张将"学古"与"通变"结合起来。他说：

> 诗不学古，谓之野体。然泥古而不能通变，犹学书者但讲临摹，分寸不失，而己之神理不存也。④

沈德潜的"通变"说主要在强调诗要有个性，要有创造。他说："实事贵用之使活，熟语贵用之使新，语如己出，无斧凿痕，斯不受古人束缚。"⑤

由此，沈德潜又提出"活法"与"死法"的问题。他说：

> 诗贵性情，亦须论法。乱杂而无章，非诗也。然所谓法者，行所不得不行，止所不得不止，而起伏照应，承接转换，自神明变化于其中；若泥定此处应如何，彼处应如何，不以意运法，转以意从法，则死法矣。试看天地间水流云在，月到风来，何处著得死法！⑥

"有法""无法"是中国古典美学中的一个老问题。它的实质是艺术家需不需要有自己的个性、有自己的创造性。沈德潜将它归结为"以意运法"与"以意从法"。"运法"则主动权在我，法为我用；"从法"则主动权在法，我为法用。沈德潜这一分析是有独创性的，不同于前人在这一问题上的

---

① 沈德潜：《说诗晬语》。
② 沈德潜：《说诗晬语》。
③ 沈德潜：《说诗晬语》。
④ 沈德潜：《说诗晬语》。
⑤ 沈德潜：《说诗晬语》。
⑥ 沈德潜：《说诗晬语》。

论述。

第三,格律和声调的问题。

沈德潜诗论影响最大的是"格调"说。然沈本人并没有明确标举"格调"。沈的门人王昶在《湖海诗传》中称沈氏"独持格调说,崇拜盛唐而排斥宋诗……以汉魏盛唐称于吴下"。"格调"早在唐代诗论中就提出来了。皎然评谢灵运诗称"其格高","其调逸"。① 后来明代复古派推重盛唐,排斥萎弱的台阁体,李梦阳云:"高古者格,宛亮者调。"② 看来,格调本意是:"格"指诗歌的体制规格,"调"指诗歌的声调韵律。沈德潜大致也是在这层意义上论格调的。

沈德潜很重视格调,这方面的言论甚多。如:

> 诗以声为用者,其微妙在抑扬抗坠之间。读者静气按节,密咏恬吟,觉前人声中难写、响外别传之妙,一齐俱出。③

> 乐府中不宜杂古诗体,恐散朴也;作古诗正须得乐府意。古诗中不宜杂律诗体,恐凝滞也;作律诗正须得古风格。④

> 诗中韵脚,如大厦之柱石,此处不牢,倾折立见。⑤

> 歌行起步,宜高唱而入,有黄河落天走东海之势。以下随手波折,随步换形,苍苍莽莽中,自有灰线蛇踪,蛛丝马迹,使人眩其奇变,仍服其警严。⑥

> 五言古长篇,难于铺叙,铺叙中有峰峦起伏,则长而不漫;短篇难于收敛,收敛中能含蕴无穷,则短而不促。又长篇必伦次整齐,起结完备,方为合格。⑦

> 七言律,平叙易于径遂,雕镂失之佻巧,比五言为尤难。贵属对稳,

---

① 皎然:《诗式》卷一。
② 李梦阳:《驳何氏论文书》。
③ 沈德潜:《说诗晬语》。
④ 沈德潜:《说诗晬语》。
⑤ 沈德潜:《说诗晬语》。
⑥ 沈德潜:《说诗晬语》。
⑦ 沈德潜:《说诗晬语》。

贵遣事切，贵捶字老，贵结响高，而总归于血脉动荡，首尾浑成。①

公正地说，沈德潜关于诗歌格调的具体意见都是很可取甚至可以说是很精辟的。在许多方面对王士祯的"神韵"说有所修正或者说补充。比如，针对"神韵"说片面地只是推崇淡远、秀雅的美，他提出也应看重"浮天无岸""鲸鱼碧海""巨刃摩天"的美。"神韵"说比较忽视诗歌反映现实的功能和教化作用，而沈德潜的"格调"说十分强调诗的"设教邦国、应对诸侯"的作用。王士祯殊少谈格律、声韵，只是谈妙悟，谈兴会，谈诗境，重在诗的虚的一面；而沈德潜则反过来，殊少谈兴会、诗境，而大谈格律、声调，重在诗的实的一面。沈德潜虽然对王士祯有所批评，但更多的是补充，是纠偏。

沈德潜的美学思想在薛雪的《一瓢诗话》、吴雷发的《说诗菅蒯》、施补华的《岘佣说诗》中有所发挥。

第四节　翁方纲的"肌理"说

翁方纲（1733—1818），字正三，号覃溪，顺天大兴人。乾隆十七年进士，累官至内阁学士。翁方纲精于金石、谱录、书画、词章、考据之学，著有《复初斋文集》《复初斋诗集》《石洲诗话》《苏诗补注》《小石帆亭著录》等。

翁方纲活动于朴学之风最炽的乾嘉时期，本身就是朴学家。在考证学风的影响下，他大张学人之诗的旗帜，强调经术、学问对于写诗的重要作用。他改造、重新解释王士祯的"神韵"说，吸收沈德潜的"格调"说，提出他的"肌理"说。

"肌理"说重理但不唯理，师古但不泥古，虽然力求在诗学理论上体现出兼容并包的气象，但总的倾向是崇尚以理入诗，以学问入诗。翁方纲的地位影响不及沈德潜、王士祯，但他的"肌理"说更能见出朴学对诗学的影响，可以看作朴学的诗学代表。

"肌理"一词来自杜甫《丽人行》"肌理细腻骨肉匀"。翁方纲将

---

① 沈德潜：《说诗晬语》。

(清) 翁方纲书法

它移入文论,成为一个美学范畴,这是一个创造。钱锺书先生在早年的《中国固有的文学批评的一个特点》一文中指出,中国文学批评有个突出特点就是"把文章通盘的人化或生命化",所用的批评概念如"气""力""魄""神""脉""髓""文心""句眼"都是从人身上借用过去的。他由此谈到翁方纲的"肌理",说:"翁方纲精思卓识,正式拈出'肌理',为我们的文评,更添一个新颖的生命化名词。古人只知道文章有皮肤,翁方纲偏体验出皮肤上还有文章。现代英国女诗人薛德蕙女士(Edith Sitwell)明白诗文在色泽音节以外,还有它的触觉方面,唤作'texture',自负为空前的大发现,从我们看来,'texture'在意义上,字面上都相当于翁方纲所谓肌理。"①

翁方纲以身体发肤来喻义理,意在强调义理不能单独以行,它必须有

---

① 钱锺书:《中国固有的文学批评的一个特点》,《文学杂志》一卷,1937 年 4 月。

实体质地，有组织结构，否则便流于枯槁。他以人体肌肤的丰腴细腻来比喻诗歌内容丰厚、文理深密是极贴切的。这也反映出翁方纲对诗歌美学特征的认识。"肌理"概念本身就将此说与宋代的以理入诗说、文以载道说区别开来了。

翁方纲说："诗必研诸肌理，而文必求其实际。"[1] 那么，他讲的"肌理"到底是什么"理"呢？在《志言集序》中，翁方纲有个说明：

> 然则"在心为志，发言为诗"，一衷诸理而已。理者，民之秉也，物之则也，事境之归也，声音律度之矩也。是故渊泉时出，察诸文理焉；金玉声振，集诸条理焉；畅于四支，发于事业，美诸通理焉。义理之理，即文理之理，即肌理之理也。[2]

翁方纲认为"理"是"民之秉""物之则""事境之归""声音律度之矩"，可见是诗之根本，它体现为"文理""条理""通理"。这"文理""条理""通理"是就"理"在诗中的不同功能而说的，然其总称，又可称之"文理"。"文理"即"肌理"。"文理之理"即"义理之理"。可见，翁方纲的基本立场是宋儒的文道合一，文从道出。

从这种基本立场出发，他认为诗之根为儒家六经，他推崇杜甫的诗，其原因就在于杜诗"根极于六经"。他说：

> 杜之言理也，盖根极于六经矣，曰"斯文忧患余，圣哲垂象系"，《易》之理也。曰"舜举十六相，身尊道何高"，《书》之理也。曰"春官验讨论"，《礼》之理也。曰"天王狩太白"，《春秋》之理也。其他推阐事变，究极物则者，盖不可以指屈。[3]

翁方纲将杜诗的内容一一套进六经的框子里，是可笑的。值得注意的是翁方纲虽主六经之理入诗，但并不赞同在诗中直言六经之理。他说："理之中通也，而理不外露，故俟读者而后知之云尔。若白沙、定山之为《击壤》

---

① 翁方纲：《延晖阁集序》。

② 翁方纲：《志言集序》。

③ 翁方纲：《杜诗精熟文选理理字说》。

派也，则直言理耳，非诗之言理也。”① 他考订“理”字，说是“治玉也，字从玉，从里声”。由此他加以发挥，认为理是要讲究外表的。“其在于人，则肌理也；其在于乐，则条理也。”② “‘如玉如莹，爰变丹青’，此善言文理者也。”③ 虽然翁方纲没有更多地阐发在诗中究竟应以什么方式表达理，但“肌理”这一概念本身也很能说明一些问题了。

强调以理入诗必然强调学问。他说：

> 诗自宋、金、元接唐人之脉，而稍变其音。此后接宋、金、元者，全恃真才实学以济之。乃有明一代，徒以貌袭格调为事，无一人具真才实学以副之者。至我国朝，文治之光，乃全归于经术，是则造物精微之秘，衷诸实际，于斯时发洩之。④

既然一切均从学问中来，读书就显得特别重要，要写好诗，首要的就是读好书，所以他说：“学者惟以读书切己为务。”⑤

严羽有“诗有别才非关学”一语，翁方纲特别为之解释，说是“专为骛博滞迹者偶下砭药之词，而非谓诗可废学也。须知此正是为善学者言，非为不学者言也”⑥。

桐城派大家姚鼐系翁方纲好友，他在致翁的书信中强调儒家经籍和所谓学问对于写诗的重要性是盛行于清代中期的朴学对美学的重要影响之一。桐城派是当时影响颇大的散文流派，他们最为看重的作文法宝即“义理、考据、辞章”。说：“道有是非而技有美恶，诗文，皆技也，技之精者必近道。故诗文遵者命意必善。”⑦ 而要“近道”，又须努力钻研学问不可。早于翁方纲的浙派诗人朱彝尊说：“天下岂有舍学之理。”⑧ 厉鹗也说：“有读书而不能

① 翁方纲：《杜诗精熟文选理理字说》。
② 翁方纲：《杜诗精熟文选理理字说》。
③ 翁方纲：《杜诗精熟文选理理字说》。
④ 翁方纲：《神韵论》下。
⑤ 翁方纲：《神韵论》下。
⑥ 翁方纲：《神韵论》下。
⑦ 姚鼐：《答翁学士书》。
⑧ 朱彝尊：《楝亭诗序》。

（清）禹之鼎：《江乡清晓图》

诗，未有能诗而不读书……书，诗材也。"① 这些都给翁方纲一定的影响，而翁又以他的"肌理"说影响当代及后代士子，遂在清代中期的诗坛形成一种风气。袁枚批评翁"误把抄书当作诗"，可谓一语中的。

崇尚学习儒家经籍，以学问写诗，必然推崇宋诗。翁方纲说：

> 唐诗妙境在虚处，宋诗妙境在实处。……宋人之学，全在研理日精，观书日富，因而论事日密。如熙宁、元祐，一切用人行政往往有史传所不及载，而于诸公赠答议论之章，略见其概。至于茶马、盐法、河渠、市货，一一皆可推析。南渡而后，如武林之遗事，汴上之旧闻，故老名臣之言行、学术，师承之绪论、渊源，莫不借诗以资考据，而其言之是非得失与其声之贞淫正变，亦从可互按焉。②

翁方纲认为宋诗的"妙境在实处"，因为它记录了许多当时社会政治、经济、学术及日常生活的情况。这显然是持朴学的眼光看诗，把诗与史混为一谈。翁方纲曾说过："考订训诂之事与词章之事未可判为二途。"③ 看来，在他心目中，诗与史、考据之学与词章之学在本质上是没有什么区别的。这种观点是反美学的。

翁方纲的"肌理"说有一定的复古倾向，这点，与沈德潜的"格调"说相同。但翁方纲师古而不泥古，主张"师其意，则其迹不必求肖之也"④。这牵涉到对"法"的态度。"法"多为古法，是古人的经验，今人视为经典，视为楷模，一般说来没有什么不对，但学古法变成循古法，拜倒在古人脚下，不敢有自己的创造，那就大错了。翁方纲对此倒是有清醒的认识。他说：

> 今如镌类帖于石者，其首卷必《黄庭》《乐毅》《洛神》《东方赞》诸古楷也。或其所据之本，出于某代某家，中间实有订正舛讹者，则可耳。不则陈陈相因，谁其赏之乎？今编刻一集，其卷端必冠以拟古、感兴诸题，而又徒貌其句势，其中无所自主，其外无以自见者，谁复从而

---

① 厉鹗：《绿衫野屋集序》。
② 翁方纲：《石洲诗话》卷四。
③ 翁方纲：《蛾术篇序》。
④ 翁方纲：《格调论》中。

诵之？夫其题内有拟古仿古者，尚且宜自为格制，自为机杼也，而况其题本出自为，其境其事属我自写者，非古人之面而假古人之面，非古人之貌而袭古人之貌，此其为顽钝不灵、泥滞弗化也。可鄙可耻，莫甚于斯矣。①

翁方纲从学书法谈起，所揭示的道理当然不只适用于书法，也适用于诗文。翁方纲强烈地反对"非古人之面而假古人之面，非古人之貌而袭古人之貌"的倾向，力主"自为格制，自为机杼"。这种态度是很可贵的。

对于王士禛的"神韵"说与沈德潜的"格调"说翁方纲并不排斥，他分别作三篇《神韵论》与《格调论》，对"神韵"说与"格调"说做新的解释而纳入"肌理"说内。

翁方纲认为，"神韵乃诗中自具之本然，自古作家皆有之，岂自渔洋始乎？古人盖皆未言之，至渔洋乃明著之耳"②。说"神韵"是"诗中自具之本然"当然不错，但不是王渔洋所说的神韵。王渔洋的"神韵"不等于"神"，偏重于指诗的"隽永超诣""清远""淡逸"的风格。而翁方纲所理解的"神韵"，是"理"，是诗的灵魂，它首先存在于诗人心中，然后融入诗中。他以写字为喻："今以艺事言之，写字欲运腕空灵，即神韵之谓也。"③"然则何以能得神韵乎？曰：置身题上，则黄鹄一举见山川之纡曲，再举见天地之圆方。"④看来，"神韵"就是立意，诗人立意越高，诗境就越阔大、越深邃。于是，"神韵"又归之于"理"。翁方纲说："今人误执神韵，似涉空言，是以鄙人之见，欲以肌理之说实之。其实肌理亦即神韵也。"⑤对于"格调"说，翁方纲也采取同样的方式。首先，他指出，格调亦是诗自具的，"诗岂有不具格调者哉？"⑥格调既然是诗之自具，不讲格调并不等于没有格调，"古之为诗者，皆具格

---

① 翁方纲：《格调论》下。
② 翁方纲：《坳堂诗集序》。
③ 翁方纲：《神韵论》中。
④ 翁方纲：《神韵论》中。
⑤ 翁方纲：《神韵论》上。
⑥ 翁方纲：《神韵论》上。

调，皆不讲格调。格调非可口讲而笔援也。"① 其次，他指出，格调不是一成不变的，不能泥古不化。事实上，"唐人之诗，未有执汉魏六朝之诗以目为格调者；宋之诗，未有执唐诗为格调。"② 他批评明代复古派李梦阳、何景明"惟格调之是泥，于是上下古今，只有一格调"③。再次，他将王渔洋的"神韵"说与"格调"说联系起来，说王渔洋"变格调曰神韵，其实即格调耳"④。最后他将格调归之为理，"肌理"说亦即"格调"说。当然，实际上，"肌理"说是不同于"神韵"说、"格调"说的。翁方纲所做的就是以"肌理"说来矫正"神韵"说的"空寂"和"格调"说的"泥古"，而将诗统在"理"的指导之下。

翁方纲的美学思想，《志言集序》中的一句话可作为概括：

> 经籍之光，盈溢于世宙，为学必以考证为准，为诗必以肌理为准。⑤

第五节 "实证"的美学

以顾炎武开创的"经世实学"，在雍、乾两朝以来，渐成风气。由于复杂的历史原因，"经世"意识日渐淡薄，而"实学"渐趋向于"小学专门之业"，"实学"变成"实证"了。这实证风气对文学创作和文学批评都产生了很大的影响，这可以分成两点来谈：

一、作文之道"贵求其本"

清初，钱谦益曾提出"返经本祖"论，企图以此来廓清明代文弊。钱氏的观点为后起的朴学家所承，他们提出以经义为本的文学主张。如程廷祚⑥ 就称，作文之道，"贵求其本"⑦，"今欲专力于古文，惟沉潜于六籍，以

---

① 翁方纲：《格调论》上。
② 翁方纲：《格调论》上。
③ 翁方纲：《格调论》上。
④ 翁方纲：《格调论》上。
⑤ 翁方纲：《志言集序》。
⑥ 程廷祚（1691—1767），字启生，江苏南京人，精经学，有《青溪文集》等。
⑦ 程廷祚：《与家鱼门论古文书》。

植其根本"。这里所说的"本"，就是儒家经义。焦循①也说："词章之有性灵者，必由于经学。"②

(清) 禹之鼎:《云林同调图》

在清代，以经学眼光来衡量文学，最有代表性的是戴震③。戴震的学术成就和哲学思想在清代朴学中是冠绝一时的，他对顾炎武的"理学即经学"深为赞同，提出"治经先考字义，次通文理，志存闻道，必空所依傍"④。他的《与方希原书》，较为集中地反映了朴学家们对"古文之学"的见解，他说：

> 古今学问之途，其大致有三：或事于义理，或事于制数，或事于文章。事于文章者，等而末者也。……故文章有至，有未至。至者，得于圣人之道则荣；未至者，不得于圣人之道则瘁。……足下好道而肆力古文，必将求其本。求其本，更有所谓大本。大本既得矣，然后曰，是

① 焦循（1763—1820），字理堂，江苏扬州人，居家不仕，有《孟子正义》《雕菰楼集》等。
② 焦循:《与孙渊如观察论考据著作书》。
③ 戴震（1724—1777），字东原，安徽休宁人，曾任《四库全书》纂修官，著有《孟子字义疏证》《戴震文集》等。
④ 戴震:《与某书》。

道也，非艺也①

戴震说学问之途有三："义理""制数""文章"。"制数"即名物、制度、术数方面的考据，用戴震的话来说即"考核之源"。戴震区分了"义理""考据""文章"三者的主次关系，认为"义理""考据"为本，"文章"为末，而"义理"又为"考据"之本，即他所说的"大本"。戴震又从历史的角度分析汉、宋两代的学风，称汉代其得在考据，失在义理；而宋儒则反之。这里戴震隐约提出清代学者的主张，即义理、考据并重。他认为只有在二者兼具的前提下，才可以得文章之道。"义理""考据"二者，在戴震是更重"义理"的，然到他的弟子段玉裁②那里，则是："义理、文章，未有不由考核而得者"③。于是"考核"为本，"义理""文章"为末了。不论是主"义理"为本还是主"考核"为本，"文章"都是末。段玉裁说：

> 古之神圣贤人作为六经之文，垂万世之教，非有意于为文也，而文之工侔于造化。……自词章之学盛，士乃有志于文章，顾不知文所以明道而徒求工于文，工之甚，适所以为拙也。④

段玉裁认为古代圣贤作六经之文是无意于为文，强调文服务于表意，忽略甚至否定文本身的意义。他批评古文家"不知文所以明道而徒求工于文"，即为文而文。其实，古文家也不是为文而文的。古文家姚鼐说：

> 余尝论学问之事有三端焉，曰：义理也，考证也，文章也。是三者，苟善用之，则皆足以相济；苟不善用之，则或至于相害。⑤

可见古文家也看重义理、考据，只是古文家不强调义理、考据为本，文章为末，而主张三者相济。姚鼐说得很清楚："世有言义理之过者，其辞芜杂俚近，如语录而不文；为考证之过者，至繁碎缴绕，而语不可了。"⑥姚鼐

---

① 戴震：《与方希原书》。
② 段玉裁（1735—1815），江苏金坛人，著有《说文解字注》《经韵楼集》等。
③ 段玉裁：《戴东原集序》。
④ 段玉裁：《潜研堂文集序》。
⑤ 姚鼐：《述庵文钞序》。
⑥ 姚鼐：《述庵文钞序》。

认为只有"义理""考证""文章"三者"兼长者为贵"①。

二、析字为句，析句为章

朴学对美学的影响还表现在它的分析方法对艺术阐释的规范上。

对于作品的分析阐释，历来有不少论述。孟子说："尽信书，不如无书。"强调独立思考。汉儒解经好谈"微言大义"。魏晋玄学大畅，又多持"得意忘言"说。宋儒好谈性理，主"沉潜涵泳"。

清初黄宗羲则自有另一番见解：

> 先儒欲解四书者，必以心性为纲领，顽阴解剥，则条目无溽雾矣。《西山读书记》《北溪字义》之类是也。然学者工夫未到沉痛，只在字义上分疏，炙毂淋漓，总属恍惚，决不能于江汉源头酣歌鼓掌耳。②

黄宗羲强调学者情感体验的投入，说是"工夫未到沉痛，只在字义上分疏"，"总属恍惚"，这既是讲读书的一般方法，也包含有亡国之恨的隐痛。忽忽百年后，政局稳定，文网加密，学风稍变，朴学家们提倡的是细密爬梳、平心体会了。戴震说："我辈读书非与后儒竞立说，宜平心体会经文，有一字非其的解，则于所言之意必有差，而道从此失。"③

黄宗羲强调经义"非可句解而字释"，告诫切勿"只在字义上分疏"，而朴学家们却一再强调经义的理解需以训诂为基础。钱大昕说："谓训诂之外别有义理，如桑门以不立文字为最上乘者，非吾儒之学也。"④戴震也再三言之：

> 经之至者，道也；所以明道者，其词也；所以成词者，字也。由字以通其词，由词以通其道，必有渐。⑤

这种"必知字之诂，而后识句之意，识句之意，而后通全篇之义，进而

---

① 姚鼐：《述庵文钞序》。
② 黄宗羲：《陈叔大四书述序》。
③ 戴震：《与某书》。
④ 钱大昕：《臧玉林〈经义杂说〉序》。
⑤ 戴震：《与是仲明论学书》。

（清）戴本孝：《赠冒青山
水图册》（之一）

窥全书之指"[1] 的方法成为乾嘉朴学的定法。

这一分析方法被用之于文学批评。李调元说：

> 乐府长短虽殊而法则一，短者一句中包含多义，长者即将短章析
> 为各解，此即律诗之前后分解也。分解不出起承转合四字。若知分解，
> 则能析字为句，析句为章，虽千万言，皆有纪律。[2]

这种"析字为句，析句为章"的分解之法，是朴学风气下典型的诗文分
析方法。

以张惠言为首的常州词派论词之法也深受朴学影响。张惠言以治《周
礼》《周易》而称闻当时，他把包括词在内的一切文学作品都视为寓意之象：

---

① 钱锺书：《管锥编》第一册，中华书局 1979 年版，第 171 页。

② 李调元：《雨村诗话》卷上。

夫民有感于心，有概于事，有达于性，有郁于情，故有不得已者，而假于言。言，象也。象必有所寓。①

"象"有"意"，故可以"发挥旁通"，"依物取类，贯穿比附"，"义有幽隐，并为指发"。② 张惠言这种分析词的方法与解经的方法差不多。例如他将欧阳修的《蝶恋花（庭院深深深几许）》解作"朝士争讧"；"楼高不见"，说是"寓哲王不寐"；"雨横风狂"指"政令暴急"。又如解析温庭筠的《菩萨蛮》，说它的内容似《感士不遇赋》，篇法同于《长门赋》。"照花前后镜"四句即《离骚》"初服之意"。这样一种论词方法，王国维曾批评为"深文罗织"③。常州词派重比兴寄托，张惠言主要讲比兴，他的后学周济则主要讲寄托。重比兴寄托本不是不好，但如果着意求"微言大义"，让词成为"后人论世之资"，将诗与史混同起来，就易导入歧途。而周济正是这样论词的。他说：

> 感慨所寄，不过盛衰：或绸缪未雨，或太息厝薪；或己溺己饥，或独清独醒。随其人之性情学问境地，莫不有由衷之言。见事多，识理透，可为后人论世之资。诗有史，词也有史，庶乎自树一帜矣。④

周济显然是将词的寄托功能夸大了，说过分了。像这种以"学问"作词，凭"见事多""识理透"作词，就可能将词写成谜语。读词如猜谜，还有何情趣可言呢？

朴学重实证对文学带来的影响消极多于积极，如果说，它作为一种文学理论的基础，作为一种文学批评的方法，也可以冠以"美学"的话，那只能叫"实证的美学"。

① 张惠言：《七十家赋钞目录序》。
② 张惠言：《〈周易虞氏义〉自序》。
③ 王国维：《人间词话·删稿》。
④ 周济：《介存斋论词杂著》。

第 五 章

朴学与美学(下)

从上章所谈朴学对诗学的影响、规范中,我们已经看出清代朴学有着反美学的一面。大而言之,它以官学化的儒家经义纲常为主导,借"温柔敦厚"的诗教,尽量消解、排斥晚明以来个性解放和异端美学思潮。小而言之,它以堆垛学问为能事,不重鲜活的直观感受而以博古复古为务,陷于知性的分析方法而不能自拔,例如翁方纲就说:"诗家之难,转不难于妙悟,而实难于'铺陈终始,排比声律'。"① 翁这里说的"铺陈"一语出自元稹为杜甫写的墓志铭。② 元稹评杜甫还有"怜渠直道当时语,不著心源傍古人"③。强调杜诗"直道","白描,甚少用古人现成之语"。而翁氏置此不顾。

朴学中反美学的倾向在其开山祖师顾炎武那里就露端倪了。顾炎武诚一代大家,但也有保守的一面。他对晚明异端美学大加贬斥,说:"自古以来,小人之无忌惮而敢于叛圣人者,莫甚于李贽。"④ 他在崇笃"实学"的同时,也不可避免地流露出重信实、黜虚构的倾向,最显著的例子是他据"峨眉在

---

① 翁方纲:《石洲诗话》。
② 元稹:《唐故工部员外郎杜君墓志铭》。
③ 元稹:《酬李甫见赠十首》第二首。
④ 顾炎武:《日知录》卷十八"李贽"条。

嘉州，非幸蜀路"来批评白居易的《长恨歌》中"峨眉山下少人行"一句，说是与实际地理方位不合。[1] 这就全然不顾诗歌"想象以为事"的审美特质，抹杀了诗与史的区别。

对于这些倾向，王夫之早就有过批评，说诗歌"陶冶性情，别有风旨，不可以典册、简牍、训诂之学与焉也"[2]。王夫之对"诗史"说也有过批评。时至乾嘉朴学，考据之风盛极一时，穿凿考订的流弊不免再起。这就激起了有识之士的反对，其代表人物是袁枚、章学诚和稍后的龚自珍。他们在批评朴学的美学同时又正面提出了自己的美学主张。

第一节　袁枚的"性灵"说

袁枚（1716—1798），字子才，号简斋，世称随园先生，晚年自号仓山居士，浙江钱塘人，乾隆四年进士，选庶吉士，曾官江浦等地知县。乾隆十四年（1749）辞官定居南京小仓山。著有《小仓山房诗文集》《随园诗话》等。

袁枚画像

---

[1] 参见顾炎武：《日知录》卷二十一"李太白诗误"条。

[2] 王夫之：《薑斋诗话》卷一。

袁枚生于朴学最盛的年代,他敢于逆风而行,对朴学有清醒之审视。在致著名朴学家惠栋信中说:

> 闻足下与吴门诸士,厌宋儒空虚,故倡汉学以矫之,意良是也。第不知宋学有弊,汉学更有弊。宋偏于形而上者,故心性之说近玄虚;汉偏于形而下者,故笺注之说多附会。虽舍器不足以明道,《易》不画,《诗》不歌,无悟入处。而毕竟乐师辨乎声诗,则北面而弦矣;商祝辨乎丧礼,则后主人而立矣。艺成者贵乎?德成者贵乎?而况其援引妖谶,臆造典故,张其私说,显悖圣人,笺注中尤难偻指。[1]

袁枚的态度非常明朗,他指斥汉学的"笺注之说多附会",又"援引妖谶,臆造典故",实质是"张其私说,显悖圣人"。当时的朴学高张汉学。袁枚对汉学的批评实也是对朴学的批评。

作为诗人的袁枚,对盛行的"神韵"说、"格调"说、"肌理"说更多关注,批评也更见深度。

王士禛的"神韵"说,袁枚大体上还是能接纳的,因为"神韵"说与他所倡导的"性灵"说有相通之处,在《再答李少鹤书》中,他说:"足下论诗,讲'体格'二字固佳,仆意'神韵'二字尤为要紧。"但袁枚对王士禛以禅论诗颇不赞成:

> 阮亭好以禅悟比诗,人奉为至论,余驳之曰:"毛诗《三百篇》,岂非绝调?不知尔时禅在何处?佛在何方?"人不能答。[2]

袁枚批评得最多也最厉害的是沈德潜的"格调"说和翁方纲的"肌理"说。

袁枚在给沈德潜的信中指出"温柔敦厚"不足据,只有孔子说的"兴、观、群、怨"可足据:

> 孔子之言,《戴经》不足据也,惟《论语》为足据。子曰:"可以兴","可以群",此指含蓄者言之,如《柏舟》《中谷》是也。曰"可以观","可

---

① 袁枚:《答惠定宇书》。

② 袁枚:《随园诗话》"补遗"卷一。

以怨",此指说尽者言之,如"艳妻煽方处""投畀豺虎"之类是也。曰"迩之事父,远之事君",此诗之有关系者也。曰"多识于鸟兽草木之名",此诗之无关系者也。①

袁枚在另一处,更明确地说:

> 仆以为孔子论诗,可信者,兴观鲜怨也;不可信者,温柔敦厚也,或者夫子有为言之也,夫言岂一端而已,亦各有所当也。②

袁枚对沈德潜论诗重"温柔敦厚"有不同意见。"温柔敦厚,诗教也",语见《小戴礼记》,袁枚说是不可据。其实,这只是托词,袁枚根本就反对以"温柔敦厚"来评诗。"温柔敦厚"的要害是取消了诗的个性,取消了诗的情趣。袁枚认为沈德潜的"格调"说也存在这个问题。袁枚并不反对诗应有格调,但他认为格调应服务、服从于性情。他说:

> 须知有性情,便有格律,格律不在性情外。《三百篇》半是劳人思妇率意言情之事;谁为之格,谁为之律? 而今之谈格调者,能出其范围否? 况皋、禹之歌,不同乎《三百篇》,《国风》之歌,不同乎《雅》《颂》,格岂有一定哉? 许浑云:"吟诗好似成仙骨,骨里无诗莫浪吟。"诗在骨不在格也。③

对于翁方纲的"肌理"说,袁枚更是不以为然。他认为,写诗与做学问是两回事,不能将写诗当成做学问。他说:

> 人有满腔书卷,无处张皇,当为考据之学,自成一家;其次则骈体文,尽可铺排,何必借诗为卖弄。自《三百篇》至今日,凡诗之传者,都是性灵,不关堆垛,惟李义山诗稍多典故,然皆用才情驱使,不专砌填也。……近见作诗者,全仗糟粕,琐碎零星,如剃僧发,如拆袜线,句句加注,是将诗当考据作矣。④

袁枚并不反对诗中用典,但认为不能"专砌填也",即一味用典,再者

---

① 袁枚:《答沈大宗伯论诗书》。
② 袁枚:《再答李少鹤书》。
③ 袁枚:《随园诗话》卷一。
④ 袁枚:《随园诗话》卷五。着重号为引者所加。

用典也需"用才情驱使",化为"性灵"。他批评当时的一些作诗者,在诗中卖弄学问,"句句加注",这是"将诗当考据作",全然抹杀了诗与学问的区别,取消了诗之作为诗的审美特质。袁枚在《续元遗山论诗》末一首中指斥翁方纲们是"误把抄书当作诗"。

袁枚对以治学代替作诗深恶痛绝,在文章中多次予以尖锐的批评。在《随园诗话》中他说诗有"三病",其一就是"填书塞典,满纸死气,自矜淹博"。其二是"全无蕴藉,矢口而道,自夸真率"。其三是"讲声调而圈平点仄以为谱者,戒蜂腰、鹤膝、叠韵、双声以为严者"。① 这"三病"第一病、第二病是指"肌理"说,第三病是指"格调"说。

在朴学家所谈的学问之中,袁枚又认为考据之学对文学创作损害最大,他说:"以考据为古文,犹之以火为水,两物不相中也久矣。"②

在上述批判的基础上,袁枚提出了自己的美学主张——"性灵"说。

袁枚说:"从《三百篇》至今日,诗之传者,都是性灵,不关堆垛。"③

袁枚的"性灵"说主要有两个方面:一是"性情",二是"灵机"。

"性情"是关系到作品内容的,袁枚强调诗歌是由情产生的,抒情是诗的基本功能,"有必不可解之情,而后有必不可朽之诗"④。

袁枚的诗主性情说,有四个要点:

第一,强调这性情是"各人之性情"。

他说:"夫诗无所谓唐宋也。唐宋者,一代之国号耳,与诗无与也。诗者,各人之性情耳,与唐宋无与也。"⑤ 把诗建立在个人性情的基础上,必然强调诗的个性。袁枚这方面的言论甚多,如:

> 不学古人,法无一可;竟似古人,何处著我。⑥

---

① 袁枚:《随园诗话》"补遗"卷三。
② 袁枚:《与程蕺园书》。
③ 袁枚:《随园诗话》卷五。
④ 袁枚:《答蕺园论诗书》。
⑤ 袁枚:《答施兰垞论诗书》。
⑥ 袁枚:《续诗品三十二首·著我》。

诗有人无我,是傀儡也。①

第二,强调真性情。

他说:"性情得其真,歌诗乃雍雍。"②"无自得之性情,于诗之本旨已失

(清) 王鼎:《醉儒图》

① 袁枚:《随园诗话》卷七。

② 袁枚:《寄程鱼门》七首之六。

矣。"① 与李贽一样，袁枚也提倡以"赤子之心"写诗，他说："诗人者，不失其赤子之心者也。"

第三，对男女之情的大胆肯定。

袁枚说："情所最先，莫如男女。"② 针对沈德潜编选《别裁》独不选王次回诗，袁枚致信沈德潜表示自己的不同意见：

> 闻《别裁》中独不选王次回诗，以为艳体不足垂教，仆又疑焉。夫《关雎》即艳诗也，以求淑女之故，至于"辗转反侧"。使文王生于今遇先生，危矣哉！《易》曰："一阴一阳之谓道。"又曰："有夫妇然后有父子。"阴阳夫妇，艳诗之祖也。……艳诗宫体，自是诗家一格，孔子不删郑、卫之诗，而先生独删次回之诗，不已过乎？③

对表达男女之情的艳体诗宋儒是排斥的，沈德潜持的也是这一立场，袁枚则为艳体诗争地位，他用《易传》的"一阴一阳之谓道"来支持他的"阴阳夫妇，艳诗之祖"的观点，明确表示"艳诗宫体，自是诗家一格"。

杜甫是朴学家们所推崇的诗人，但在朴学家那里，杜甫仅仅被看作是每饭不忘君恩的臣子，杜甫丰富广袤的情感世界被忽略了。对此，袁枚说：

> 人必先芬芳悱恻之怀，而后有沉郁顿挫之作。人但知杜少陵每饭不忘君，而不知其于友朋、弟妹、夫妻、儿女间，何在不一往情深耶？观其冒不韪以救房公，感一宿而颂孙宰，要郑虔于泉路，招李白于匡山：此种风义，可以兴，可以观矣。④

第四，将"风趣"纳入"性情"。

袁枚对宋代诗人杨万里情有独钟，在《随园诗话》中他引杨万里的话："格调是空架子，有腔口易描，风趣专写性灵，非天才不办。"表示"余深爱其言"。注重诗趣，是明公安派的一个重要的美学主张。袁宏道说："趣如

---

① 袁枚：《答施兰垞论诗书》。

② 袁枚：《答蕺园论诗书》。

③ 袁枚：《再与沈大宗伯书》。

④ 袁枚：《随园诗话》卷十四。

山中之色，水中之味，花中之光，女中之态。"① 袁枚与袁宏道的看法是一致的。

袁枚"性灵"说第二个方面的内容是"灵机"。"灵机"是他在《钱璵沙先生诗序》中提出的一个概念②，"灵机"指诗人固有的才具灵性，即天才和创作过程中的灵感。袁枚说：

> 诗不成于人，而成于其人之天。其人之天有诗，脱口能吟；其人之天无诗，虽吟而不如其无吟。③

袁枚不反对学力，但又强调："诗文自须学力，然用笔构思，全凭天分。"④ 这都可以看出他对灵性的重视。袁枚将灵感与"兴会"联系起来，认为"作诗兴会所至，容易成篇"。强调"即情即景，如化工肖物，着手成春"⑤。袁枚在批评王士禛的"神韵"说时反对以禅喻诗，然在谈及作诗的灵感状态时又不禁用禅语为例：

> 白云禅师作偈曰："蝇爱寻光纸上钻，不能透处几多难。忽然撞着来时路，始觉平生被眼瞒。"云窦禅师作偈曰："一兔横身当古路，苍鹰才见便生擒。从来猎犬无灵性，空向枯椿旧处寻。"二偈虽禅语，颇合作诗之旨。⑥

袁枚的"性灵"说在当时影响是很大的，虽然不能说给予"格调"说、"肌理"说以毁灭性的打击，但对二说至少起了很大的抑制作用。响应、赞同袁枚"性灵"说的著名诗论家有赵翼。赵翼著有《瓯北诗话》。在诗话中他高唱："满眼生机转化钧，天工人巧日争新。预支五百年新意，到了千年又觉陈。""李杜诗篇万口传，至今已觉不新鲜。江山代有才人出，各领风骚数百年。"袁枚、赵翼等人的诗和诗论为清代诗坛带来一股清新的空气。

---

① 袁宏道：《叙陈正甫会心集》。
② 其文为："今人浮慕诗名，而强为之，既离性情，又乏灵机……"
③ 袁枚：《何南园诗序》。
④ 袁枚：《随园诗话》卷十五。
⑤ 袁枚：《随园诗话》卷一。
⑥ 袁枚：《随园诗话》卷四。

第二节　章学诚的"文理"说

章学诚（1738—1801），字实斋，浙江会稽人，官至国子监典籍，著有《文史通义》《校雠通义》《方志略例》《湖北通志拾存稿》等，去世后，吴兴刘氏嘉业堂将其著作合刊为《章氏遗书》。

章学诚是清代杰出史学家，他的学术思想与治学方法与时下盛行的朴学不太合拍。章氏是一位很有识见的学者，他说："君子学以持世，不宜以风气为重轻。"[①] 他强调做学问"识须坚定"[②]。因而他治学"能窥及前人所未到处"[③]。

也正因为不太合潮流，章氏也时有寂寞苦闷之感。他曾在《与孙渊如观察论学十规》中慨叹：

　　嗟乎！学术岂易言哉！前后则有风气循环，同时则有门户角立，欲以一时一人之见，使人姑舍汝而从我，虽夫子之圣犹且难之，况学者乎？前辈移书辨难，最为门户声气之习，鄙人不敢出也，鄙人所业幸在寂寞之途，殆于陶朱公之所谓人弃我取，故无同道之争，一时通人亦多不屑顾盼……

这对章学诚既是不幸又是幸运，章学诚终于以其独立卓识在清代的思想家中赢得了自己的独特地位。

章学诚所处的时代，体现朴学学风的"肌理"说、"义理，考据、文章"三者合一说和反对朴学学风的"性灵"说均盛行。章学诚不以当时的风气而转移，不人云亦云，在冷静客观地评价古今学术的基础上提出了自己的美学观。

章学诚的美学思想比较集中在"道"与"文"的关系上。

对于"道"，章学诚的看法与经学家的看法不同。经学家将儒家的六经

---

① 　章学诚：《家书》五，《章氏遗书》卷九。

② 　章学诚：《家书》四，《章氏遗书》卷九。

③ 　章学诚：《家书》三，《章氏遗书》卷九。

（清）王翚:《虞山秋林图》

看作"道",而章学诚的看法是:

> 道者万事万物之所以然,而非万事万物之当然。①

"之所以然"是指事物之本然,它是客观的,是不以人的意志为转移的,可以将它理解成客观规律,"之当然",是说它应该怎么样,这是人们对它的解释。这解释是不是合乎事物之本然就不一定了。经学家说的"道"就是"万事万物之当然",具体来说就是圣贤对天地万物的看法,即六经。章学诚认为这不是"道",这就蕴含有对"道"的真理性的怀疑。他说:"文可以明道,亦可以叛道。"② 这叛的"道"即非真理的"道",伪道。

章学诚对"道"的理解,还有一个重要观点,那就是"道不离器,犹影不离形。"③ 所谓"道"不离器,就是说作为天地万事万物规律的道与万事万物是不离的,道就在万事万物之中。离开万事万物的道则不是道。章学诚这种观点对于离器而言道的经学家是个很有分量的批判。

章学诚对"文"的看法亦有不同于经学家的地方,经学家继承宋儒的观点,视道为本,视文为末,对文的重要性不予重视。章学诚则认为:"经传圣贤之言,未尝不以文为贵也。盖文固所以载理,文不备则理不明矣。"④

关于文与道的关系,他接受柳宗元的看法,文以明道。但他认为文"亦可以叛道"。他的原话是这样的:

> 文,虚器也;道,实指也。文欲其工,犹弓矢欲其良也。弓矢可以御寇,亦可以为寇,非关弓矢之良与不良也;文可以明道,亦可以叛道,非关文之工与不工也。⑤

说文"可以叛道"这是前所未有的观点,对宋儒的"文以载道""文从道出"说是个很大的批评,对时下大谈义理、考据为本,词章为末的经学家、古文家也不啻一声惊雷。章学诚说文可以叛道,强调文与道是两回事,文

---

① 章学诚:《文史通义·原道》。
② 章学诚:《文史通义·言公中》。
③ 章学诚:《文史通义·原道》。
④ 章学诚:《文史通义·辨似》。
⑤ 章学诚:《文史通义·言公中》。

有它的独立性，犹如弓矢，它只是武器，既可以用来御寇，又可以用来为寇。因此，文"自有其理"。他说：

> 且文亦自有其理，妍蚩好丑，人见之者，不约而有同然之情，又不关于所载之理者，即文之理也。故文之至者，文辞非其所重尔，非无文辞也。而陋儒不学，猥曰："工文则害道。"故君子恶乎似之而非者也。①

"工文则害道"，这是程颐的观点。在清代中期盛行的朴学中不乏对此观点的赞同者，章学诚强调"文亦自有其理"，并且指出它本身具有审美价值，或"妍"或"蚩"，或"好"或"丑"，这就是"文之理"，它与文所载的理不是一回事。

章学诚指出宋儒"曰工文则害道"，是"见疾在脏腑，遂并脏腑而去之"。② 章学诚充分肯定文的重要性。他说："史之赖于文也，犹衣之需乎采，食之需乎味也。"③

在此基础上，章学诚对"文理"提出了许多很有价值的观点：

第一，区分"著述之文"与"文人之文"。

在《文理》篇中他说："夫立言之要，在于有物，古人著为文章，皆本于中之所见，初非好为炳炳烺烺，如锦工绣女之矜夸采色已也。"④ 这是说文章要有内容，要有实用价值，不能只追求形式美。章学诚提出两种"文"——"著述之文"和"文人之文"，也是出于这一立意。他说：

> 文人之文与著述之文不可同日语也。著述必有立于文辞之先者，假文辞以达之而已。譬如庙堂行礼，必用锦绅玉佩，彼行礼者不问绅佩之所成，著述之文是也。锦工玉工未尝习礼，惟藉制锦攻玉以称功，而冒他工所成为己制，则人皆以为窃矣。文人之文是也。故以文人之见解而讥著述之文辞，如以锦工玉工议庙堂之礼典也。⑤

---

① 章学诚：《文史通义·辨似》。
② 章学诚：《文史通义·原道》。
③ 章学诚：《文史通义·史德》。
④ 章学诚：《文史通义·文理》。
⑤ 章学诚：《文史通义·答问》。

虽然章学诚充分肯定文辞具有独立的审美价值,但是他仍然不主张为文辞而文辞,为美而美。他重视"著述之文",是因为它有"立于文辞先者"。这"立于文辞先者"就是义理。章学诚的基本思想是义理、考据、辞章三者不可偏废,力主三者统一。在《文史通义·诗话》中,他说:"学问成家则发挥而为文辞,证实而为考据,比如人身,学问其神智也,文辞其肌肤也,考据其骸骨也,三者备而后谓之著述。"

第二,"论文以清真为训"。

章学诚对于"清真"有几个不完全一样的解释。在《诗话》篇中,他说:"清真者,学问有得于中,而以诗文抒写其所见,无意工辞而尽力于辞者莫及也。"这个解释类似于"著述之文"的解释。这里强调的是"无意工辞",即无意于文,虽然无意于文但是文采斐然,甚至"尽力于辞者莫及也"。显然,章学诚说的"清真"是内容与形式高度统一的美。内容是理与事,形式是文辞。在《原道》篇中他说:"文章之用,或以述事,或以明理。事溯以往,阴也;理阐方来,阳也。甚至焉者,则述事而理以昭焉,言理而事以范焉,则主适不编,而文乃衷于道矣。"

章学诚对"清真"的第二个解释是将"清真"二字分别派属于"文"与"学"。章学诚很看重"文"与"学",他说:"考订、辞章、义理,虽曰三门,而大要有二,学与文也。"[1] "文"与"学"二者,不可分离。"文非学不立,学非文不行,二者相须若左右手,而自古难兼,则才固有以自限;而有所重者,意亦有所忽也。"[2] "文"指文辞,"学"指学问,二者分别为"清"与"真"。章学诚说,"清则就文而论"[3],要求文辞清新美妙;"真之为言,实有所得而著于言也","……真则未论文而先言学问也。"[4] 这种"文"与"学"的统一即是美与真的统一。

---

① 章学诚:《答沈枫墀论学》。
② 章学诚:《答沈枫墀论学》。
③ 章学诚:《信摭》,见《章氏遗书外编》一。
④ 章学诚:《信摭》,见《章氏遗书外编》一。

"清真"还有第三个解释："清则气不杂也，真则理无支也。"①

章学诚关于"清真"的三个解释是相通的。

第三，文之动人在"气积""情深"。

用"气""情"论文，不是自章学诚始，但前人一般要么以"气"论文，要么以"情"论文，极少将"气"与"情"连在一起论文的。章学诚论文既重"气"，又重"情"。"气"与"情"亦是不可分的。他在《史德》篇中说：

> 事必藉文而传，故良史莫不工文；而不知文又患于为事役也。盖事不能无得失是非，一有得失是非，则出入予夺，相奋摩矣，奋摩不已，而气积焉；事不能无盛衰消息，一有盛衰消息，则往复凭吊，生流连矣，流连不已，而情深焉。凡文不足以动人，所以动人者，气也；凡文不足以入人，所以入人者，情也。气积而文昌，情深而文挚，气昌而情挚，天下之至文也。②

"气"和"情"的产生都是因由"得失是非""盛衰消息"。也就是说，是外界事物的变化，激起了人的情感波澜。"气"与"情"都是人的心理活动，它们的分别在于"气合于理"，"情本于性"；"气得阳刚，而情合阴柔"。作家在执笔为文之时，必然要将"气"与"情"灌注于文中，使文章"气昌而情挚"，充满蓬勃的生气。

对于"气"与"情"，章学诚还提出"气贵于平""情贵于正"的观点。他说：

> 夫文非气不立，而气贵于平；人之气，燕居莫不平也，因事生感，而气失则宕，气失则激，气失则骄，毗于阳矣。文非情不得，而情贵于正；人之情，虚置无不正也，因事生感，而情失则流，情失则溺，情失则偏，毗于阴矣。阴阳伏诊之患，乘于血气而入于心，知其中默运潜移，似公而实逞于私，似天而实蔽于人。发为文辞，至于害义而违道，其人犹不自知也。故曰心术不可不慎也。③

----

① 章学诚：《与邵二云》。

② 章学诚：《文史通义·史德》。

③ 章学诚：《文史通义·史德》。

章学诚这段文章出自《史德》，是谈一个史学工作者应具备的品德、修养。他说："能具史识者，必知史德。德者何？谓著书者之心术也。"① 心术正不正，直接关系到史书的品格和价值。

史学家写史贵在公正，坚持唯真是从，然而史学家毕竟是有思想有情感的人，对于史料不能没有自己的喜厌爱憎，而且现实生活的种种变动也不能不影响史学家的情感、观点。故章学诚提出"气失""情失"的问题。在这种情况下，章学诚认为，史学家的史德就起关键性的作用了，他提出"气贵于平""情贵于正"。这就是史德的体现。

章学诚所谈虽针对写史，但对文学创作亦有指导意义，基本原则亦是完全适用的。

第四，强调为文的个性、创造性。

章学诚认为文是每一位作家用自己的心血创造的，任何作文之法都不能取代作家自己的创造。他说："学文之事，可授受者规矩方圆，其不可授者心营意造。"② 而且就是文法也只是"一成之文"，而"文章变化，非一成之文所能限也"③。

章学诚反对模式，反对照搬前人的创造。他说，文辞"乃一时心之所会，未必出于其书之本"。人在每一时的心会不可能都是一样的："比如怀人见月而思，月岂必主远怀，久客听雨而悲，雨岂必有愁况。然而月下之怀，雨中之感，岂非天地至文，而欲以此感此怀藏为秘密，或欲嘉惠后学，以谓凡对明月与听霖雨之人，必须用此悲感，方可领略，则适当良友乍逢及新婚宴尔之人，必不信矣。"④

文不可无法，但拘泥于法，文必成死文。文贵真情、至情，过分讲法，必然伤情。章学诚对于这一点的认识尤其深刻："诗之音节、文之法度，君子以谓可不学而能，如啼笑之有收纵，歌哭之有抑扬，必欲揭以示人，人反

---

① 章学诚:《文史通义·史德》。
② 章学诚:《文史通义·文理》。
③ 章学诚:《文史通义·文理》。
④ 章学诚:《文史通义·文理》。

拘而不得歌哭啼笑之至情矣。"①

章学诚是位严肃的学者，他虽也写诗，但不以诗名，他对朴学反美学一面的批评与袁枚有所不同。他不着意谈诗、画这类纯文艺的创作规律，而主要从史学的角度，对朴学家们轻视文辞提出批评，并正面提出自己兼顾内容形式的美学主张。

郭绍虞先生说，章学诚的文论有通达的特点。② 说得很对。这一点，他与古文家大异而与袁枚相同。章学诚除了讲"清真"外，也讲"性灵"，讲"天质"。比如他说："学问文章因天质之所良，则事半而功倍；强其力之所不能，则鲜不踬矣。"③ 又说："功力可假，性灵必不可假。"④ 古文家拘泥文章做法，看重功力，章学诚则强调"天质""性灵"。章的观点无疑比古文家倾向于审美。

第三节　龚自珍的"尊情"说

龚自珍（1792—1841），字璱人，号定庵，晚年自号羽琌山民，浙江仁和（今浙江杭州）人，道光九年（1829）进士，官至礼部主事。龚自珍是我国由封建社会进入半殖民地半封建社会这个历史转折关头著名的启蒙思想家、文学家。

龚自珍出身世代书香门第，其外祖父为著名的文字学家段玉裁。以龚自珍的家学和卓异的才学，他本可以成为一名经学大家的。然龚自珍并没有写定群经。他在《古史钩沉论》中说："……内阁先正姚先生语自珍曰，曷不写定《易》《书》《诗》《春秋》？又有事天地东西南北之学，未暇也。"是的，处于国难当头、民不聊生的时代，龚自珍的心胸装的是"天地东西南北之学"，是富国强兵，哪里还有暇去钻故纸堆，演绎群经的微言大义呢？当然，龚自珍也钻研过经学。他接受的是今文经学，然他与当时今文经学

---

① 章学诚：《文史通义·文理》。
② 参见郭绍虞：《中国文学批评史·章学诚》，上海古籍出版社1979年版，第601—627页。
③ 章学诚：《与周永清论文》。
④ 章学诚：《与周永清论文》。

家有个很大的不同。他利用经学中的某些理论来鼓吹变法。他的学问是经世致用之学。

龚自珍具有强烈的批判精神,他对于腐朽的封建制度,对于腐败的清

(清)王翚:《秋林昏鸦图》

政权都大胆地给予批判。他批判的锋芒也指向程朱理学。在《呜呜矍矍》一诗中他对"为臣死忠,为子死孝"予以尖锐的攻击,其诗曰:"孝子忠臣一传成,千秋君父名先裂。……寄言后世艰难子,白日青天奋臂行。"

龚自珍不仅是清代卓越的启蒙思想家,也是清代最优秀的诗人。他的诗形象瑰丽,想象奇特,闪耀着民主主义的光辉,体现出要求个性自由的美好愿望。在诗歌理论上,龚自珍与沈德潜的"格调"说、翁方纲的"肌理"说是相左的,而与袁枚的"性灵"说基本是一个路数,但比袁枚更具革命的色彩,更大胆,也更严肃。

龚自珍的美学思想主要集中在他的"尊情"说。龚自珍在《长短言自序》中云:

> 情之为物也,亦尝有意乎锄之矣;锄之不能,而反宥之,宥之不已,而反尊之。龚子之为《长短句》何为者耶?其殆尊情者耶?情孰为尊?无住为尊,无寄为尊,无境而有境为尊,无指而有指为尊,无哀乐而有哀乐为尊。情孰为畅?畅于声音。……且惟其尊之,是以为《宥情》之书一通;且惟其宥之,是以十五年锄之而卒不克。(着重号为引者所加)

"尊情"不是自龚自珍始,中国诗歌美学历来重情,但儒家诗教基本要义是"发乎情,止乎礼义"。对情是有所节制的,理是情的统帅。明代李贽、汤显祖、徐渭冲决"理"(主要指封建礼教)对"情"的束缚,为"情"大唱赞歌,他们的"情"论明显地具有反封建的意义。龚自珍的"尊情"说是李贽、汤显祖、徐渭"情"论的继承、发展,同样具有民主主义的色彩。龚自珍对何为尊情,提出"无住""无寄""无境而有境""无指而有指""无哀乐而有哀乐"等说法。一言以蔽之,情是无所约束的,自由的。

"尊情"在创作上的体现,首先是有感而发,绝不无病呻吟。龚自珍说:"言也者,不得已而有言者也。如其胸臆本无所欲言,其才又未能言,强之使言,茫茫然不知将为何等言。"[①] 在《戒诗五章》其二,龚自珍又云:"百脏发酸泪,夜涌如原泉。此泪何所从?万一诗祟焉。今誓空尔心,心灭泪亦灭。

---

① 龚自珍:《上大学士书》。

有未灭者存,何用更留迹。"

　　有感而发,来自生活阅历。只有置身生活激流,接受各种生活信息,特别是经历各种关系个人与国家命运的磨难才能写出好诗。龚自珍说:"不是无端悲怨深,直将阅历写成吟。可能十万珍珠字,买尽千秋儿女心。"① 为此,龚自珍强调生活阅历对于写诗的重要性:"夫人必有胸肝,有胸肝则必有耳目,有耳目则必有上下百年之见闻。"② 同时,龚自珍又强调诗人要有是非感。"有是非,则必有感慨激奋。"③ 鲜明的爱憎、正确的是非是文学创作的重要条件,亦是"尊情"的前提。

　　"尊情",其情也必须是真情。龚自珍与李贽一样非常注重"童心",他的"童心"就是"真心"。龚自珍在好几首诗中讴歌童心:

　　　　少年哀乐过于人,歌泣无端字字真。

　　　　既壮周旋杂痴黠,童心来复梦中身。④

　　　　不似怀人不似禅,梦回清泪一潸然。

　　　　瓶花帖妥炉香定,觅我童心廿六年。⑤

　　　　黄金华发两飘萧,六九童心尚未消。

　　　　叱起海红帘底月,四厢长影怒于潮。⑥

　　这三首诗都说"童心"出现在睡梦之中,可见,在现实生活中难以觅得童心。残酷的现实,扭曲了人们的心灵;可怕的文字狱,也使人们或噤若寒蝉或不得不说一些违心的谎言,难怪龚自珍那么喜欢写梦境,因为在梦境中他才便于倾吐真情啊!

---

① 龚自珍:《上大学士书》。
② 龚自珍:《上大学士书》。
③ 龚自珍:《上大学士书》。
④ 龚自珍:《己亥杂诗》之一百七十。
⑤ 龚自珍:《午梦初觉,怅然诗成》。
⑥ 龚自珍:《梦中作四截句》之二。

"童心"，按李贽的说法是"绝假纯真，最初一念之本心"。诗人依恋、寻觅"童心"正是对人的本性、对天然的尊重。龚自珍写了一篇名曰《病梅馆记》的散文充分体现出他崇尚天然的美学观。其文曰：

> 江宁之龙蟠，苏州之邓尉，杭州之西溪，皆产梅。或曰：梅以曲为美，直则无姿；以欹为美，正则无景；梅以疏为美，密则无态。固也。此文人画士，心知其意，未可明诏大号，以绳尺下之梅也；又不可以使天下之民，斫直、删密、锄正，以殀梅、病梅为业以求钱也。梅之散、之疏、之曲，又非蠢蠢求钱之民，能以其智力为也。有以文人画士孤癖之隐，明告鬻梅者：斫其正，养其旁一条；删其密，殀其稚枝；锄其直，遏其生气，以求重价，而江、浙之梅皆病。文人画士之祸之烈至此哉！

这实是一篇寓言，借梅喻人，揭露专制主义对人的天性的野蛮戕害。所谓"梅以曲为美""以欹为美""以疏为美"都不是梅本色的美，因而这种"美"实际上是"病"，是"丑"。龚自珍的观点很鲜明：美在本色，美在天放，美在自由。

龚自珍"尊情"的美学思想在他处理诗歌内容与形式的关系上也体现出来了。龚自珍的《己亥杂诗》共 315 首，按其体例，本是七言绝句，然而其中许多诗并不符合七言绝句的格律。绝句应押平声韵，这 315 首中都有20 余首押的是仄声韵。另有 30 余首尽管押的是平声韵，但通首并不符合规定的平仄要求，如其二十九：

> 觥觥益阳风骨奇，壮年自定千首诗。
>
> 勇于自信故英绝，胜彼优孟俯仰为。

另外，有的诗其韵脚同用一个字，如其二十二：

> 车中三观夕惕若，七藏灵文电熠若。
>
> 忏摩重起耳提若，三普贯珠累累若。

总计不合格律的作品加起来竟有 60 余首。[①] 这不是由于龚自珍不懂

---

① 　关于龚诗不合格律的分析来自朱则杰：《清诗史》，江苏古籍出版社 1992 年版，第 355—356 页。

格律，或才力不够，而是因为他"尊情"，不愿为了格律而损害情感的表达。

前面我们谈到，龚自珍的美学思想与袁枚很有类似之处，但他们的不同也是存在的。在主性灵、真情的背后，袁枚的思想更多的是玩世，而龚自珍更多的是愤世。因而袁枚的"性灵"说体现在他自己的创作有时未免失之油滑，而龚自珍的"尊情"说体现在创作中则多是凝重。另外，袁诗多透脱、通俗，而龚诗则多奇异、绚丽。

龚自珍的美学思想对后世影响甚大，近代黄遵宪所倡导的"诗界革命"就从龚自珍那里吸取了不少营养。黄遵宪说："我手写我口，古岂能拘牵。"① "不名一格，不专一体，要不失乎为我之诗。"② 这些话分明可以看出龚自珍美学思想的影子。

第四节　桐城派的古文美学

中国的文体美学大致可分为韵文、散文两翼，韵文主要指诗、词、曲、赋等，散文则包括史传、策论、序跋、碑志、赞颂、奏议、书信、杂记等。这两种文体的美学思想至清代都发展到了成熟阶段，进入总结时期。为韵文美学做总结的有王夫之、叶燮、王国维等，而为散文美学做总结的主要是桐城派。

桐城派是清代最大的文学流派，起自清前期康熙年间延续到五四新文化运动以后。其代表人物为方苞、刘大櫆、姚鼐，他们都是安徽桐城人，号称"桐城三祖"。"桐城派"这一说法的来历起于程晋方、周永年的一段戏言。当时程晋方供职吏部，周永年则任翰林编修。他们见到来自安徽桐城的刘大櫆，赞扬道："昔有方侍郎，今有刘先生，天下文章其出桐城乎?"③

桐城派的基本主张可由姚鼐的"义理""考据""词章"三统一说来概括。姚鼐说："论学问一事，有三端焉，曰：义理也，考据也，文章也。是三

---

① 黄遵宪:《杂感》五首之二。
② 黄遵宪:《人境庐诗草自序》。
③ 姚鼐:《刘海峰先生八十寿序》。

者苟善用之，则皆是以相济，苟不善用之，则或至于相害。"① 这三者的统一可视为对先秦以来散文写作所倡导的文道的统一、文质的统一、人品和文品的统一的概括。

桐城派讲的"义理"即为"道"。重"道"是中国古代散文写作的重要传统。值得我们注意的是，桐城派对"义理"即"道"有新的理解。

方苞说："盖政事文学，皆人臣所以自效，而政事之所关尤重。……不专以文辞，而必求实济。"② 这里说的"政事""实济"，即文章的社会实用功能。刘大櫆亦说："盖人不穷理读书，则出词鄙倍空疏；人无经济，则言虽累牍，不适于用。"③ 刘大櫆比较"穷理读书"与"经济"二者，认为前者只关乎"出词"是否"鄙倍空疏"，后者则关乎文章是否有用，当然后者更重要。姚鼐说："夫古人之文，岂第文焉而已！明道义、维风俗以昭世者，君子之志。"④ 这显然是借古人以励今人，古人如此，今人亦当如此。

桐城派重道并不轻文。他们在思想上仰慕程朱，而在为文上则崇敬韩欧，他们的理想是将程朱之道与韩欧之文统一起来，方苞自述其人生追求则是"学行继程朱之后，文章在韩欧之间"⑤。

桐城派受清代学术风气影响，亦推崇学问，重视考据，这对为文难免会造成一定的负面影响，但值得我们注意的是桐城派亦更多地注重为文的个性、才气和审美境界。郭绍虞先生说："桐城派比之明代及清初之为古文者，总是切实一点，总是与古学有所窥到一点，故能言之有物。同时，又能不为清代学风所范围，即在考据学风正盛之际也不染其繁征博引、臃肿累坠之习，而以空灵雅洁之古文矫之，故又能言之有序。"⑥ 郭先生这个评价是公允的。

---

① 姚鼐：《述庵文钞序》。
② 方苞：《诂律书一则》。
③ 刘大櫆：《论文偶记》。
④ 姚鼐：《复汪进士辉祖书》。
⑤ 王兆符：《望溪文集序》。
⑥ 郭绍虞：《中国文学批评史》，上海古籍出版社 1979 年版，第 628 页。

一、方苞"义法""雅洁"说

方苞(1668—1749),字灵皋,晚年自号望溪,安徽桐城人。康熙四十五年(1706)进士,后因《南山集》牵连下狱论死,得李光地力救,康熙帝下朱谕"方苞学问,天下莫不闻"宽赦,旋召入南书房,开始了30年的仕宦生涯,经历了康、雍、乾三世。平生著作繁多,有《周官集注》《春秋通论》《礼记析疑》等。

方苞古文美学的核心是"义法"说。何谓"义法"?方苞在《又书货殖列传后》中说:

> 《春秋》之制义法,自太史公发之,而后之深于文者亦具焉。义即《易》之所谓"言有物"也;法即《易》之所谓"言有序"也。义以为经而法纬之,然后为成体之文。

这里说《易》的两句话来自《周易》家人卦的《象传》和艮卦的六五爻辞。"言有物"是讲文章的内容,"言有序"是讲文章的形式。"言有物"内容丰富,一是讲文章须有感而发,反对无病呻吟;二是讲文章思想纯正,合乎孔孟程朱之道;三是文章材料真实,诚为信也;四是文章于时有用,利国利民。

方苞将古代的文章按"有物"来衡量,他说:

> 古之圣贤,德修于身,功被于万物;古史臣记其事,学者传其言,而奉以为经,与天地同流。其下如左丘明、司马迁、班固志欲通古今之变,存一王之法,故纪事之文传。荀卿、董傅,守孤学以待来者,故道古之文传。管夷吾、贾谊达于世务,故论事之文传。凡此皆有物者也。[①]

方苞将古代的文章分成"纪事之文""道古之文""论事之文",这三类文章实际上只是两类:一类是"纪事",史臣所为;另一类是"传言",学者所为。记事要真,传言要善。这真、善又要统一为一体。这两类文章都要"达

---

① 方苞:《杨千木文稿序》。着重号为引者所加。

方苞书法

于世务",对现实人生有深切了解,于国于民有所助益。要做到真、善统一的关键是作者的修养,方苞提出"修德""奉经""通变",最后达到"与天地同流""通古今之变"的思想境界。只有具备这种境界才能写出天地之至文。

关于"有序",这是对文法的概括。文法很多,方苞特别强调的是文体意识。文有各体,体不同,法亦不同,文字详略亦不同。他说:"诸体之文,各有义法,表志尺幅甚狭,而详载本议,则臃肿不中绳墨;若约略剪截,俾情事不详,则后之人无所取鉴。"① 他以春秋时齐姜、晋公子重耳的故事为例,说这两个人的故事在《国语》中数百言,而在《春秋》中仅两言,这是什么缘故呢? 这是因为《国语》与《春秋》的文体不同。

"义""法"二者,"义"为经,"法"为纬,经正而纬成,"法"是服从于"义"的。可见形式服从于内容。

方苞的"义法"说对文章内容与形式的关系作出了精辟分析论述,可视为这一问题的概括、总结。方苞的新贡献是将"义法"说与"雅洁"说结合起来。他说:

> 唐臣韩愈有言:"文无难易,惟其是耳。"李翱又云:"创意造言,各不相师。"而归其一,即愈所谓"是"也。文之清真者,惟其理之"是"而已,即翱所谓"创意"也;文之古雅者,惟其辞之"是"而已,即翱所谓"造言"也,而依于理以达乎其词者,则存乎气。气也者,各称其资材而视所学之浅深以为充歉者也。②

方苞这里提出"清真""古雅""气"三个新概念。它们与"义法"形成了联系。"清真"为理之"是","古雅"为辞之"是"。也就是说,"清真"是对文章内容——义的要求,"古雅"是对文章形式——文辞的要求,而"气"则贯通"理""辞"二者,而这个"气"就是指人之"资材",包括才气、学问在内。

---

① 方苞:《答乔介夫书》。
② 方苞:《进四书文选表》。

　　方苞引进的这三个概念都是非常重要的。"清真"是自魏晋以来中国美学一直推崇的美。在魏晋主要为道家的超尘绝俗，存真固本，以后大体上也是在这个意义上使用。清代雍正皇帝提倡文"清真雅正"，这"清真"就含有正统儒家礼教特别是程朱理学的意义。

　　"雅"是中国古典美学的一个重要范畴，含义很多。《毛诗序》云："雅者，正也。"这雅重在内容的正确、健康；刘勰说"习有雅郑"，这雅指审美情趣的高尚；曹丕说"奏议谊雅"，这雅是讲文体风格了。"雅"还可用来指语言的纯正、合乎规范。

　　方苞认为"欲理之明，必溯源六经"，可见儒家思想是"理"之本；"欲辞之富，必贴合题义，而取材于三代、两汉之书。"看来先秦、两汉的散文是方苞心目中的典范。方苞对散文语言的"雅正"要求很高，他认为："古文中不可入语录中语，魏晋六朝人藻丽绯语，汉赋中板重字语，诗歌中隽语，南北史佻巧语。"①

　　在"雅"的基础上，对文辞方苞又提出"洁"的要求。他讲的"洁"是文辞的准确、简练。他批评柳宗元的文章"引喻凡猥""辞繁而芜""句佻且稚"，既不雅也不洁。他特别赞赏《易》《诗》《书》《春秋》和"四书"，说这些儒家典籍"一字不可增减，文之极则也"。由文字上的"洁"，方苞又进而谈到"气体"的"洁"。他说："柳子厚称太史公书曰洁，非谓辞无芜累也，盖明于体要，而所载之事不杂。其气体为最洁耳。"② 这"气体"的"洁"当指人的志气高洁。这样一来，文辞的问题还归结到一个人的品德修养上去了。

　　"雅洁"说实际上是在倡导一种文风，这种文风应该是内容刚健纯正、语言简约传神。用方苞的话来说，那就是"澄清无滓""生气奋动"③。这样一种文章其实是不可绳之以法的，因为它"倜傥排宕，不可方物，而法度自

① 沈廷方：《书望溪先生传后》。
② 方苞：《萧相国世家后》。
③ 方苞：《古文约选凡例》。

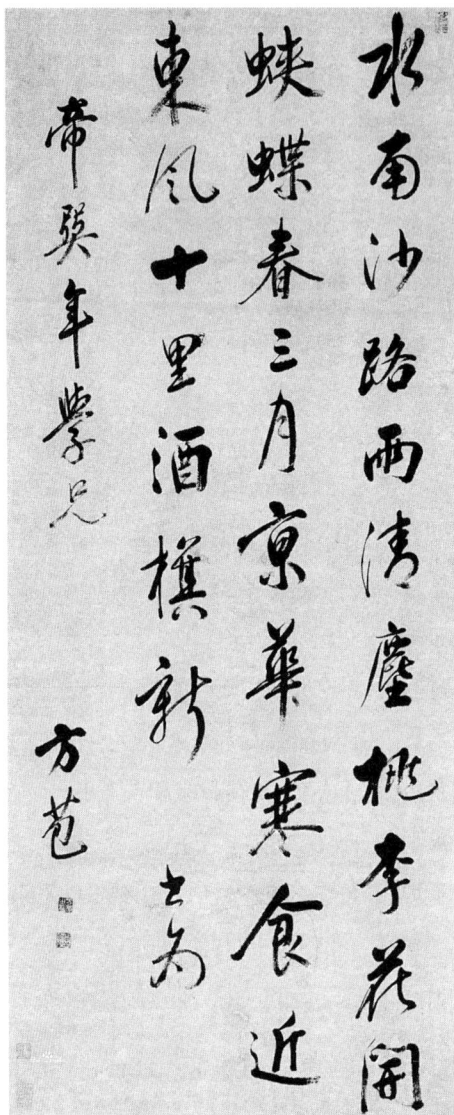

水南沙路两清尘桃李花开
蛱蝶春三月京华寒食近
东风十里酒楼新
帝发年学足
方苞

方苞书法

具"①。这样，强调文章有法的方苞又走向了"无法"。这"无法"的文章在方
苞看来才是最好的文章，最具有生气，"澄清之极，自然而发其光精。"②

---

① 方苞:《古文约选凡例》。
② 方苞:《古文约选凡例》。

二、刘大櫆:"神气""音节"说

刘大櫆（1698—1779），字才甫，又字耕南，号海峰，安徽桐城人，一生多半是教书或游于幕府，晚年做过黟县训导。

刘大櫆在"桐城三祖"中上承方苞，下启姚鼐，实为桐城派的中坚。方东树在《书惜抱先生墓志后》一文中谈到方、刘、姚三人，说方学殖丰厚，为文厚重博大，为地之德；刘才气横溢，为文风云变幻，为天之德；姚博识广闻，为文净洁精微，为人之德。

刘大櫆论文与方苞有所不同，方苞论文好谈义理，有陈腐的说教和复古气息，其"雅洁"之说只是不太大的清风；刘大櫆论文则基本上不谈义理、复古这一套，尤重作家个人的才气，而且大谈特谈文章形式美。因而可以说在桐城派文论中，刘大櫆是冲破朴学板滞务实风气、最富于革新精神的一位，也是最重散文艺术美的一位。

刘大櫆认为文章有三个要素，一是"神气"，二是"音节"，三是"字句"。"神气"是指文章的内容，这在方苞是用"义"来表示的。刘大櫆不用"义"这一概念却用最能体现生命意味的"神气"来表示，这是很值得重视的。在刘大櫆那里，生命意味更重于义理。"音节"是讲文章的声韵，通常这是韵文所注重的，现在刘大櫆将它置于散文要素之中，位置仅次于"神气"而在"字句"之前，这是耐人寻味的。在刘大櫆看来，这"神气"的生命意味主要通过声韵表现出来，这是一个很值得重视的观点。现在我们分别看看他的"神气""音节"说。

刘大櫆对文章的本质有自己的看法。他认为:

> 文章者，人之心气也。无偶以是气畀之其人以为心，则其为文也，必有辉然之光，历万古而不可毁坏。[①]

> 文章者，人之精气所融结，而以能见称，天实使之。日月使之有辉，山川使之有云，鸟兽使之有毛羽，草木使之有花。[②]

[①]　刘大櫆:《海门初集序》。

[②]　刘大櫆:《潘在涧时文序》。

　　刘大櫆这一看法与宋代张载的气本体论、清王夫之的"天地致美"说有一脉相承之处（参见本书有关章节），但刘大櫆谈得更透彻。刘大櫆的逻辑是：文章是人心气所生，人之心气又是天地所生。这种中国古典式的表述隐含有现代表现论与再现论相统一的内涵。这里的"天"不只是指自然界，也指社会人生。正是这二者影响并铸造了作家的心理—文化结构，并使作家产生创作冲动。

　　刘大櫆强调文章系"人之精气所融结"，显然看重的是作家的才能、主观情志，他与石涛的"终归之于大涤也"有相互呼应之妙，一个说的是作文，一个说的是绘画，文也好，画也好，都来自于人之心。

　　关于人心，刘大櫆又将它区分为"神""气"二者，这二者出自人心，又体现在文章之中。如何体现，这就成为行文之道。刘大櫆说：

　　　　行文之道，神为主，气辅之。曹子桓、苏子由论文，以气为主，是矣。然气虽神转，神浑则气灏，神远则气逸，神伟则气高，神变则气奇，神深则气静，故神为气之主。①

　　　　神者，文家之宝。文章最要气盛，然无神以主之，则气无所附，荡乎不知其所归也。神者气之主，气者神之用。神只是气之精处。②

　　这里谈了神与气的四种关系：一是神主气辅，二是神主气附，三是神主气用，四是神为气精。

　　在中国过去的美学论著中，似还未见将神与气看作一对范畴来论述的。通常说的"神气"实只是说"气"。曹丕说"文以气为主"，后来这一思想不断有人重复。苏辙也说过："以为文者，气之所形。……其气充于其中，而溢乎其貌，动乎其言，而见乎其文。"③ 他们说的"气"即作家的思想情感、才华、气质，它既是文章的内容之本，又是作家创作的原动力。刘大櫆肯定这一说法但又补充进"神"，说"神"是"气"之主。这样，他就将作家的主体的精神气质区分成两个层次，更内在的起决定作用的"神"，它是抽象的；

① 刘大櫆：《论文偶记》。

② 刘大櫆：《论文偶记》。

③ 苏辙：《上枢密韩太尉书》。

而"气"作为"神"的形式，尽管还是内在的；但已不那么抽象，多少有些形式了。它一外化即成为文章的气势、风格。如果这"神"进入具体作品，则成为作品的内容，从内容与形式的关系看，是内容决定形式。具体到艺术创作中，它首先体现为艺术方法的选取和运用。刘大櫆："古人文章可告人者惟法耳。然不得其神徒守其法，则死法耳。"① 这说得很好。的确，法在未进入创作之时，它只是教条，是死法，只有进入创作之后，它才活起来，而使它活起来的正是"神"。"神"在文章写作中几乎决定了一切。

刘大櫆对"神"的概念未下过定义，因而他说的"神"有时是指作家的精神气质，有时是指作品的内容，好在这二者是可以统一的，不会产生歧义。但在下段文字中，那"神"的含义就不同于以上二者了。他说：

> 文贵奇，所谓"珍爱者必非常物"。然有奇在字句者，有奇在意思者，有奇在笔者，有奇在丘壑者，有奇在气者，有奇在神者。字句之奇，不足为奇；气奇则真奇矣；神奇则古来亦不多见。②

"神奇"高于"气奇"，"气奇"又高于"字句之奇"，显然，这"神"是指文章最高的境界。神成为文章品评的最高标准，这个用法同于张怀瓘。张怀瓘评书法说有神、妙、能三品，神品最高。

刘大櫆在论文时，强调"音节"的重要作用。由这可以看出桐城派对文章音乐美的重视。刘说："音节高则神气必高，音节下则神气必下，故音节为神气之迹。一句之中，或多一字，或少一字；一字之中，或用平声，或用仄声；用一平字仄字，或用阴平、阳平、上声、去声、入声，则音节迥异，故字句为音节之矩。积字成句，积句成章，积章成篇，合而读之，音节见矣；歌而咏之，神气出矣。"③ 刘大櫆如此强调文章的声韵美，实际上已将文章当成诗来作了。这是桐城派重文的一大表现。这也与清代朴学中音韵学研究的丰硕成果有关。

从此，文章就特别强调朗读了。只有朗读才能领会其"神气"。因为"神

---

① 　刘大櫆：《论文偶记》。

② 　刘大櫆：《论文偶记》。

③ 　刘大櫆：《论文偶记》。

（清）汤贻汾：《秋坪闲话图》

气"即在这铿锵有力的节奏、韵律之中。姚鼐说："诗古文各要从声音证入，
不知声音，总为门外汉耳。""急读以求其体势，缓读以求其神味。"① 读书成
了学文的主要途径。

_____

① 姚鼐：《与陈硕士》。

三、姚鼐"阳刚阴柔"说

姚鼐(1732—1815),字姬传,室名惜抱轩,安徽桐城人。乾隆二十八年进士,累官刑部郎中,记名御史,曾为四库全书编修官。著有《惜抱轩全集》,选有《古文辞类纂》《五七言今诗钞》。

姚鼐是桐城派影响最大的代表作家和文学理论的集大成者。他"因望溪之义法","取海峰之品藻",以"超卓之识,精诣之力"而迈越方苞、刘大櫆。他融汇方、刘,以古文理论为中心,进而沟通时文、诗歌、辞赋等多种文学样式,建立起相当完整的理论体系。他的阳刚阴柔之说影响甚大,是在美学上的主要贡献。

姚鼐在《复鲁絜非书》中说:

> 天地之道,阴阳刚柔而已。文者,天地之精英,而阴阳刚柔之发也。惟圣人之言,统二气之会而弗偏……自诸子而降,其为文无弗有偏者。其得于阳与刚之美者,则其文如霆,如电,如长风之出谷,如崇山峻崖,如决大川,如奔骐骥;其光也,如杲日,如火,如金镠铁;其于人也,如冯高视远,如君而朝万众,如鼓万勇士而战之。其得于阴与柔之美者,则其文如升初日,如清风,如云,如霞,如烟,如幽林曲涧,如沦,如漾,如珠玉之辉,如鸿鹄之鸣而入寥廓;其于人也,漻乎其如叹,邈乎其如有思,煖乎其如喜,愀乎其如悲。观其文,讽其音,则为文者之性情形状,举以殊焉。且夫阴阳刚柔,其本二端,造物者糅而气有多寡进绌,则品次亿万,以至于不可穷,万物生焉。故曰:一阴一阳之谓道。夫文之多变,亦若是已。糅而偏胜可也,偏胜之极,一有一绝无,与夫刚不足为刚,柔不足为柔者,皆不可以言文。

在这里,姚鼐把艺术之美分为阴柔、阳刚两大类型,并且以生动的形象描述了各自的审美特征。同时,他认为艺术美的阳刚、阴柔是为作家的德、性、才、学等修养和气质所决定的,作家有什么样的修养和气质则创造出什么样的艺术美。他进一步认为作家气质的阴阳刚柔虽各有偏胜,但纯阳、纯阴、纯刚、纯柔是不好的,与之相应,他所创造的艺术美虽可有所偏胜,但纯粹的阳刚、阴柔之美也是不好的，还是刚柔相济为宜。

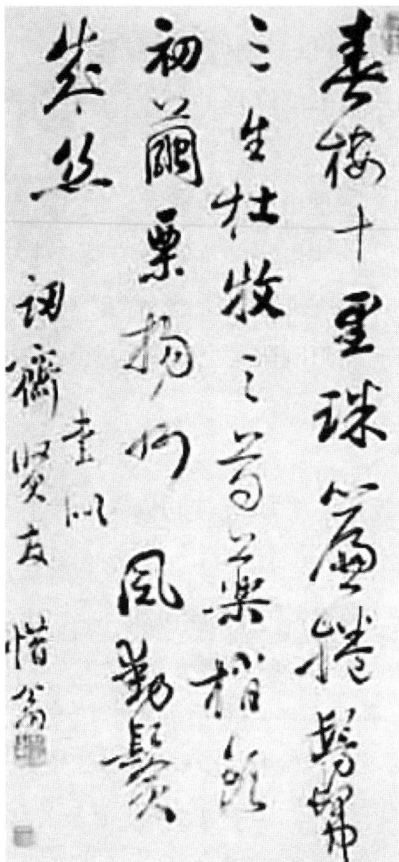

姚鼐书法

还值得我们注意的是姚鼐论文有阳刚、阴柔之美，不只是将它们归结为作家的主观情致，还与天地自然联系起来。他认为"文者，天地之精英，而阴阳刚柔之发也"，这就将文章的阳刚、阴柔之美升华为两种境界，它们都体现了天人合一的本质，应视为天地境界。

在中国古代哲学、美学中阳刚、阴柔之分古已有之，最先出现在《老子》一书，后《易传》把它当作宇宙万物的两种基本属性。其后，或直接或间接地以阴阳刚柔论诗词文者举不胜举，司空图就把诗的风格列为二十四品，如"雄浑""劲健""悲慨""绮丽""含蓄""飘逸"等，这大致也可分为阳刚、阴柔二类，唐宋论诗就有壮美和优美之分，论词有豪放、婉约之别，但从没有人像姚鼐这样将两种美的特征讲得如此透彻。

值得注意的是从姚鼐对阳刚之美描述中我们可以看出中国美学史中"壮美"与西方美学中"崇高"之异同。在外部形态上，二者都以形象的阔大、气势的磅礴、力量的雄健取胜。但本质上却不同，这主要因为各自所根植的文化传统的土壤不同。西方美学的"崇高"是主客两分的产物，以"天人对立"作为哲学基础，而中国美学的"壮美"却是主客统一的产物，以"天人合一"作为哲学基础。而且"崇高"常常与悲剧概念相连属，"崇高"中的恐怖色彩与悲剧中的苦难意味结下不解之缘，"崇高感"的获得必须经历恐惧—痛感—快感的转化过程，因此"崇高感"也被称为"痛苦的快感"。姚鼐笔下的"阳刚之美"（壮美）虽气势磅礴雷霆万钧，却没有丝毫令人恐惧，反而给人以鼓舞、以振奋、以力量。

桐城派作为一个文学流派几乎与整个清王朝的国运昌敝相始终，历时200余年，波及大半个中国，前后共有作家600余人，影响极其深远。桐城派的美学思想也极其丰富，可以说是中国古代散文创作、散文美学思想的集大成者。它不仅全面总结了中国几千年散文美学思想，将它系统化，而且结合清王朝尊奉程朱理学的时代背景对正统儒家美学思想加以长足发展，建立了完整的散文美学体系。它的散文可视为中国散文从古典向现代过渡的中介，它的美学思想也可视为古代散文美学思想的终结，直接指向现代美学领域。

然而，桐城派自造始至今，毁誉交加，特别五四新文化运动以来，各种嘲讽、诋毁甚至谩骂纷至沓来。陈独秀在《文学革命论》中称："归、方、姚、刘之文，或希荣慕誉，或无病呻吟，满纸之乎者也焉哉。每有长篇大作，摇头摆尾，说来说去，不知道说些什么。……虽著作等身，与其时之社会文明进化无丝毫关系。"钱玄同则认为桐城诸子之作只不过是"高等八股"，他还放声痛骂桐城派为"选学妖孽""桐城谬种"。这些新文化的倡导者对桐城派的这种嘲讽、谩骂终于导致了全国范围内的对桐城派的长达70余年的全面否定。但是，"五四"以来对桐城派的这种总体评价多少带有一些历史性的误解。其一，桐城派首先是一个文学流派，五四新文化运动以它的历史命运几乎与清王朝相始终以及它尊奉程朱理学为理由,将它视为政治派别倍加批判。这种偷梁换柱的方法本身就不可取,必然会带来误解。其二,桐城派末期如吴敏树、林纾等人把前期的代表人物对散文创作规律的总结演变成新的教条从而束缚了散文的发展,但他们的过错并不能由方苞、刘大櫆、姚鼐等人来负责,更不能因此抹杀整个桐城派在中国文学史、中国美学史上的贡献。笔者认为有必要抛弃以前的所有偏激和偏见,重新公正地评价桐城派。

第 六 章

清朝小说美学

清代的小说评点直承明代。小说美学，自金圣叹、毛宗岗、张竹坡、脂砚斋直至后来的但明伦等，虽在人物形象塑造和叙事技巧等方面胜义纷披，但与前代李贽、叶昼相比，似觉深化多于创造，缕析多于总结。唯脂砚斋对《红楼梦》的评点接触到了艺术典型的一些本质性的问题，很值得重视。中国的文论多集中于诗歌，研究可谓丰富而又精深，起步不长的小说理论研究，虽比诗歌研究要弱得多，但不长的历史积累能取得如此成就，已属难能可贵。

第一节 典型人物的塑造

中国古典小说，清代达到顶峰，出现了伟大的长篇小说《红楼梦》。《红楼梦》的出现标志着中国的文学艺术长期以来的诗本位开始转向小说本位。《红楼梦》深刻而又丰富的思想内涵，卓越、精湛的艺术技巧，为后世留下了永恒的话题。当然，由于理论研究相对地滞后于创作，有关《红楼梦》的研究，要到近代才形成热潮，但就是在清代，《红楼梦》问世不久，已出现了一些相当有价值的研究著作，其中最重要的是脂砚斋关于《红楼梦》的评点。

　　长篇小说《水浒传》与《三国演义》虽然在明代就有李贽、叶昼等人的评论，而且这些评论很有理论深度，但在清代有关这两部小说的研究仍然取得了新的进展。其中金圣叹、毛宗岗对这两部小说的评点可以代表清代小说美学的最高成就。

　　小说是叙事艺术，人物塑造是小说艺术的中心，在清代，对小说人物形象塑造有深刻论述的是金圣叹和脂砚斋。

　　金圣叹（1608—1661），名采，字若采，后更名人瑞，又更名喟，字圣叹，江苏长洲人。顺治十八年（1661）因"哭庙案"遭清廷杀害。金圣叹在诗文方面也有不少见解，他评点过《离骚》、《史记》、杜诗等。但影响最大也最有成就的是他对《水浒传》的评点。金圣叹自称从 11 岁起就开始读繁本系统的《忠义水浒全传》，如醉如痴，次年即开始操觚"评释"①，自此长达 20 余年。金圣叹承晚明异端美学思潮，将传统所谓的"稗官小说"视为地间之至文，说"《水浒》胜似《史记》"②，在当时都是惊世骇俗之论。金圣叹是比较强调读者心理感受的，他论《西厢记》时就说"文者见之谓之文，淫者见之谓之淫"③，另一处也说"人异其心，因而物异其致"④。

　　金圣叹的小说评点继承李贽、叶昼的传统，注重人物性格。他认为《水浒传》在艺术上的最大成就就是塑造了一系列个性鲜明的人物。他说：

　　　　别一部书，看过一遍即休，独有《水浒传》，只是看不厌，无非为他把一百八个人性格都写出来。⑤

　　　　《水浒传》写一百八个人性格，真是一百八样。若别一部书，任他写一千个人，也只是一样；便只写得两个人，也只是一样。⑥

　　　　《水浒》所叙，叙一百八人，人有其性情，人有其气质，人有其形状，

---

① 金圣叹：《水浒传序三》。
② 金圣叹：《读第五才子书法》。
③ 金圣叹：《读第六才子书西厢记四法之二》。
④ 金圣叹：《杜诗解·漫兴九首》。
⑤ 金圣叹：《读第五才子书法》。
⑥ 金圣叹：《读第五才子书法》。

人有其口声。……施耐庵以一心所运，而一百八人各自入妙者，无他，十年格物，而一朝物格，斯以一笔而写百千万人，固不以为难也。①

《水浒传》绣像

金圣叹上述见解在明代已有人提出来。如李贽也强调对人物形象的传神描写，他说书中对阮氏三雄的描写是"写出这三个人，有状，有声，如闻其声"②。叶昼托名李贽评《水浒传》曰：

描画鲁智深，千古若活，真是传神写照妙手。且《水浒传》文字妙绝千古，全在同而不同处有辨。如鲁智深、李逵、武松、阮小七、石秀、呼延灼、刘唐等众人，都是急性的，渠形容刻画来各有派头，各有光景，各有家数，各有身份，一毫不差，半些不混，读去自有分辨，不必见其姓名，一睹事实，就知某人某人也。③

① 金圣叹：《第五才子书施耐庵水浒传序三》。
② 李贽：《评袁天涯本〈水浒〉第 15 回评语》。
③ 叶昼：《明容与堂刻本水浒传》第 3 回回末总评。

这些见解尤其是叶昼的"同而不同处有辨"说是很精到的,后来金圣叹横说竖说也未能过之。例如他说的《水浒传》写人物"粗卤"各有不同:"鲁达粗卤是性急,史进粗卤是少年任气,李逵粗卤是蛮,武松粗卤是豪杰不受羁勒,阮小七粗卤是悲愤无处说……"[1] 说到底,还是不出叶昼语的牢笼。

不过,金圣叹提出《水浒传》的人物塑造,揭示了人物性格的丰富性、复杂性、多侧面性,这倒是一个非常重要的见解。且看他对武松、鲁智深的分析:

> 武松天人者,固具有鲁达之阔,林冲之毒,杨志之正,柴进之良,阮七之快,李逵之真,吴用之捷,花荣之雅,卢俊义之大,石秀之警者也。[2]

> (鲁达)心地厚实,体格阔大。论粗卤处,他也有些粗卤,论精细处,他亦甚是精细。[3]

金圣叹反对把人物写成单一性格的代表。他认为应根据实际生活写出人物性格的复杂性来。这是一个非常重要的美学观点。近代西方小说批评提出"扁平人物"与"圆形人物"之分,"扁平人物"系单一性格的类型;"圆形人物"才是性格复杂的多侧面的典型。金圣叹的意见与这是一致的。

对小说人物形象塑造认识最深刻、体现时代最高水平的应属脂砚斋。脂砚斋,人、名俱不详。1927 年以后,国内陆续发现多种标明"脂砚斋评"的《石头记》抄本。这些抄本上保存的评语批语,以署名"脂砚斋"的为主,另外还有畸笏叟、棠村、梅溪、松斋、鉴堂、绮园、立松轩、左绵痴道人等。从批注的口气看,脂砚斋当是与曹雪芹关系很密切的人物。

自李贽以来,小说评点的对象大都是艺术杰作,因此,叶昼、金圣叹他们的评点几乎都是鉴赏。这不等于说,当时流行的小说都是优秀的。事实上拙劣的作品很多。明末至康熙、雍正朝,才子佳人小说大量涌现,已泛滥成灾。这些小说大多艺术水平不高,人物形象类型化,大略如曹雪芹所讽

---

① 金圣叹:《读第五才子书法》。

② 金圣叹:《第五才子书施耐庵水浒传》第 25 回总评。

③ 金圣叹:《读第五才子书法》。

《红楼梦》中黛玉绣像

刺的"满纸潘安、子建、西子、文君"。脂砚斋与曹雪芹的观点一致,对那种
"千部共出一套"的创作风气提出尖锐的批评:

> 可笑近之小说中有一百个女子,皆是如花似玉一副脸面。①

> 最恨近之野史中,恶则无往不恶,美则无一不美,何不近情理之
> 如是。②

艺术贵在独创。《红楼梦》的突出贡献就在于创造了许多文学史上未
尝见到过的独特的艺术形象,如贾宝玉、林黛玉、王熙凤、晴雯、王夫人、贾
母等。其中,宝玉是最为独特的。脂砚斋对宝玉这一形象的美学价值做了
深刻的分析:

---

① 脂砚斋:《重评石头记批语》第 3 回批语。
② 脂砚斋:《重评石头记批语》第 43 回批语。

宝玉之为人，是我辈于书中见而知有此人，实未目曾亲睹者。又写宝玉之发言，每每令人不解，宝玉之生性，件件令人可笑。不独于世上亲见这样的人不曾，即阅今古所有之小说传奇中，亦未见这样的文字。于颦儿处为更甚。其囫囵之中实可解，可解之中又说不出理路。合目思之，却如真见一宝玉，真闻此言者，移之第二人万不可，亦不成文字矣。①

这皆宝玉意中心中确实之念，非前勉强之词，所以谓今古未〔有〕之一人耳。听其囫囵不解之言，察其幽微感触之心，审其痴妄委婉之意，皆今古未见之人，亦是未见之文字；说不得贤，说不得愚，说不得不肖，说不得善，说不得恶，说不得正大光明，说不得混帐恶赖，说不得聪明才俊，说不得庸俗平（原文缺一字），说不得好色好淫，说不得情痴情种……②

前人论诗有"妙在含糊"③之说。对于成功的艺术作品来说，由于其丰富的内涵及高超的艺术表现手法，的确是难以彻底解会的，然而它又是栩栩如生的、真实可感的形象，既模糊（就其不可彻底解会来说），又清晰（就其形象鲜活可感来说）。脂砚斋认为，贾宝玉就是这样的艺术形象。

脂砚斋说贾宝玉这一形象"其囫囵之中实可解，可解之中又说不出理路。合目思之，却如真见一宝玉"。这一语道出了艺术形象的审美奥秘。所谓"囫囵之中实可解"，是说从整体上把握，这形象是可解的。对艺术形象领会来说，这"囫囵"把握是至关重要的。所谓"可解之中又说不出理路"，是说艺术中的"解"不是逻辑思维，而是形象思维，是领悟而不是理解。"可解"与"说不出理路"的统一，即是从有限中见出无限，实中见虚。而不管可解不可解，其形象是鲜明的，故"合目思之，却如真见一宝玉"。

脂砚斋强调贾宝玉这一形象是独特的，具有独创性的，是"今古未见之

① 脂砚斋：《重评石头记批语》第 19 回批语。着重号为引者所加。
② 脂砚斋：《重评石头记批语》第 19 回批语。
③ 谢榛：《四溟诗话》卷三。

人"，由内容决定，其表现这一人物的文字亦不可"移之第二人"。脂砚斋通过贾宝玉这一形象的分析，实际上已经提出"典型人物"的基本理论来了。那就是共性与个性的统一、独创性与深刻性的统一、意象的鲜明可感性与内涵的丰富广博性的统一。俄国的文艺理论家别林斯基说典型人物是"熟悉的陌生人"①，脂砚斋对贾宝玉的分析很切合这一命题。

第二节　叙事技巧的探索

在金圣叹及毛宗岗②的小说评点中，小说叙事艺术技巧的分析占了很大的比重，在中国传统中，由于叙事文学作品向来不发达，因而对叙事的关注不是在文学而是在史学中。自《左传》《史记》以来，史传的叙事一直被人们看重，唐代史论家刘知几的《史通》中对叙事有专章论述。他说："史之称美者，以叙事为先。"③何谓"叙事之工"呢？他认为就是"简要"，通过"省句"和"省字"的方式，做到"文约而事丰"，所谓"言近而旨远，辞浅而义深，虽发语已殚，而含意未尽。使夫读者望表而知里，扪毛而辨骨，睹一事于句中，反三隅于字外"④。看来，刘知几强调的"叙事之工"还是一个史传散文写作的语言功力问题。这一问题与金圣叹他们的小说评点还是有关联的，因为他们评点的小说都有较强的历史性，尤其是《三国演义》。

金圣叹曾把《水浒传》与《史记》作过一个比较：

> 其实《史记》是以文运事，《水浒》是因文生事，以文运事，是先有事生成如此如此，却要算计出一篇文字来，虽是史公高才，也毕竟是吃苦事；因文生事即不然，只是顺着笔性去，削高补低都由我。⑤

---

① [俄] 别林斯基：《俄国中篇小说和果戈理的中篇小说》。"熟悉的陌生人"亦译为"似曾相识的不相识者"，见《西方文论选》下册，上海译文出版社1979年版，第378页。

② 毛宗岗：清代著名小说批评家，江苏长洲（今江苏吴县）人，生卒年不详，清康熙年间毛宗岗假托古本修订《三国演义》，并逐回评点。毛宗岗评点的本子遂成为流行的本子。

③ 刘知几：《史通·叙事》。

④ 刘知几：《史通·叙事》。

⑤ 金圣叹：《读第五才子书法》。着重号为引者所加。

容与堂本《水浒传》中的插图

　　按金圣叹的看法，史是"以文运事"，是对已成事实的记录；小说是"因文生事"，是对未成事实的创造。前者受史实限制，没有自由，所以是"吃苦事"；后者"顺着笔性去"，全由"我"做主，因而是自由的。金圣叹对历史、小说的区分，对二者特点的认识是深刻的。

　　不过，金圣叹在这里谈的小说《水浒传》，尚不能说是严格意义上的历史小说，它的自由度较大，而对于《三国演义》来说，就不能"削高补低都由我"了。因为《三国演义》虽是小说，但基本上是按照历史事件描写的。历史小说中历史的真实性与艺术的真实性如何处理得恰当是一个至今还在争论不休的问题。看来，金圣叹更注重艺术的真实性。

　　史传与小说都是叙事作品。但史传的叙事与小说的叙事二者差别很大。史传的叙事有共同的体例，而小说的叙事无共同的体例，在不影响人们正确理解的前提下，它可以打破通常的人们习惯的陈述顺序，或倒叙，或插叙，或顺叙，等等。

更重要的是，进入作家笔底的各种人物、事件都可以做某种特殊的组合，以加强作品的审美效果。金圣叹、毛宗岗等从《水浒传》《三国演义》中总结出许多重要的叙事技巧，择其要者有：

一、"避"与"犯"

"避"是指避重复，避雷同；而"犯"则是重复、雷同。就小说的一般写法来说，出现在作品中的人物、事件最好不要雷同、重复。但高明的小说作家却敢于"犯"这一规律，而其艺术效果竟又特别好。金圣叹说：

> 吾观今之文章之家，每云我有避之一诀，固也。然而吾知其必非才子之文也，夫才子之文，则岂惟不避而已，又必于本不相犯之处，特持故自犯之，而后从而避之，此无他，亦以文章家之有避之一诀，非以教人避也，正以教人犯也。犯之而后避之，故避有避所避也。若不能犯之，而但欲避之，然则避何所避乎哉！①

金圣叹强调"犯之而后避之"，这是关键。首先是敢犯，然后又是善避。在"犯"中求"避"，亦即"同"中求"异"。金圣叹举《水浒传》中林冲买刀之后紧接着杨志卖刀为例，说："两位豪杰，两口宝刀，接连而来，对插而起。用笔至此，奇险极矣……一个买刀，一个卖刀，分镳各骋，互不相犯，固也。……今两刀接连，一字不犯，乃至譬如东泰西华，各自争奇。"②

毛宗岗也谈到"避"与"犯"的问题：

> 《三国》一书，有同树异枝、同枝异叶、同叶异花、同花异果之妙。作文者以善避为能，又以善犯为能，不犯之而求避之，无所见其进也，唯犯之而后避之，乃见其能避也。……孟获之擒有七，祁山之出有六，中原之伐有九，求其一字之犯而不可得。③

这两位评论家都主张"犯之而后避之"。"避""犯"是对立的统一。消

---

① 金圣叹：《水浒传》第11回首评。着重号为引者所加。
② 金圣叹：《水浒传》第11回首评。
③ 毛宗岗：《读三国志法》。着重号为引者所加。

《三国演义》中的插图

极地"避"自然不"犯",但艺术效果平平;积极地"避","犯"中求"避",艺术效果就非比寻常。一部长篇小说要写那么多人物、事件,消极地求"避",是没办法写下去的,只有积极地求"避",方是上策。《水浒传》写了108位英雄,许多人出身、经历相似,然都能同中见异。同是杀虎,武松打虎不同于李逵杀虎;同是杀妻,宋江杀妻不同于杨雄杀妻。《三国演义》写了那么多战争,每场战争都有特点。由于作者巧妙地处理了"避"与"犯"的关系,整个小说读来让人觉得花团锦簇,云飞霞卷,意趣无穷。

二、"衬"与"染"

衬是衬托,染是渲染。金圣叹说,《水浒传》很善于运用衬托。写宋江以李逵相衬,不料反成李逵之妙,可见衬是彼此的。金圣叹的原话是这样的:

> 只如写李逵,岂不段段都是妙绝文字,却不知正为段段都在宋江事后,故便妙不可言。盖作者只是痛恨宋江奸诈,故处处紧接出一段

李逵朴诚来，做个形击。其意思自在显宋江之恶，却不料更成李逵之妙也。①

毛宗岗说《三国演义》叙事也善于用"衬"，而且有"正衬""反衬"。"写鲁肃老实，以衬孔明之乖巧，是反衬也；写周瑜乖巧以衬孔明之加倍乖巧，是正衬也。"②《三国演义》不仅善于用衬，而且善于用"引"，写刘备三顾茅庐之前，先遇南漳水镜庄的司马徽；而在以孔明为军师前，先有单福为军师。这都是"引"。"引"也是一种渲染。这种渲染的效果，毛宗岗说是："隐隐跃跃，如帘内美人，不露全身，只露半面，令人心神恍惚，猜测不定。"③毛宗岗对衬染特别有兴趣，发现《三国演义》多处运用衬染手法，其中火烧博望坡尤见精彩。他说："博望一烧有无数衬染，写云浓月淡是反衬，写秋飙夜风，林木芦苇是正衬，写徐庶夸奖是顺衬，写夏侯轻侮，关张不信是逆衬。"④

三、"正"与"反"

毛宗岗对《三国演义》运用正反比较的艺术手法十分赞赏。他说：

> 《三国》一书，有奇峰对插，锦屏对峙之妙。其对之法，有正对者，有反对者，有一卷之中自为对者，有隔数十卷而遥为对者。如昭烈则自幼便大，曹操则自幼便奸，张飞则一味性急，何进则一味性慢。⑤

毛宗岗不仅把叙事中正反相对的手法看作刻画人物的重要技巧，而且将它看作推进故事发展的重要手段。他说："不相反则下文之事不奇，不相引则下文之事不现；可见事之动、文之变者，出人意外，未尝不在人意中。"⑥

---

① 金圣叹：《读第五才子书法》。
② 毛宗岗：《第一才子书》第45回首评。
③ 毛宗岗：《第一才子书》第35回首评。
④ 毛宗岗：《第一才子书》第39回首评。
⑤ 毛宗岗：《读三国志法》。
⑥ 毛宗岗：《第一才子书》第48回首评。

四、"刚"与"柔"

刚柔相济是中国古典美学所推崇的审美理想之一,通常较多地体现在造型艺术尤其是书法艺术之中。将刚柔相济运用到小说中,则别有一番情趣,毛宗岗别具慧眼,发现《三国演义》在体现刚柔相济审美理想方面有非常成功的创造:

> 《三国》一书,有笙箫夹鼓,琴瑟间钟之妙。如正叙黄巾扰乱,忽有何后、董后两宫争论一段文字;正叙董卓纵横,忽有貂蝉凤仪亭一段文字。……诸如此类,不一而足。人但知三国之文是叙龙争虎斗之事,而不知为凤、为鸾、为莺、为燕,篇中有应接不暇者,令人于干戈队里时见红裙,旌旗影中常睹粉黛,殆以豪士传与美人传合为一书矣。①

清代的小说评论家对小说叙事技巧有许多精深的研究,以上所列的四点只是挂一漏万。我们发现,清代小说评论有一个共同的特点,就是对艺术辩证法的娴熟掌握和灵活运用,以上所介绍的四个问题都属于艺术辩证法之列。

---

① 毛宗岗:《读三国志法》。

第 七 章
清词美学思想

    词在宋代达到顶峰后，转入衰颓，明代词大为没落，这种情况在明末清初已引起陈子龙等词人的不满，他们摒除浮华，独标清丽，以凄婉愤郁之词，抒写家国之痛。词创作出现转机。康熙年间，著名学者、词人朱彝尊编辑大型词选集——《词综》，推崇醇雅，宗法南宋，标举姜夔、张炎。响应者甚众，出现了著名的浙西词派。与此同时，以陈维崧为首的阳羡词派出。浙派词风尚婉约，阳派词风倡豪放，双峰对峙，词坛出现兴旺景象。至嘉庆、道光年间，浙西、阳羡二词派出现衰微。此时的中国，形势发生很大变化。帝国主义列强的入侵，使得知识分子深感亡国之祸的迫近。这种情况下，浙西词派那种"歌咏太平"，吟赏风月，以满足"宴嬉逸乐"的词风已显然不合时宜了。时代呼唤新的词风。此时，有以张惠言为首的常州词派出。常州词派大倡比兴寄托，重振儒家诗教，强调诗有史，词亦有史。此词派影响甚大，先是张惠言为盟主，后有周济、王鹏运等重要代表人物，绵延直至民国初年。

    清代词创作空前繁荣，据叶恭绰《全清词钞》统计，初选词人 4000 余家，选定者为 3196 家，选词 8260 首。仅这个不完全的数字，就比《全宋词》所收词多出两倍多。[①] 各种词集不论在选词规模上还是在数量上都远超过

---

① 唐富龄：《明清文学史·清代卷》，武汉大学出版社 1991 年版，第 342 页。

前代。

与之相应,词论著作也空前繁荣,出现了许多学术价值很高的词话,如王国维《人间词话》、周济《介存斋论词杂著》、陈廷焯《白雨斋词话》、况周颐的《蕙风词话》等。

词美学方面,最重要的代表人物是王国维、朱彝尊和周济。王国维词美学拟在王国维专章介绍。这里只评介朱彝尊、周济、陈廷焯、况周颐的词美学思想。

第一节　朱彝尊:"醇雅"说

清词兴起,以浙西词派的形成为标志。浙西词派形成于康熙前期,代表人物为朱彝尊。

朱彝尊(1629—1709),字锡鬯,号竹垞,浙江秀水人。康熙十八年(1679)举博学鸿词科,授翰林院检讨,任《明史》纂修官。朱彝尊是学识渊博的大学者、经学家,又是著名的诗人、词人,公认的浙西词派的开山祖师。

朱彝尊的词学观概而言之为崇尚醇雅。在《词综·发凡》中,他说:

> 言情之作,易流于秽。此宋人选词多以雅为目。法秀道人语涪翁曰:作艳词当堕犁舌地狱。正指涪翁一等体制而言耳。镇词最雅,无过石帚。

说"宋人选词多以雅为目",这是符合历史事实的。南宋的张炎曾强调"词欲雅而正,志之所之,一为情所欲,则失雅正之音"。现在,朱彝尊重提"雅",又包含哪些内容呢?

一、反对鄙俚轻薄,要求醇厚雅正

这是针对那些格调低下的艳词而言的。在上引那段文字中,他借法秀的话,批评了黄庭坚的某些艳词,说"作艳词当堕犁舌地狱"。词当然不能不写男女之情,而且词的长处也在写男女之情,但是要写得含蓄,写得美。在《王学士西征草序》中,他称赞"学士西征之作,春容和雅,以唐为师,而无只字流于鄙俚诙笑嬉亵之习"。

(清) 唐岱:《晴峦春霭图》

二、反对空疏浅薄，要求深厚合理

朱彝尊是经学家，他是很看重学问的。他说:"六经者，文之源也，足以尽天下之情、之辞、之政、之心，不入于虚伪而归于有用。"[1] 我们知道，南宋的严羽是反对以学问入诗的，他曾说过:"诗有别材，非关学也;诗有别趣，非关理也。"[2] 朱彝尊对严羽的说法大不以为然。他批评道:"今之诗家，空疏浅薄，皆由严仪卿'诗有别材匪关学'一语启之，天下岂有舍学言诗之理?"[3] 朱彝尊强调学问对写诗填词的意义，势必主张师古人。这就与黄庭

---

[1]　朱彝尊:《答胡司皋书》。

[2]　严羽:《沧浪诗话》。

[3]　朱彝尊:《棟亭诗序》。

坚走到一条道路上去了。朱彝尊《赠缪篆顾生》云:"一艺期至工,必也醇乎醇。请君薄流俗,专一师古人。"

以上两点,第一点应该说是有积极意义的,第二点也有正确因素,但运用不当,则可能走上以学问为诗、为词的道路上去。

三、宗法南宋,推崇姜(夔)、张(炎),以婉约为宗

朱彝尊对"世人言词,必称北宋"[1]颇为不满,认为"词至南宋,始极其工,至宋季始极变。姜尧章氏最为杰出……填词最雅,无过石帚"[2]。

后来厉鹗将这一观点加以申发,仿董其昌画分南北宗说,提出词亦分南北宗:

> 尝以词譬之画,画家南宗胜北宗,稼轩、后村诸人,词之北宗也,清真(周邦彦)、白石(姜夔)诸人,词之南宗也。[3]

自唐代禅宗分南北宗后,相继在文艺领域里出现了画分南北宗、书分南北宗、词分南北宗,成了中国古典美学的一大景观。

朱彝尊是推崇南宗的。南宗中,他又尤推崇姜夔、周邦彦、张炎等人。这些人的艺术风格概而言之,就是"清空"。张炎在《词源》中特别强调了"词要清空,不要质实"的观点,认为"清空则古雅峭拔,质实则凝涩晦昧"。张炎特别推崇周邦彦和姜夔的词,说"美成(即周邦彦)负一代词名,所作之词,浑厚和雅,善于融化诗句"[4],又说"姜白石词,如野云孤飞,去留无遗"[5]。张炎主词的本色为婉约,认为婉约才是雅,因此说:"辛稼轩、刘过之作豪气词,非雅词也。"[6]朱彝尊的观点基本上来自张炎。他说的雅,也指婉约,对苏轼、辛弃疾等的豪放之词评价不高。这一点,在他的好朋友汪森为

---

① 朱彝尊:《楝亭诗序》。
② 朱彝尊:《词综·发凡》。
③ 厉鹗:《樊榭山房文集》卷四。
④ 张炎:《词源》。
⑤ 张炎:《词源》。
⑥ 张炎:《词源》。

他的《词综》所作的序言中表达得很清楚：

> 西蜀、南唐而后，作者日盛。宣和君臣，转相矜尚。曲调愈多，流派因之亦别。短长互见，言情者或失之俚，使事者或失之伉。鄱阳姜夔出，句琢字练，归于醇雅。于是，史达祖、高观国羽翼之；张辑、吴文英师之于前；赵以夫、蒋捷、周密、陈允衡、王沂孙、张翥效之于后。譬之于乐，舞《箾》至于九变，而词之能事毕矣。①

这里所批评的"言情者或失之俚"，是指柳永一派的词，亦指黄庭坚的艳词。"使事者或失之伉"，则指苏、辛一派的词。汪森认为他们的词太粗豪了。不论是"俚"，还是"伉"，都是不雅。醇雅的典范是姜夔的词，羽翼、师之、效之则有史达祖、高观国等词人。

四、主寄兴托意，尚骚雅、变雅之旨

朱彝尊说：

> 词虽小技，昔之通儒钜公往往为之。盖有诗所难言者，委曲倚之于声，其辞愈微，而其旨益远。盖言词者，假闺房儿女之言，通之于《离骚》变雅之义，此尤不得志于时者所宜寄情焉耳。②

崇尚骚雅之旨，亦来自于张炎。张炎说姜夔的词："不惟清空，又且骚雅。"③ 从朱彝尊崇尚骚雅、变雅来看，他的"醇雅"说有注重反映时事、寄托人生感慨的一面。

在《解佩令·自题词集》中，朱彝尊对他词作的宗旨有清楚的表白：

> 十年磨剑，五陵结客，把平生、涕泪都飘尽。老去填词，一半是、空中传恨。几曾围、燕钗蝉鬓？不师秦七，不师黄九，传新声，玉田差近。落拓江湖，且分付、歌筵红粉。料封侯，白头无分。

作为出生在明代主要生活经历在清代的知识分子，朱彝尊的思想具有某种典型性。他早年受过良好的儒家文化教育，自幼就知忠君报国。明亡

---

① 汪森：《词综序》。
② 朱彝尊：《陈纬云红盐词序》。
③ 张炎：《词源》。

后，一度结客共图恢复。失败后，避身远祸，思想消极。此词中"十年磨剑，五陵结客，把平生、涕泪都飘尽。老去填词，一半是、空中传恨"。说的就是这一段生活经历。

尽管朱彝尊念念不忘前明，但终于未能如顾炎武、黄宗羲、王夫之、归庄、屈大均那样宁可老死山林泉石之间，坚持不合作的立场，而是去应清政府的博学鸿词科了，并做了高官。其中的原因当然很复杂，我们暂且不去管它。我们要注意的是，由于这样一种历史背景和人生经历，使得他的词和词论出现既关注时事、注重寄托又脱离现实、歌咏太平的矛盾。关于后者，朱彝尊在《紫云词序》中谈得很清楚："昌黎子曰：'欢愉之言难工，愁苦之言易好。'斯亦善言诗矣。至于词或不然，大都欢愉之辞，工者十九，而言愁苦者十一焉耳。故诗际兵戈俶扰流离琐尾，而作者愈工，词则宜于宴嬉逸乐，以歌咏太平。此学士大夫并存焉而不废也。"说词"宜于宴嬉逸乐，以歌咏太平"与"善言词者，假闺房儿女之言，通之于《离骚》变雅之义，此尤不得志于时者所宜寄情焉耳"显然是互相矛盾的。到底词是有寄托好，还是无寄托好，是抒发离愁别苦、家国兴亡的词为上，还是宴嬉逸乐、歌咏太平的词为上？这在朱彝尊委实难以说清楚。

朱彝尊的"醇雅"说是浙西词派的基本理论，后来此词派中厉鹗于这一理论有重要发挥。

厉鹗（1692—1752），字太鸿，号樊榭，浙江钱塘人。厉鹗是朱彝尊之后浙西词派的盟主。他对朱彝尊、汪森所提出的词要醇厚的观点是完全赞同的，他对朱、汪的发展主要在两点：

第一，把论词的"雅"与《诗经》中"风、雅、颂"中的"雅"联系起来，推导出词源于《诗经》。厉鹗说：

> 词源于乐府，乐府源于《诗》。"四诗"大小雅之材合百有五，材之雅者，风之所由美，颂之所由成，由诗而乐府而词，必企夫雅之一言而可以卓然自命为作者。故曾端伯选词名《乐府雅词》，周公谨善为词，题其堂曰"志雅"。词之为体，委曲嘽缓，非纬之以雅，鲜有不与波俱

靡而失其正者矣。①

厉鹗将词与《诗经》中的大小雅挂上钩，意义是重大的。《诗经》中大小雅既是"四诗"（风、小雅、大雅、颂）中两种诗体，又是《诗经》的"六义"之一。《毛诗序》说："言天下之事，形四方之风，谓之《雅》，雅者，正也，言王政之所由废兴也；政有大小，故有《小雅》焉，有《大雅》焉。"可见"雅"，注重的是诗歌的政治内容和伦理教化意义。雅既然关系国家的政治，自然要求"正"。厉鹗将词的醇雅提到《诗经》中大小雅的高度，是朱彝尊"醇雅"说的一个发展。

后来的又一浙西词派的词人王昶则以此为基础，批评词的"诗余"说，为词争取与诗平起并坐的地位。他说："夫词之所以贵，盖《诗》三百篇之遗矣。"②"今之词即古之《诗》"，"词乃《诗》之苗裔"。既然今之词即古之《诗》，那么传统的诗教亦完全适合于词。这样，王昶为"醇雅"说找到了根据。③ 至于过去有人说词为诗余，显然带有轻视词的色彩，是不妥当的。④

第二，提出"清"这一概念作为醇雅的审美特征。"清"这一概念虽早在魏晋人物品藻中就广泛运用了，然厉鹗用它来评词，仍有它的意义。他说："未有不至于清而可以言诗者，亦有不本乎性情而言清者。"⑤ 张炎评词用"清空"，重在"空"；厉鹗用"清"，则重在脱俗。这从他评符圣几的诗看得很明白。"余读圣几诗，愈忆圣几之为人矣。圣几赋性幽澹，迥出流俗，见干进致错辈，视如腥腐，独能追扳古人，与之须俯仰揖让。……故其诗澄汰众虑，清思眇冥，松寒水洁，不可近视。"⑥

总的来看，浙西词派的"醇雅"说是宋代李清照词"别是一家"的发展，

---

① 厉鹗：《群雅词集序》。

② 王昶：《姚莒汀词雅序》。

③ 王昶：《国朝词综自序》。

④ 晚清的况周颐对词为"诗余"，另有一说："诗余之余，作赢余之余解。唐人朝成一诗，夕付管弦，往往声希节促，则加人和声。凡和声皆以实字填之，遂成为词。词之情文节奏，并皆有余于诗，故曰诗余。"（《蕙风词话》卷一）。

⑤ 厉鹗：《双清阁诗集序》。

⑥ 厉鹗：《秋声馆吟稿序》。

然又加进了儒家诗教的内涵,同时又糅合道家清高的品位,是一种偏重于坚持词的婉约本色的美学理论。

第二节　周济:"寄托"说

周济(1781—1839),字保绪,又字介存,号未斋,晚号止庵,江苏荆溪人,嘉庆十年进士,官淮安府教授。

周济是常州词派继张惠言之后又一重要代表人物。周济的词学理论基本上是张惠言"比兴"说的继承,但与张惠言有一个重要的不同。那就是张惠言好以经学的立场来看词之比兴寄托,多附会穿凿之说,比如说冯延巳的《蝶恋花》是为排间异己者而作,欧阳修的《蝶恋花》"驵为韩(琦)范(仲淹)而作"。尽管张惠言作为常州词派的创始人,声名显赫,其词学理论亦有可取之处,比如注重词的内容深刻,希望词能表现"贤人君子幽约怨悱不能自言之情"[1]。又比如,认为词既要含蓄,又要晓畅,"要其至者,莫不恻隐盱愉,感物而发,触类条鬯,各有所归"[2]。这些观点都有一定的价值,但总的来说,新意不多。

周济也主比兴寄托。他认为"诗有史,词也有史",对词的内容很看重。但周济谈词的比兴寄托基本上是站在美学立场的。他有两段比较集中地谈寄托的话。我们先看第一段:

初学词求空,空则灵气往来。既成格调求实,实则精力弥满。初学词求有寄托,有寄托则表理相宣,斐然成章。既成格调,求无寄托,无寄托,则指事类情,仁者见仁,知者见知。北宋词,下者在南宋下,以其不能空,且不知寄托也;高者在南宋上,以其能买且能无寄托也。南宋则下不犯北宋拙率之病,高不到北宋浑涵之诣。[3]

周济在这段话中有三个要点:

---

① 张惠言:《词选序》。
② 张惠言:《词选序》。
③ 周济:《介存斋论词杂著》。着重号为引者所加。

(清) 恽寿平:《山水花鸟图》之一

第一,"初学词求空","既成格调求实"。

这"求空",苏轼曾经说过。张炎也说过。"空"的好处是"灵气往来"。但过分求空,则易堕入空泛。所以周济又尚"实"。他说"实则精力弥满"。周济此说是对张炎的"不要质实""质实则凝涩晦昧"的一个批评,也是对片面推崇"清空"的浙西词派的一个批评。周济将"求实"看作"求空"之后更高的层次,由"空"到"实"这是前人没有人说过的创见。

第二,"初学词求寄托","既成格调,求无寄托"。

"有寄托"可以说是"实","无寄托"可以说是"空",这是由"实"向"空"的转化。"有寄托"意思是作者必有感而发,所写确有所指。这是"个别",而达到"无寄托"的程度,不是指没有了寄托,而是说寄托已不限于作者所感、所指了。这就是"一般"。既是"一般"则"仁者见仁,知者见知"。看来,从"有寄托"到"无寄托",这是艺术典型化的过程。

第三,北宋词与南宋词的比较。

周济认为北宋词在南宋词之下的地方是"不能空,且不知寄托也";而在南宋词之上的地方乃是"能实",且"能无寄托"。这是对北宋词很高的评价,而南宋词虽然"不犯北宋拙率之病",然又不到"北宋浑涵之诣"。显然,在周济的眼里,南宋词不及北宋词。这种看法恰好跟浙西词派相反。周济注重词的内容,但又反对故作深刻,追求故实寄托,而要求有寄托而又不见寄托,达到"浑涵"的境界。

这段关于寄托的话中心是有寄托而又不见寄托,牵涉艺术典型化的问题。又一段谈寄托的话也还是谈这个问题,但角度不同:

> 夫词,非寄托不入,专寄托不出,一物一事,引而伸之,触类多通,驱心若游丝之罥飞英,含毫如郢斤之斫绳翼,以无厚入有间。既习已,意感偶生,假类毕达,阅载千百,馨欬弗违,斯入矣。赋情独深,逐境必寤,酝酿日久,冥发妄中,虽铺叙平淡,摹缋浅近,而万感横集,五中无主,读其篇者,临渊窥鱼,意为鲂鲤,中宵惊电,罔识东西。赤子随母笑啼,乡人缘剧喜怒,抑可谓能出矣。①

周济这里说的"有寄托入""无寄托出"概括了艺术典型化的两个阶段:

有寄托入:"意感偶生,假类毕达,阅载千百,馨欬弗违"。这包括审美感兴的发生,审美意象的创造。"有寄托入"的突出特点是:从"一物一事"入手,"引而伸之",借助联想——"触类旁通"与想象——"驱心若游丝之罥飞英"来构建艺术意象。这个阶段注重艺术意象的鲜明性、生动性。

无寄托出:这又包括两个方面:从创作这方面言,则是艺术意象由个别性走向一般性,由表层性走向深层性。"赋情独深,逐境必寤"。这个阶段的突出特点是理性思考加强,比较注重艺术意象的深刻性、典型性。这是一个方面。从欣赏这方面言,"读其篇者,临渊窥鱼,意为鲂鲤,中宵惊电,罔识东西,赤子随母笑啼,乡人缘剧喜怒",说明艺术意象具有强烈的艺术感染力,不仅以其深刻的识见让人惊悟,而且以其真挚的情感动人心魄。

---

① 周济:《宋四家词选目录序论》。

(清) 恽寿平:《山水花鸟图》之二

　　本来只是词人一己之感慨却能感动许多读者,这正说明艺术典型化的成功。周济说的"非寄托不入,专寄托不出",是艺术典型化的另一种概括。

　　周济评词非常看重"浑厚"(又曰"浑涵""浑化")。他评周邦彦的词,说:"清真浑厚,正于钩勒处见。他人一钩勒便刻削,清真愈钩勒,愈浑厚。"① 又说:"《花间》极有浑厚气象。如飞卿则神理超越,不复可以迹象求矣;然细绎之,正字字有脉络。"② 周济说的浑厚包括两个方面的意思,一是厚重,二是浑化,特别是后者。周济强调,作品虽经精心勾勒,但不能露刻削痕迹。他说:"咏物最争托意隶事处,以意贯串,浑化无痕。"③

　　与之相关,周济也推崇天然的美,本色的美。他十分欣赏"东坡每事俱不十分用力,古文、书、画皆尔,词亦尔。"④ 称赞秦观的词,"如花含苞,故不

①　周济:《宋四家词选目录序论》。
②　周济:《介存斋论词杂著》。
③　周济:《介存斋论词杂著》。
④　周济:《介存斋论词杂著》。

甚见其力量"①。他评李煜词：

> 李后主词，如生马驹，不受控捉。毛嫱西施，天下美妇人也；严妆
> 佳，淡妆亦佳，粗服乱头，不掩国色。飞卿，严妆也。端己，淡妆也。后主，
> 则粗服乱头矣。②

在周济看来，词无分严妆、淡妆，贵在本色。甚至粗服乱头，也未尝不可以有美。可见，美不在修饰，而在"如生马驹，不受控捉"的那种自然天成。

周济是晚清最优秀的词论家，他具有最为敏锐的审美感受。他对宋代著名词人的评论能准确地抓住每位词人的特点，寥寥数语，却又十分贴切，让人感到不可移易。他的词评是审美评论的范例。比如，他说：

> 稼轩敛雄心，抗高调，变温婉，成悲凉。碧山餍心切理，言近指远，
> 声容调度，一一可循。梦窗奇思壮采，腾天潜渊，返南宋之清泚，为北
> 宋之秾挚……③

> 耆卿镕情入景，故淡远。方回镕景入情，故秾丽。少游最和婉醇正，
> 稍逊清真者辣耳。少游意在含蓄，如花初胎，故少重笔。然清真沉痛
> 至极，仍能含蓄。子野清出处，生脆处，味极隽永，只是偏才，无大起
> 落。……苏辛并称。东坡天趣独到处，殆成绝诣，而苦不经意，完璧甚少；
> 稼轩则沈著痛快，有辙可循。南宋诸公，无不传其衣钵，固未可同年而
> 语也。稼杆由北开南，梦窗由南追北，是词家转境。④

> 竹山有俗骨，然思力沈透处，可以起懦。碧山胸次恬淡，故黍离麦
> 秀之感，只以唱叹出之，无剑拔弩张习气。……竹山粗俗，梅溪纤巧。
> 粗俗之病易见，纤巧之习难除。⑤

以上评论虽都针对具体词家，但亦可见出他的美学观。周济评词有个突出特点，那就是注重艺术个性，他总是从词人艺术个性出发，对其优缺点

---

① 周济：《介存斋论词杂著》。
② 周济：《介存斋论词杂著》。
③ 周济：《宋四家词选目录序论》。
④ 周济：《宋四家词选目录序论》。
⑤ 周济：《宋四家词选目录序论》。

做评论，并不褒贬个性本身。在他看来，词人完全可以而且应该具有自己的风格，也不必去模仿他人。世上没有十全十美的艺术风格，也无完美无缺的词人。就是苏轼，"天趣独到处，殆成绝诣"，然因"苦不经意，完璧甚少"。周济的词论对王国维的词论有开启作用，周济论词重寄托，王国维论词重境界，虽然谈的角度不同，但都深入艺术的典型化问题。"寄托"说较"实"，"境界"说较"空"。两者结合，中国古典美学关于诗歌艺术典型化的理论就大备了。

第三节　陈廷焯："沉郁"说

陈廷焯（1853—1892），字亦峰，江苏丹徒人，光绪戊子科举人，著有《白雨斋词存》《白雨斋诗抄》《白雨斋词话》等书。

陈廷焯词学属于常州词派，注重词的寄托，他在《白雨斋词话》自序中说："夫人心不能无所感，有感不能无所寄，寄托不厚，感人不深，厚而不郁，感其所感，不能感其所不感。"这种词说显然是将艺术内容的深刻性摆在首要位置的。陈廷焯年轻时主要写诗，年近三十，才好为词，他学诗以杜甫为宗，王耕心说他学诗"杜以外不屑道也"[①]，可见他对杜甫的无比崇拜。杜甫的诗，陈廷焯说是："包括万有，空诸倚傍，纵横博大，千变万化之中，却极沉郁顿挫，忠厚和平。"[②] 虽然写诗与写词不尽然是一回事，但陈廷焯的词创作与词美学受诗美学影响极深，具体来说，受杜甫的诗美学影响极深。这一点，陈廷焯坦然予以承认，并明确说："诗词一理，然不工词者可以工诗，不工诗者断不能工词。"[③]

以诗学为词学，始于宋朝的苏轼，其后一直遭到非议，然也一直有人赞成。当然以诗学为词学并不是以诗学代替词学，诗与词各有其特点，这点其实持诗学为词学者亦不否认。陈廷焯就明确说诗境与词境是不同的，但

---

① 王耕心：《白雨斋词话·王序》。
② 陈廷焯：《白雨斋词话》卷八。
③ 陈廷焯：《白雨斋词话》卷七。

(清) 胡公寿：《崇山萧寺图》(扇面)

他不同意将诗词的界限看成不可逾越的鸿沟。他说："昔人谓诗中不可著一词语，词中亦不可作一诗语，其间界若鸿沟。余谓诗中不可作词语，信然；若词中偶作诗语，亦何害其为大雅？且如'似曾相识燕归来'等句，诗词互见，各有佳处。彼执一而论者，真井蛙之见。"① 当然，以诗学为词学最重要的还不是词中可以允许有诗语，而是破除诗尚言志、词尚言情的界限，让词也能像诗那样有较为深刻的社会内涵，触及时代的脉搏，触及关系国家民族命运的时事政治，陈廷焯的词学正筑基于此。这种词学是宋代苏轼"自是一家"词论的新发展。

陈廷焯的词学核心是"沉郁"②说。他说：

> 作词之法，首贵沈郁，沈则不浮，郁则不薄。顾沈郁未易强求，不根柢于风骚，乌能沈郁？十三国变风，二十五篇楚辞，忠厚之至，亦沈郁之至，词之源也。不究心于此，率尔操觚，乌有是处？③

> 所谓沈郁者，意在笔先，神余言外。写怨夫思妇之怀，寓孽子孤臣之感。凡交情之冷淡，身世之飘零，皆可于一草一木发之。而发之又

---

① 陈廷焯：《白雨斋词话》卷五。
② "沉郁"，陈廷焯《白雨斋词话》均作"沈郁"，"沈"通"沉"。
③ 陈廷焯：《白雨斋词话》卷一。

必若隐若见，欲露不露，反复缠绵，终不许一语道破。匪独体格之高，亦见性情之厚。①

从陈廷焯对"沈郁"的运用来看，他所说的"沈郁"有三个要点：

第一，从内容来看，多是"写怨夫思妇之怀，寓孽子孤臣之感"。陈廷焯强调触及社会生活的底蕴，写那些关系千千万万人民生存方式具有深广社会反响的事情，要有深刻的动人心魄的忧患感、沧桑感。

陈廷焯以此为标准评论了诸多词人，其中对南宋的词人评价很高，这是由于"二帝蒙尘，偷安南渡，苟有人心者，未有不拔剑斫地也"②。南宋的词也就因此"慷慨激烈"，充溢沉郁之感。南宋词人中他最赞赏的一是辛弃疾。他说："辛稼轩，词中之龙也，气魄极雄大，意境却极沈郁。"③"稼轩词，自以《贺新郎》一篇为冠，沈郁苍凉，跳跃动荡，古今无此笔力。"④ 二是王沂孙。他说："王碧山（即王沂孙）词，品最高，味最厚，意境最深，力量最重；感时伤世之言，而出以缠绵忠爱，诗中之曹子建、杜子美也。"⑤ 陈廷焯摘引王沂孙的《天香》《南浦》《眉妩》《高旧台》《庆清朝》《水龙吟》《齐天乐》《八六子》等许多词篇，分析其中所蕴含的家国之忧以及这种家国之忧是如何归于忠厚，以沉郁的形式而出现的。正是从沉郁这一批评标准出发，陈廷焯给予王沂孙"词品最高"的评价。

除了看重"孽子孤臣之感"，陈廷焯将"怨夫思妇之怀"也置于重要地位。他认为"宋无名氏《九张机》，自是逐臣弃妇之词，凄婉绵丽，绝妙古乐府也"⑥。在逐一分析《九张机》中的每首词时，陈廷焯由衷地赞叹"意殊忠厚"，"苦心密意，不忍卒读"，"凄凉怨慕，于古孤臣孽子劳人思妇读之，皆当一齐泪下"。⑦

---

① 陈廷焯：《白雨斋词话》卷一。
② 陈廷焯：《白雨斋词话》卷六。
③ 陈廷焯：《白雨斋词话》卷一。
④ 陈廷焯：《白雨斋词话》卷一。
⑤ 陈廷焯：《白雨斋词话》卷二。
⑥ 陈廷焯：《白雨斋词话》卷五。
⑦ 陈廷焯：《白雨斋词话》卷五。

第二，从品格来说，为"厚"。"厚"是沉郁最为重要的特质。所谓"沈则不浮，郁则不薄"，就因为它"厚"。"厚"有许多种，有"忠厚""深厚""浑厚""温厚""和厚"等。

何谓"厚"？陈廷焯没有做明确的理论概括，从他的各种运用我们可以做大致的推测。陈廷焯评冯正中词，说是"忧谗畏讥，思深意苦"，又说是"忠厚恻怛，蔼然动人"，最后归结为"怨之深，亦厚之至"。[①]可见"厚"与深沉的忧患意识有一定的关系。然若将"厚"仅归结为"怨之深"是不妥当的。"厚"除了含有"幽情苦绪，味之弥永"外，还含有浑穆、中正的意义。这在对王沂孙的评论中透露出来。陈廷焯认为王沂孙的词"味最厚"。这不仅是因为王沂孙的词"咏叹苍茫""哀怨无穷"，充满"君国之忧"，而且是因为这种哀怨之情都以"和平中正之音"出之，具有孔子所推崇的"怨而不怒"的中和之美。

陈廷焯将王沂孙（碧山）与杜甫（少陵）作了一个对比：

> 少陵每饭不忘君国，碧山亦然。然两人负质不同，所处时势又不同。少陵负沈雄博大之才，正值唐室中兴之际，故其为诗也悲以壮。碧山以和平中正之音，却值宋室败亡之后，故其词也哀以思。推而至于国风离骚则一也。[②]

这"和平中正"比之"幽情苦绪"更重要。陈廷焯关于"厚"的观点明显地受儒家诗教的影响，这也正是陈以诗说为词说的一个重要表现。周济、张惠言等讲比兴、寄托，陈廷焯在此基础上更进一步，提出要"厚"：味厚，义厚，性情之厚。常州词派的主张得到新的张扬。

陈廷焯谈"厚"有"和厚""深厚""浑厚""温厚""忠厚"等，"忠厚"最为重要，它是诸"厚"之本。陈廷焯说："碧山词，性情和厚，学力精深，怨慕幽思，本诸忠厚。"[③]又说：

> 张綖云："少游多婉约，子瞻多豪放，当以婉约为主。"此亦似是而

① 陈廷焯：《白雨斋词话》卷一。
② 陈廷焯：《白雨斋词话》卷二。
③ 陈廷焯：《白雨斋词话》卷二。

非、不关痛痒语也。诚能本诸忠厚，而出以沈郁，豪放亦可，婉约亦可；否则豪放嫌其粗鲁，婉约又病其纤弱矣。①

在陈廷焯看来，豪放、婉约均可做到沉郁，重要的是"本诸忠厚"。有了忠厚为本，豪放就不致失于粗鲁，婉约就不致失于纤弱。

第三，就渊源来说，沈郁来自风骚。"风"指《国风》，"骚"指《楚辞》。"风"的传统一在其强烈的现实主义精神，干预时事，二在其温柔敦厚，和平中正，怨而不怒，哀而不伤。"骚"的传统一在其浪漫主义精神，发愤以抒情，二在其忧患意识，充满君国之忧，又每以比兴寄托出之。

陈廷焯说："风骚为诗词之源，然学《骚》易、学《诗》难，《风》诗只可取其意，《楚词》则并可撷其华。"② 因此在"风骚"二者中，陈廷焯尤推崇学骚。他认为："沈郁顿挫，忠厚缠绵，《楚词》之本也。"③ 许多称得上沉郁的词，陈廷焯认为都是学骚的产物。他说："飞卿词，全祖《离骚》。"④ "方回词，胸中眼中，另有一种伤心说不出处，全得力于楚骚，而运以变化，允推神品。"⑤

就"沉郁"与"风骚"的内在联系来看，陈廷焯尤推崇风骚的"比兴之义"。他说：

> 或问比与兴之别，余曰："宋德祐太学生《百字令》《祝英台近》两篇，字字譬喻，然不得谓之比也。以词太浅露，未合风人之旨。如王碧山《咏萤》《咏蝉》诸篇，低回深婉，托讽于有意无意之间，可谓精于比义。若兴则难言之矣。托喻不深，树义不厚，不足以言兴。深矣厚矣，而喻可专指，义可强附，亦不足以言兴。所谓兴者，意在笔先，神余言外，极虚极活，极沈极郁，若远若近，可喻不可喻，反复缠绵，都归忠厚。"⑥

① 陈廷焯：《白雨斋词话》卷一。着重号为引者所加。
② 陈廷焯：《白雨斋词话》卷七。
③ 陈廷焯：《白雨斋词话》卷七。
④ 陈廷焯：《白雨斋词话》卷七。
⑤ 陈廷焯：《白雨斋词话》卷一。
⑥ 陈廷焯：《白雨斋词话》卷六。着重号为引者所加。

这段文字将比兴与沉郁的关系说得非常透彻。比兴是构成沉郁的重要手段。但比兴中的比不是明喻，而是婉讽，在"有意无意之间"深藏讽义，这就是"沉"，就是"郁"了。至于"兴"则重在托喻之深，树义之厚，不深不厚，不足以言兴。而托喻很深、树义很厚的兴也就是沉郁。

以上三点是陈廷焯"沉郁"说的主要内容。"沉郁"在陈廷焯的词学中是最高范畴。他说：

> 诗词一理，然亦有不尽同者。诗之高境，亦在沈郁，然或以古朴胜，或以冲淡胜，或以巨丽胜，或以雄苍胜：纳沈郁于四者之中，固是化境；即不尽沈郁，如五七言大篇，畅所欲言者，亦别有可观。若词则舍沈郁之外，更无以为词。盖篇幅狭小，倘一直说去，不留余地，虽极工巧之致，识者终笑其浅矣。①

这种说法是前人没有说过的，可谓创见。值得指出的是，沉郁虽是词的最高境界，又是词的必具要素，但陈廷焯并不认为词就只有"沉郁"这一种风格，词的要素也不是只有沉郁这一种内涵。除"沉郁"外，他还提出"超逸""婉雅""顿挫"等范畴，他认为词应以沉郁为内核，但可兼有"超逸""婉雅""顿挫"。比如他评吴文英的词，说是"梦窗之妙，在超逸中见沈郁"②。又评陈西麓词，说是"西麓词在中仙梦窗之间。沈郁不及碧山，而时有清超处；超逸不及梦窗，而婉雅犹过之"③。再比如他评周邦彦的词，说是"其妙处，亦不外沈郁顿挫。顿挫则有姿态，沈郁则极深厚。既有姿态，又极深厚，词中三昧，亦尽于此矣"④。

陈廷焯看重词的内容，主"沉郁"之说，但并不忽视词的文采，他对文采的基本要求是雅。他说："炼字琢句，原属词中末技，然择言贵雅，亦不可不慎。"⑤"雅"又不是浮艳。他说："文采可也，浮艳不可也；朴实可也，鄙陋

---

① 陈廷焯：《白雨斋词话》卷一。着重号为引者所加。
② 陈廷焯：《白雨斋词话》卷二。
③ 陈廷焯：《白雨斋词话》卷二。
④ 陈廷焯：《白雨斋词话》卷一。
⑤ 陈廷焯：《白雨斋词话》卷五。

不可也;差以毫厘,谬以千里矣。"①

总的来看,陈廷焯的词学是属于儒家传统的,在晚清的词坛上,他的词学对于词的健康发展起着积极的作用,其影响直达民国。

第四节 况周颐:"词境"说

况周颐(1859—1926),又名况周仪,清末著名词人,与王鹏运、朱祖谋、郑文焯合称"清末四大家"。况周颐的词学主要见之于他的《蕙风词话》,其基本立场属常州词派。

况周颐论词大致可分词格、词心、词境三个方面。词格、词心是构造词境的重要手段,故其理论也可概括为"词境"说。

关于词格,况周颐说:

> 作词有三要,曰重、拙、大。南渡诸贤不可及处在是。②

何谓"重"?况周颐说:"重者,沈著之谓。在气格,不在字句。"③这个看法同于陈廷焯。只是陈廷焯谈"沈著"重在"厚",而况周颐既重在"厚",又重在"密",这在他评吴文英《梦窗词》时表现得很清楚:

> 重者,沈著之谓。在气格,不在字句。于梦窗词庶几见之。即其芬菲铿丽之作,中间隽句艳字,莫不有沈挚之思,浩瀚之气,挟之以流转。令人玩索而不能尽,则其中之所存者厚。沈著者,厚之发见乎外者也。欲学梦窗之致密,先学梦窗之沈著。即致密、即沈著。非出乎致密之外超乎致密之上,别见沈著之一境也。梦窗与苏、辛二公,实殊流而同源。其所为不同,则梦窗致密其外耳。其至高至精处,虽拟议形容之,未易得其神似。④

这段话几乎包含况周颐所谓"沈著"的全部内容。"沈著"首要在思想,

---

① 陈廷焯:《白雨斋词话》卷八。
② 况周颐:《蕙风词话》卷一。
③ 况周颐:《蕙风词话》卷一。
④ 况周颐:《蕙风词话》卷二。着重号为引者所加。

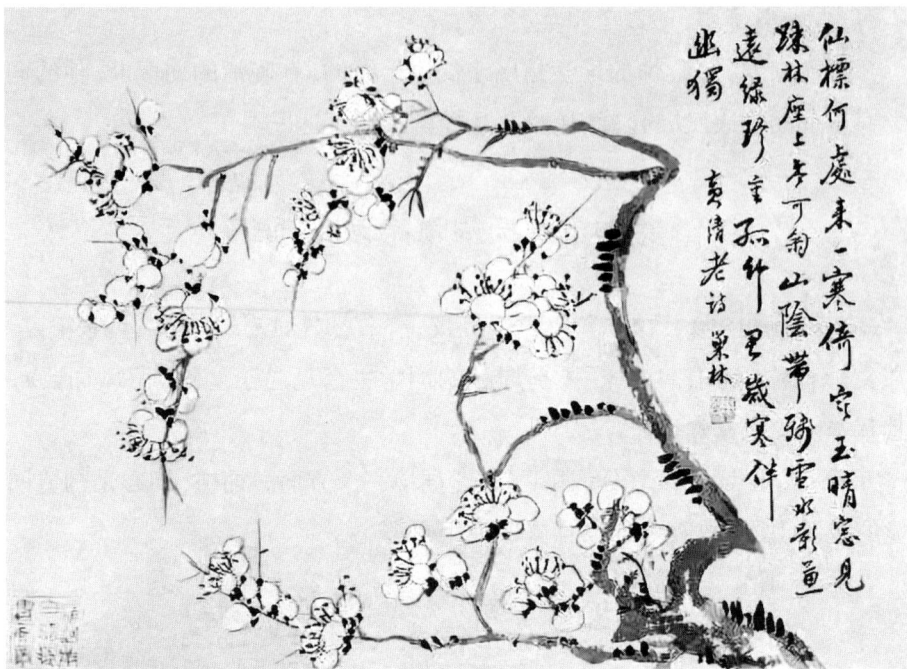

（清）汪士慎:《墨梅图》

在情感,在艺术的内涵,况周颐提出"沈挚之思,浩瀚之气",可见艺术内容的深刻、厚重是最重要的,这牵涉到作者的襟怀。况周颐很看重这一点,他说:"填词第一要襟抱。唯此事不可强,并非学力所能到。"①"沈著"的第二点则是:"令人玩索而不能尽。"可见艺术的含蓄也是重要的。第三点是"致密",致密不是堆砌,而是充实,因而况周颐又进一步提出"出乎致密之外,超乎致密之上"。

　　"沈著"与"精稳"有关。况周颐说:

　　　词学程序,先求妥帖、停匀,再求和雅、深秀,乃至精稳、沈著。精
　　稳则能品矣。沈著更进于能品矣。精稳之"稳"与妥帖迥乎不同。沈
　　著尤难于精稳。②

---

① 况周颐:《蕙风词话》卷一。
② 况周颐:《蕙风词话》卷一。

　　"精稳"是"沈著"的基础,而"妥帖""停匀"又是"精稳"的前提。这一切当然是要下苦功夫学习并在创作过程中精心锤炼的。但它所创造出来的作品又不见任何锤炼的痕迹。在上引文字之后,况周颐接着说:"平昔求词词外,于性情得所养,于书卷观其通。优而游之,餍而饫之,积而流焉。所谓满心而发,肆口而成,掷地作金石声矣。情真理足,笔力能包举之。纯任自然,不假锤炼,则'沈著'二字之诠释也。"① 这是对"沈著"新的解释。在况周颐看来,"沈著"只有达到"纯任自然"的境界才是美的境界,也才是"沈著"的极致。

　　"沈著"的获得关乎思想,关乎学力。思想、学力都需靠读书、靠修炼。这就牵涉到"性灵"。况周颐认为作词"其道有二:曰性灵流露,曰书卷酝酿"②。性灵关天分,书卷关学力。二者均不可少,最好是将二者结合起来:

　　　　以性灵语咏物,以沈著之笔达出,斯为无上上乘。③

　　这是一个非常精辟的观点!

　　关于"拙",况周颐认为是"重""拙""大"三者的核心。他用"顽""涩"来解释:

　　　　问哀感顽艳,"顽"字云何诠? 释曰:"拙不可及,融重与大于拙之中,郁勃久之,有不得已者出乎其中而不自知,乃至不可解,其殆庶几乎。犹有一言蔽之:若赤子之笑啼然,看似至易,而实至难者也。"④

　　　　涩之中有味、有韵、有境界,虽至涩之调,有真气贯注其间,其至者,可使疏宕,次亦不失凝重,难与貌涩者道耳。⑤

　　尽管关于"拙""涩",前代美学家多有论述,但大多用于绘画、书法领域,在诗词领域,谈"拙""涩"甚少。况周颐认为"拙"是融"重""大"于其内之体,这种说法甚有新意。什么是"拙",况周颐没有展开论述,但

---

① 况周颐:《蕙风词话》卷一。
② 况周颐:《蕙风词话》卷一。
③ 况周颐:《蕙风词话》卷五。
④ 况周颐:《蕙风词话》卷五。
⑤ 况周颐:《蕙风词话》卷五。着重号为引者所加。

他一是提出"郁勃",可见是一种蓬勃强劲的生命意味;二是提出"赤子之笑",可见是至真之情。

况周颐对"涩"给予很高的评价,认为"涩"之中有味,有韵,有境界,而"涩"就其本质来说也是一种劲健之力。"真气"是这种力的来源。"涩"是"拙"的表现。

值得我们特别注意的是,况周颐强调"拙"不可理解成"呆"。他说:"咏物如何始佳? 答:未易言佳,先勿涉呆。一呆典故,二呆寄托,三呆刻画,呆衬托。去斯三者,能成词不易,矧复能佳,是真佳矣。"① "拙"与"呆"的根本不同,在于"拙"是强劲生命力的体现,而"呆"却是生命活力的丧失。

关于"大",况周颐诠释很少,很可能这"大"是指境界的大。词境界要大,必注重寄托。况周颐说:"词贵有寄托。"② "金李仁卿词五首……《摸鱼儿》和《遗山赋雁丘》过拍云:'诗翁感遇。把江北江南,风嘹月唳,并付一丘土。'托旨甚大。"③

"重""拙""大"三者合起来给人的感觉是:重视词的题材的扩展,要求突破向来视词为"艳科"的家法,力求反映广阔的社会生活,借寄托抒写家国之忧。这与陈廷焯强调"沈郁顿挫"是一致的。应该说对词的发展有着积极意义。

值得我们注意的是,况周颐强调词格应是"重""拙""大",而在写法上又要求能见出"松",不让作品给读者造成迫促感、压抑感。他说:

韩子耕词妙处,在一松字。非功力甚深不办。④

党承旨《青玉案》云:"痛饮休辞今夕永。与君洗尽,满襟烦暑,别作高寒境。"以松秀之笔,达清劲之气,倚声家精诣也。"松"字最不易做到。⑤

---

① 况周颐:《蕙风词话》卷五。
② 况周颐:《蕙风词话》卷五。
③ 况周颐:《蕙风词话》卷三。
④ 况周颐:《蕙风词话》卷二。
⑤ 况周颐:《蕙风词话》卷三。

刘鼎玉《少年游》咏棋句："意重子声迟"，五字凝练，如闻子著楸枰声。《蝶恋花·送春》云："只道送春无送处。山花落得红成路。"则尤信手拈来，自成妙谛，以松秀二字评之，宜。[1]

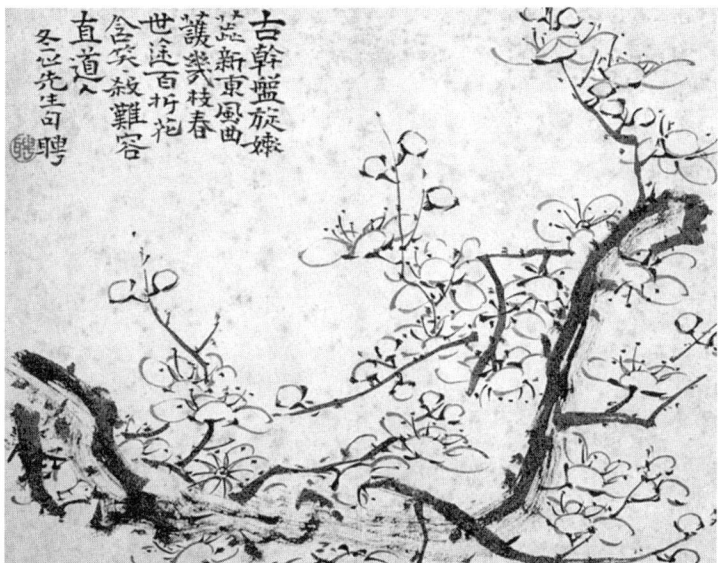

(清) 罗聘:《梅花图》

"以松秀之笔，达清劲之气"，这在艺术创作上是更高的要求。这种提法在诗词美学中也是很新颖的。况周颐在《蕙风词话》中多处谈到类似的观点，比如他谈词的"做"与"不做"的关系，说："词大做，嫌琢，太不做，嫌率，欲求恰如分际，此中消息，正复难言。"[2] 又说："词过经意，其蔽也斧琢。过不经意，其蔽也襟褵。不经意而经意，易。经意而不经意，难。"[3] "词不嫌方。能圆，见学力。能方，见天分。但须一落笔圆，通首皆圆。一落笔方，通首皆方。圆中不见方，易。方中不见圆。难。"[4] 以上这些看法都是相当精辟的。

---

① 参见况周颐:《蕙风词话》卷三。

② 况周颐:《蕙风词话》卷一。

③ 况周颐:《蕙风词话》卷一。

④ 况周颐:《蕙风词话》卷一。

关于"词心"，况周颐亦有精彩的见解。"词心"这个概念是况的创造。他说的词心可以理解成词的创作者和词的欣赏者那种特殊的领略词境的心绪，是一种特殊的审美心境。他说：

> 吾听风雨，吾览江山，常觉风雨江山处有万不得已者在，此万不得已者，即词心也。而能以吾言写吾心，即吾词也。此万不得已者，由吾心酝酿而出，即吾词之真也，非可强为，亦无庸强求。视吾心之酝酿何如耳。吾心为主，而书卷其辅也。书卷多，吾言尤易出耳。①

> 吾苍茫独立于寂寞无人之区，忽有匪夷所思之一念，自沈冥杳霭中来。吾于是乎有词。泊吾词成，则于顷者之一念若相属若不相属也。而此一念，方绵邈引演于吾词之外，而吾词不能殚陈，斯为不尽之妙。②

> 读词之法，取前人名句意境绝佳者，将此意境，缔构于吾想望中。然后澄思渺虑，以吾身入乎其中而涵泳玩索之。吾性灵与相浃而俱化，乃真实为吾有而外物不能夺。③

以上所引三段文字都与"词心"有关，第一段文字，明确提出"词心"，后两段虽然没有明言"词心"，实谈"词心"。况周颐认为，"词心"在"风雨江山处"，可见是主观的。这种主观的"词心"由"听风雨""览江山"而引发，可见是客观事物作用于人的心灵的产物。说它"万不得已"，是因为它的产生与存在是必然的。正是这"万不得已"的"词心"造就了词。词之真，就在于"词心"之真，"词心"之真又在于"听风雨""览江山"的真切的感受。"词心"的产生有时是有轨迹可寻的，有时则是"匪夷所思之一念，自沈冥杳霭中来"。不管是哪种情况，它的产生都是"万不得已"的，是真实而又真诚的。

对于词的欣赏来说，也有一个引发词心以进入词境的问题。这种引发有别于创作。它是由词的意境激发的。欣赏者要想真正领略词境之美，必须在"想望"之中，"入乎其中而涵泳玩索之"，从而使己之词心与词作者的

---

① 况周颐：《蕙风词话》卷一。
② 况周颐：《蕙风词话》卷一。
③ 况周颐：《蕙风词话》卷一。

词心相融合，进入俱化的境界。

关于读词如何进入并参与创造词境，况周颐还有一段脍炙人口的论述：

> 人静帘垂，灯昏垂直。窗外芙蓉残叶飒飒作秋声，与砌虫相和答。据梧冥坐，湛怀息机。每一念起，辄设理想排遣之。乃至万缘俱寂，吾心忽莹然开朗如满月，肌骨清凉，不知斯世何世也。斯时若有无端哀怨，枨触于万不得已，即而察之，一切境象全失，唯有小窗虚幌，笔床砚匣，一一在吾目前。此词境也。三十年前，或月一至焉。今不可复得矣。①

这里描绘的情景与老子说的"涤除玄览"、庄子说的"心斋""坐忘"有相通之处，都需要"澄怀"，都需要"息机"，都需要"虚静"。但有一个重要的不同，那就是：老庄的"心斋""坐忘"是进入一个抽象玄妙的"道"的境界，而这里所进入的则是一个具象亦玄妙的词的境界。这里谈的亦是词心。

关于词的境界，况周颐有个基本观点，就是"意内言外"。他说："意内言外，词家之恒言也。"②讲究"情真，景真"③，情景交融。他说："填词景中有情，此难以言传也。元遗山《木兰花慢》云：'黄星。几年飞去，淡春阴，平野草青青。'平野春青，只是幽静芳倩，却有难状之情，令人低徊欲绝。善读者约略身入景中，便知其妙。"④

况周颐对词的境界，最为推崇的是"深静""和穆""空灵"。他说："词境以深静为至。"⑤"词有穆之一境，静而兼厚、重、大也。淡而穆不易，浓而穆更难。"⑥"小山词《阮郎归》……此词沈著厚重，得此结句，便觉竟体空灵。"⑦

"深静""空灵""和穆"三者，"和穆"是极致。在有的地方，况周颐用"浑成"这一概念来取代"和穆"。在为上彊村民编的《宋词三百首》作的序

---

① 况周颐：《蕙风词话》卷一。
② 况周颐：《蕙风词话》卷一。
③ 况周颐：《蕙风词话》卷四。
④ 况周颐：《蕙风词话》卷三。
⑤ 况周颐：《蕙风词话》卷二。
⑥ 况周颐：《蕙风词话》卷二。
⑦ 况周颐：《蕙风词话》卷二。

(清) 郑燮:《兰竹图》

言中,他对词境提出了很重要的观点:

> 词学极盛于两宋,读宋人词当于体格、神致间求之,而体格尤重于
> 神致。以浑成之一境为学人必赴之程境,更有进于浑成者,要非可躐
> 而至,此关系学力者也。神致由性灵出……近世以小慧侧艳为词,致
> 斯道为之不尊;往往涂抹半生,未窥宋贤门径,何论堂奥!……彊村先
> 生尝选宋词三百首,为小阮逸馨诵习之资:大要求之体格、神致,以浑
> 成为主旨。夫浑成未遽诣极也,能循涂守辙于《三百首》之中,必能取
> 精用闳于《三百首》之外。益神明变化于词外求之,则夫体格、神致间
> 尤有无形之沂合,自然之妙造,即更进于浑成,要亦未为止境。①

况周颐说"宋词当于体格、神致间求之","体格"关乎学力,"神致"关

---

① 上彊村民编:《宋词三百首·况周颐序》。着重号为引者所加。

乎性灵。二者结合，以"浑成"为境界。这"浑成"的词境其极致当合于"自然之妙造"。这种美即为天地之境界，即为"道"，即为"真"。况周颐的词学在常州词派中是带有总结性的。它几乎涉及了词学中的一切问题。评论了自唐至清许多重要词人，不乏精辟的见解。在中国词学理论著作中，它的地位仅次于王国维的《人间词话》。

第 八 章
清代绘画美学

　　清代的绘画，仍然以山水画为主，"四王"、吴、恽 ① 为正统，基本上以复古为能事，注重传统技法，虽然在整理历史遗产上有所贡献，但恪守程式，缺乏创新。与之相比，四大高僧 ② 强调"师心""师造化"，多有创新。清代中期出现的"扬州八怪"是一群富有革新意识的画家，他们的作品为清代画坛带来一股清新之风，对"四王"的复古余绪是个不小的冲击。在绘画理论上石涛的"一画"论代表清代绘画美学的最高水平，也是中国绘画美学的高峰之一。郑板桥是"扬州八怪"中最著名的画家，他对传统绘画美学带有某种总结色彩。

第一节　"墨点无多泪点多"

　　清初艺林，亦以遗民称重。陈洪绶、恽格、萧云从、项圣谟、查士标、龚贤、程邃、程正揆、王时敏、周亮工等，无一不是遗民，其中尤以"四僧"（朱耷、石涛、弘仁、髡残) 和傅山最为知名。

---

① "四王"为清初四大画家：王时敏、王鉴、王翚、王原祁。"吴"为吴历，"恽"为恽格。
② "四大高僧"为石涛、八大山人、弘仁、髡残。

在遗民艺术家的创作思想中处于指导地位的是气节,中华民族自古以来最为看重的就是气节,特别是民族气节。这是做人之根本。士人一失气节,不管他原来有多高声望,立即为人所不齿。明朝降清的大员洪承畴、钱谦益因此被钉在民族的耻辱柱上。

与石涛题画重节相类似[①],明末著名学者、书画家傅山也在一幅画中以节明志。"一心有所甘,是节都不苦;寥寥种竹人,龙孙伏何所?"[②]赵孟頫身为宗室之后,入元出仕,遭到傅山鄙薄:"予极不喜赵子昂,薄其人遂恶

(清) 朱耷:《荷石水鸟图》

---

① 　参见本章引论石涛跋所画竹语。
② 　转引自林木:《明清文人画新潮》,上海人民美术出版社 1991 年版,第 62 页。

其书。"① 他愤然宣称："不拘甚事,只不要奴,奴了随它巧妙雕钻,为狗为鼠已耳。"②

由于清朝统治者对反清的言行采取极严厉的镇压措施,遗民们的反清活动只能极为秘密地进行。随着清政权日趋巩固,遗民们感到无力回天,扼腕浩叹之余,不得不采取消极态度,或隐遁山林,或托身佛道,或装疯卖傻,效伯夷、叔齐不食周粟,拒绝与统治者合作。遗民中的艺术家,则将满腔怨愤与绝望转化成笔下的艺术形象,隐晦曲折地宣泄心中的痛苦。从而创造出一种新的画种,笔者将它称为隐喻画。这种画是文人画的发展,但比之一般的文人画,它打破了相对固定的题材、风格模式,专重画家本人的情感、意念的表达。这种画含义深邃、隐晦,具有一定的象征意义。但这象征又不是固定的,每画不一,大多具有一定的讽刺批判意味,然又不同于漫画,往往是含而不露。这种画由于专重创作主体情志,夸张、变形比较厉害,常给人以荒诞、生疏、奇警之感。

清初隐喻画的代表是八大山人朱耷。朱耷,族名统鑨,1626年生于南昌。他是朱元璋第十六子宁献王朱权的后裔。"八岁即能诗,善书法,工篆刻,尤精绘事",又"善诙谐,喜议论,娓娓不倦,尝倾倒四座"。③18岁时(1644年),明朝灭亡,1645年清兵入南昌,"栖隐奉新山",1648年,22岁,入寺为僧,法名传綮、刃庵,又自号雪个。54岁还俗。在入寺作僧到还俗这段时间中,亦曾入过道院。1705年,八大山人逝世,死因不明,终年79岁。仅就这份简历看,八大山人内心的矛盾痛苦何等深重,意欲割断尘缘,承传佛理肯綮(法名"刃庵""传綮"可见出),然国仇家恨,如火攻心,何尝一日少忘?自号"驴""驴屋""个山驴",极尽自我嘲弄之能事,然题跋上又泄露天机:"驴拣湿处尿,熟处难忘也。"那"熟处"不就是往日的尊荣富贵吗?他终于还俗,一则是深感禅院内部派系纠葛,说空未空,与红尘相差无几;二则是既然身在佛门,又心念家国,又何必披这一领袈裟呢?

① 崔尔平选编:《明清书法论文选》,上海书店出版社1994年版,第451页。

② 崔尔平选编:《明清书法论文选》,上海书店出版社1994年版,第451页。

③ 陈鼎:《八大山人传》。

八大山人的内心是极为矛盾、痛苦的。国仇家恨终日在心中沸腾，怎不思尽情宣泄？然严酷的现实不允许这样。他不得不将这种情感加以压抑、扭曲、锻造，用另一种形式来宣泄。八大山人的画，画面总是那样的冷漠，那样的怪异、那样的虚寂。然而，联系八大山人的身世和处境，则能理解，这冷漠正是另一种炽热，犹如火山冷却后的熔岩。而那怪异正是刻骨铭心的国仇家恨之曲折表现。那虚寂，也只是现象，内心深处何尝有一日虚过，一日寂过？八大山人就处在这样一种极尴尬、极难堪的境地。为了保全性命，他不能不把一腔悲愤压在心头，将满腔怒火锻成冷却的熔岩；他不能不装冷漠，装超脱，装癫狂，他的名号"八大"二字虽然有几种说法①，但我认为清朝张庚的说法最有道理，最切合八大山人的性格与处境。张庚说："每观山人书画，款题八大二字必联缀其画，山人二字亦然，类哭之笑之，字意盖有在也。"②似哭似笑，或笑即为哭，哭即为笑，这是八大山人尴尬、难堪、痛苦处境的最恰当概括。

八大山人善诗，他的画多题有诗，诗甚难解。与八大山人同时的邵长蘅说："山人有诗数卷藏箧中，秘不令人见，予见山人题画及他题跋皆古雅，间杂以幽涩语，不尽可解。"③这难解的诗亦如难解的画都是内心深处最真挚、最强烈的某种情感意念的隐喻。只要大体把握好八大山人的情感脉搏，我们还是可以大致地解读他的诗与画的。比如：

八大山人喜欢画西瓜。其中一幅系"花果图卷"之一，画面右下角画有一个孤瓜，左半部题有一诗：

　　　　写此青门贻，绵绵咏长发。

　　　　举之须二人，食之以七月。

---

① 关于"八大山人"这一名字的含义。《八大山人传》的作者陈鼎的说法是："号八大山人，其言曰，利八大者，四方四隅，皆我为大，而无大于我也。"八大高寿，虽然使用这一别号时只 59 岁，然明永历帝早亡，从宗室辈分讲，八大与万历皇帝同辈，因此可以说："四方四隅，皆我为大。"另一说法是：八大山人喜读《八大人觉经》，故而以"八大"为号。见《南昌县志》，又见清人龙科宝的《八大山人画记》。

② 张庚：《国朝画征录》。

③ 邵长蘅：《八大山人传》。

为什么要点明这瓜是"青门"贻下的呢？原来有深意。汉代的召平原是秦朝的东陵侯，秦亡后，他种瓜于长安东门。此瓜世称"青门瓜"或"东陵瓜"。说此画的瓜是"青门贻"，暗含不忘前朝的意思。"举之须二人"，言瓜很重，喻复兴艰难，"食之以七月"，表明要等待时机成熟，复明才可成功。

八大山人还有一幅《瓜月图》，其题诗云：

昭光饼子一面，月圆西瓜上时。

个个指月饼子，驴年瓜熟为期。

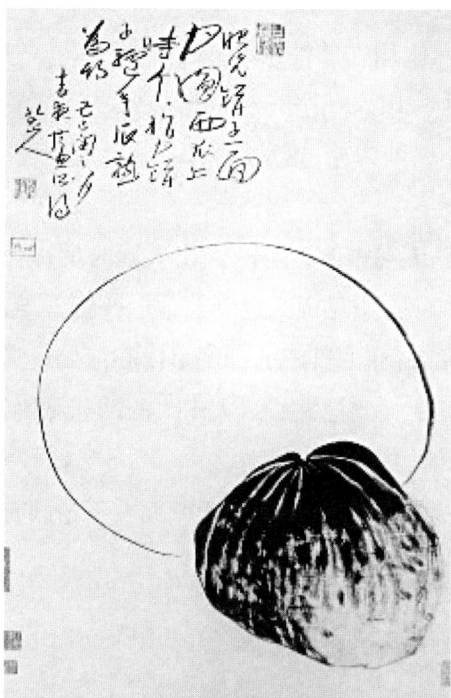

(清) 朱耷:《瓜月图》

八月十五中秋节是团圆的日子，朱耷于此时画月、画瓜，含义自然不同一般。作为亡明后裔，失国之痛楚、复国之热望可说时刻在心。此画正是这种痛楚与热望的反映。"个个指月饼子"，用的是元末汉人以八月十五食月饼为起事信号的典故，借来表达复国的热望。"驴年瓜熟为期"则又充满绝望的悲哀，又是希望，又是绝望，希望越来越少，绝望越来越深，八大山人的心日趋悲凉。然而他从不消极,总是用他的画笔继续战斗。他的《双孔雀图轴》就是一幅寓意深刻、富有战斗锋芒的隐喻画。此画两只孔雀形象丑恶,秃顶、怪眼,可憎而又可怖。一只拖着三支尾翎,一只尾部被另一只遮挡。就从这三支尾翎,画家巧妙地点出这是清朝官员的象征。据说此画确有所指,乃刺江西巡抚宋荦。画的上方是石壁上垂伸的牡丹,喻荣华富贵,孔雀贪婪地上仰,其贪慕荣华之心已露,然所立的石头又呈尖角形,

(清) 朱耷:《快雪时晴图》

摇摇欲坠，暗喻地位不稳，祸起苍黄。画上亦题诗一首：

孔雀名花雨竹屏，竹梢强半墨生成。

如何了得论三耳，恰是逢春坐二更。

"三耳"，语出《孔丛子》"臧三耳"条，是说奴才为更好地侍候主子，随叫随到，又为了更多地打听消息，密报主子，故生了三只耳朵。显然，"三耳"是指清朝官吏，具体是指江西巡抚宋荦。"逢春坐二更"，是说天还未明就在宫朝等候主子召见了，奴颜婢膝之态，可见一斑。

以上所举的画都是政治隐喻画，具有犀利的战斗锋芒。还有一类隐喻画，虽然跟政治不无关系，但更多的是表达一种心态、一种情绪。画中的形象以及整个画幅传达的气氛具有极强的感染力。八大山人的动物形象常是变形的。他所画的鸟，大多是弓背缩颈，眼珠瞪圆，充满狐疑与警觉；有的一足独立，似失去平衡；有的栖息着，显得笨拙而又疲惫，似无奋飞之意；凡成对的鸟，总是各望不同的方向；有时一只睡了，一只却在四处张望。

在形象的组合上，八大山人有意打破常规，他将鹿与鸟组成一画，鹿仰头视鸟，他将鱼与鹌鹑放在一起；鹰不是盯着兔子或小鸟而是莫名其妙地望着一只螃蟹……诸如此类，其寓意难以知晓，特别是在没有题诗的情况下。但是画面所传达的那种情绪，总是能够强烈地叩击观者的心弦。可以称之为心绪隐喻画。

八大山人题画诗云："墨点无多泪点多。"这概括了他的隐喻画的美学特征。"墨点"即"泪点"，心画心声。八大山人将中国绘画美学中重写神、重写意、重文学趣味的传统发挥到了极致。在他之前也有隐喻画，但不多，至少未出大家，而到八大山人，隐喻画成为一个新的画种，它从文人画脱胎而出，以其独特的艺术个性、独特的写意创造和对时势深刻而又巧妙的讽刺、批判，在中国画坛独树一帜。

清初的遗民情绪如此普遍而强烈，使清初的文坛艺苑弥漫着一种悲凉的气息，响彻愤激之音，也使中国美学的传统理论，如"诗可以怨"、"抒愤"说、"诗史"说、"文人画"说，得到新的发展，以至于成熟。

第二节 "法于何立？立于一画"

康熙四十六年（1707）春，石涛殁前数月，为友《摹蓬莱仙境》长卷题款时署曰："靖江后人石涛极。""靖江"指明宗室靖江王朱赞仪，石涛是他的十世孙。石涛本名朱若极。生于崇祯十五年（1642），仅两年，清兵入关，明朝倾覆，石涛沦为遗民。在南明统治者的倾轧中，石涛父朱亨嘉被害，石涛亡命武昌，童年即出家为僧。法名元济，又名道济，别号甚多，如苦瓜和尚、瞎尊者、大涤子、零丁老人等。

(清) 石涛：《自画像》

石涛与八大山人均是清初大画家，出身、经历大体相似。作为由"金枝玉叶"① 沦落的遗民，其遗民情绪自然十分强烈。石涛曾自书《钟玉行先生

---

① 石涛题朱耷《水仙》云："金枝玉叶老遗民。"

枉顾诗》,道出遁入空门的原因:

> 板荡无全宇,沧桑无安澜。
>
> 嗟余生不辰,龆龀遭险难。
>
> 巢破卵亦损,兄弟宁忠完?
>
> 百死偶未破,披缁出尘寰。

石涛也作过一些寄慨遥深、怀念故国的诗画。如《金陵怀古诗画册》,其中一幅题诗有句云:"欲明玄武歌中月,不照咸宁创国心。"其家国之思力透纸背。1705年有人赠他一幅明神宗朱翊钧的御笔,他赋诗以谢。可见直到垂暮之年,他还深怀故国之思。

不过,总的来说,石涛的国仇家恨之感不如八大来得强烈愤激。他的思想更多的是庄禅的恬淡、飘逸。他虽然没有参与清廷的科举考试、也未在清朝做官,但当康熙皇帝南巡时,他曾在南京、扬州接过驾,以画供奉,并献诗。他与清廷权贵博尔都亦打得火热。清政权趋于稳固之后,对汉族知识分子采取怀柔政策,不少遗民的态度有所改变。不过,石涛一直未忘自己是大明子民,是明王室后裔,他多次晋谒明帝诸陵。北游京城南归后,筑屋题名"大涤堂",又自号大涤子,就有荡涤污垢之意,隐含对自身行藏的忏悔与批判。

石涛思想充满矛盾,内心深处无比痛楚,但他较能自制,不似八大山人往往形之于外。他热衷绘画,既以之作为排遣,又以之作为事业。不然他不可能撰写具有很高理论价值的绘画美学著作《画语录》(又名《苦瓜和尚画语录》)。

《画语录》不仅在清代绘画美学中占有最重要的地位,就是在整个中国绘画美学史上,也是最重要的理论著作之一。中国古代的画论多重画法,画理谈得不多。《画语录》则重画理,而且将画理与哲理贯通起来,将绘画美学提到前所未有的形而上学高度。

《画语录》贯穿性的思想是重自我,重创造。这是有针对性的。清代画坛,拟古成风,"四王"① 之一的王时敏好论"画家正脉",提倡"刻意师古",

---

① 四王为清代四位画家,王时敏、王鉴、王翚、王原祁。

稍有创新则斥为"古法渐湮……谬种流传"①，王鉴也称："画之有董、巨，如书之有钟、王，舍此则为外道。"②针对时风，石涛大声疾呼"我之为我，自有我在"，提出"借古开今""师古而化"。他在一题跋中说：

画有南北宗，书有二王法。张融有言：不恨臣无王法，恨二王无臣法。今问南北宗：我宗耶，宗我耶？一时捧腹，曰："我自用我法。"③

晚年他又在一幅题跋中慨乎言之："余尝见诸名家动辄仿某家法某派，书与画天生自有一人职掌，一代之事，必欲实求其人，令我从何说起。"④

石涛"我自用我法"的宣言是非常大胆的。这里既有艺术创作上崇尚个性、崇尚创造的意思，又有作为明之遗民，保持节操，不愿同流合污的弦外之音。石涛在一题画跋中云"皆不得逢解人耳"⑤，知音难得，石涛的知音不只是艺术上的，还有政治上的。由此也可见出他内心极端的孤寂、痛苦。

与以往的画论著作不同，石涛的《画语录》不注重具体的鉴赏和批评，源远流长的中国古代绘画史也整个地被虚化了。石涛站在前所未有的哲学高度，对绘画的理论做了深刻的概括。整部《画语录》以"一画"说为纲，以"经"与"权"、"识"与"受"两对美学范畴为辅，组成了一个严密的理论体系。

石涛以"一画章"开篇担纲，统率整部《画语录》的十八章。兹录全章：

太古无法，太朴不散，太朴一散而法立矣。法于何立？立于一画。一画者，众有之本，万象之根，而见用于神，藏用于人，而世人不知，所以一画之法，乃自我立。立一画之法者，盖以无法生有法，以有法贯众法也。夫画者，从于心者也。山川人物之秀错，鸟兽草木之性情，池榭楼台之矩度，未能深入其理，曲尽其态，终未得一画之洪规也。行远登

① 王伯敏：《西庐画跋》。
② 王鉴：《染香庵画跋》。
③ 《石涛题画选录》之三。
④ 康熙四十二年（1703）题《石涛山水大册》。
⑤ 《大涤子题画诗跋》卷一。

高，悉起肤寸。此一画收尽鸿蒙之外，即亿万万笔墨，未有不始于此而终于此，惟听人之握取之耳。人能以一画具体而微，意明笔透。腕不虚则画非是，画非是则腕不灵。动之以旋，润之以转，居之以旷。出如截，入如揭。能圆能方，能直能曲，能上能下。左右均齐，凸凹突兀，断截横斜，如水之就深，如火之炎上，自然而不容毫发强也。用无不神而法无不贯也，理无不入而态无不尽也。信手一挥，山川、人物、鸟兽、草木、池榭、楼台，取形用势，写生揣意，运情摹景，显露隐含，人不见其画之成，画不违其心之用。盖自太朴散而一画之法立矣。一画之法立而万物著矣。我故曰：吾道一以贯之。

"法于何立？立于一画。"这是全章的关键所在。关于"一画"这个概念，古已有之，并非石涛首创，中国书画史上，早有"一笔书""一笔画"之说。东汉崔瑗论草书云："远而望之，摧焉若阻岑崩涯，就而察之，即一画不可移。"[1] 唐代孙过庭也说："一画之间，变起伏于峰杪；一点之内，殊衄挫于毫芒。"[2] 这两处所谓"一画"，只是技法上所谓的"一点一画"。石涛提出的"立于一画"与此有很大的不同。众所周知，中国画最重线条。当代著名画家傅抱石说："线条是中国画最显著的基本条件。"[3] 汉字中的"一"就是最基本的、最简单的线条。照此，我们可以说："画于何立？立于一画。"但是，石涛不是说"画于何立？"而是说"法于何立？"，这就不一般了。显然，这"一画"中的"一"不是指线条的"一"字，这"画"也不是指笔画。

"一画"中的"一"在石涛的画论中已上升到宇宙自然本体的高度。这个"一"，就是老子说的"其上不皦，其下不昧，绳绳兮不可名，复归于无物"[4] 的"道"。它是宇宙万物之本。老子说："昔之得一者：天得一以清，地得一以宁，神得一以灵，谷得一以盈，万物得一以生，侯王得一以为天下

---

① 崔瑗：《草书势》。
② 孙过庭：《书谱》。
③ 《傅抱石美术论文集》，江苏文艺出版社1986年版，第502页。
④ 《老子·十四章》。

正。"① 石涛根据老子哲学,说"一画者,众有之本,万象之根,见用于神,藏用于人"。这"一画",是指体现宇宙本体——"道"的画理。石涛认为这"一画"才是"众有""万象"之根本。掌握了它,就可笔底生辉,出神入化。

(清) 石涛:《黄山入胜图》(之一)

值得我们特别注意的是,石涛关于"一画"的具体解释还有几个很重要的观点:

第一,"一画之法,乃自我立。"充分强调艺术创作的个性。这与我们前面谈到的"我自用我法"是完全一致的。看来,虽然石涛也主"一"为宇宙本体,但这"一"究在何处,他与老子有不同的看法。老子的"一"是客观的存在,不以个人的意志为转移,而石涛的"一画""乃自我立","一"在我之中,具体地来说乃在我之心中。

第二,"立一画之法者,盖以无法生有法,以有法贯众法也。"这"无法生有法"显然也来自老子的"无"中生"有"说,不过老子讲的是宇宙生成,石涛讲的是画法,尚有重要区别。"无法生有法"强调"法"也是在实践中

———————————

① 《老子·三十九章》。

创造的，最初并无成法。关于这，石涛还说过一段话：

> 古人未立法之前，不知古人法何法？古人既立法之后，便不容今人出古法。千百年来，遂使今之人不能出一头地也。师古人之迹而不师其心，宣其不能出一头地也，冤哉！①

不过石涛也不排斥法，而且认为当有了法之后，还得以"有法贯众法"，只是万不能守着成法不放。石涛的看法显然是正确的。中华美学在艺术创作的法则与创造问题上，自隋唐以来多有争论，有偏重于法则的，有偏重于创造的，石涛可以说做了一个最好的总结。

第三，"未能深入其理，曲尽其态，终未得一画之洪规。"石涛将形神说纳入他的"一画"说。认为画"山川人物"只是见出其"秀错"，画"鸟兽草木"只是画出其"性情"，画"池榭楼台"只是合乎"矩度"，那是不行的，因为这实际上还只是画出了"形"，未画出"神"。石涛强调"深入其理"。这

（清）石涛：《黄山入胜图》（之二）

---

① 《石涛题画选录》之三。

"理"即是通宇宙根本——"道"之"理",它比"形神"说中的"神"更为深刻。石涛认为这理最重要,"理无不入而态无不尽"。"理入"是"态尽"的前提。石涛这种认识比"形神"说更进了一步。"形神"说注重于事物个体,"形"是个体的"形","神"是个体的"神",而石涛的"理无不入而态无不尽",已超越了个体事物而通向宇宙本体了。

第四,"此一画收尽鸿蒙之外,即亿万万笔墨,未有不始于此而终于此,惟听人之握取之耳"。这"一画"既是物之"总",又是物之"始",还是物之"终"。这"总""始""终",将"一画"的功能做了全面的概括,石涛特别指出,这"总""始""终"的操纵运用又全在画家的"握取",归结为"心"。"夫画者,从于心者也。"

关于"一"与"万",石涛在《画语录》的其他章也做了论述:

自一以分万,自万以治一。①

以一画观之,则受万画之任。②

以一治万,以万治一。③

"一画"作为绘画的最高指导思想在进入具体操作时,又需正确处理好"经"与"权"、"识"与"受"的关系。

第一,"经"与"权"。

"权"指权变、灵活运用。《论语》说:"可与立,未可与权。"④ 皇侃义疏曰:"权者,反常而合于道者。"儒家礼教甚重男女之大防,所谓授受不亲,但如果嫂子掉到河里,小叔子可以不顾"礼"而行"权",援手相救。孟子说:"男女授受不亲,礼也;嫂溺援之以手者,权也。"⑤ 赵岐注:"权者,反经而有善者也。"故"经"与"权"两者辩证关联,如柳宗元所说:"经非权则泥,权非经则悖。"⑥

---

① 石涛:《画语录·絪缊章》。
② 石涛:《画语录·资任章》。
③ 石涛:《画语录·山川章》。
④ 《论语·子罕》。
⑤ 《孟子·离娄》。
⑥ 柳宗元:《断刑论》。

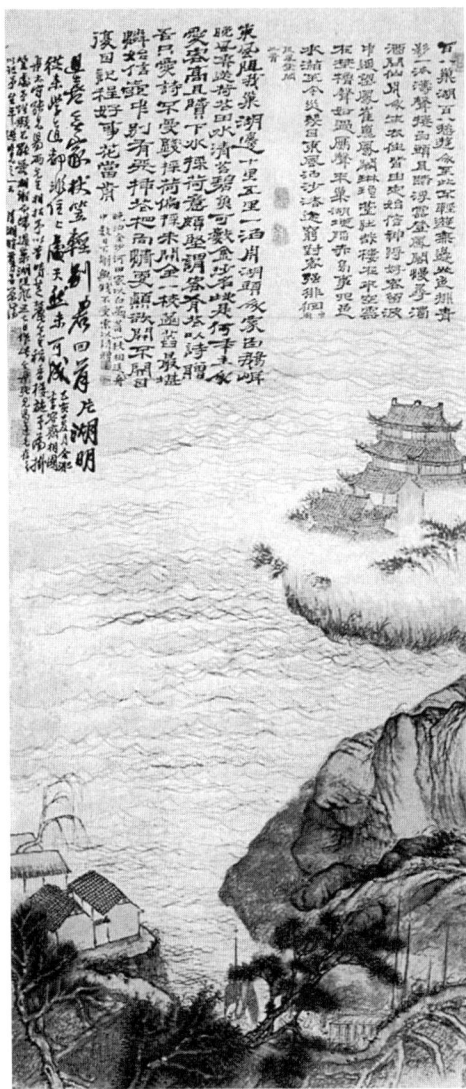

(清) 石涛：《巢湖图》

历史上，虽有人以近似的意思来谈艺，但用这对范畴来论画，石涛似为第一人。石涛说：

> 凡事有经必有权，有法必有化。一知其经，即变其权；一知其法，即动于化。①

---

① 石涛：《画语录·变化章》。

字画者，一画后天之经权也。能知经权而忘一画之本者，是由子
孙而失其宗支也。①

"一画"为"经""权"之本，但"一画"又往往落实在"经""权"之上。
讲"经"必得讲有所依循；讲"权"，必得讲有所变化。这"变"与"不变"是
艺术创作的辩证法之一。

第二，"识"与"受"。

这是从审美心理上来解释"一画"论。他说：

夫一画含万物当中。画受墨，墨受笔，笔受腕，腕受心。如天之造
生，地之造成，此其所以受也。②

这里的"受"具有"授予"与"感受"两种含义。石涛的意思是说"画受
墨，墨受笔，笔受腕，腕受心"，如天地生成事物是自然而然的。石涛显然
是强调绘画中那种心手相应，无须思考，自然而然的当下感悟性与自由性。

"受"与"识"相对。石涛说：

受与识，先受而后识也。识然后受，非受也。古今至明之士，借其
识而发其所受。③

"受"与"识"原为佛学概念，所谓五蕴即色蕴、受蕴、想蕴、行蕴、识蕴。
受蕴指眼、耳、鼻、舌、身、意六根对外界刺激所产生的生理和心理的反应。
"识蕴"本指心的缘虑、思维和了别功能，所谓"了别故名识"。虽然借现代
科学的表述，"受"类于感性，"识"类于"理性"，但石涛在借用这对佛学概
念时，其意不在此。他所谓的"识"，其实是"古者识之具"之识，是指前人
已有的知识技能的积累，相当于"学力""成见"等。石涛所说的"受"是画
家对天地万物直接的心理感受。如他论观海时，"山即海也，海即山也，山
海知我受也"的"受"，实质上是指画家的天赋、感受。石涛把"受"与"识"
辩证地统一起来，认为"受"先于"识"，而不能倒其序。画家若想取得创作
的成功，必须"尊受"，即尊爱自己对事物的亲身感受。从体验、感受出发，

---

① 石涛：《画语录·兼字章》。
② 石涛：《画语录·尊受章》。
③ 石涛：《画语录·尊受章》。

而不是从固有的技能、知识、法则出发。"知其受而发其识",先去体验、感受,不带任何框框,然后凭体验、感受去激发有关的技能、知识、法则。

综上所述,石涛"一画"论的核心还是重自我,重创造。那"一画"的"一"就是"我"。"我之为我,自有我在"①。石涛与大讲"圣人含道应物,贤者澄怀味象"的宗炳有很大不同。宗炳讲的"道",那才真正是老子所说的"道",它是一种客观的精神,存在于物之中。石涛讲的"一画"之"一"是画家自己的精神,主观的精神。石涛下面这段话说得很清楚:

> 天有是权,能变山川之精灵;地有是衡,能运山川之气脉;我有是"一画",能贯山川之形神。②

这段话中,"一画"处于与"天""地"平等的地位,"天""地"倒是老子说的那个"道",它是一种客观的力量;而出之于石涛("我")的那个"一画",显然是一种主观的力量。在石涛这里,作为主观精神的"一画",能贯通山川之形神,可见不是客观精神统率主观精神,而是主观精神统率客观精神。

石涛还说:

> 山川使予代山川而言也,山川脱胎于余也,予脱胎于山川也。搜尽奇峰打草稿也。山川与予神遇而迹化也,所以终归之于大涤也。③

在审美创作中,主客体有一个精神上互化的过程,客体(实存之山川)转化为主体("予脱胎于山川"),而主体又衍化出客体("山川脱胎于予")。这个过程,石涛用"神遇迹化"来概括。值得我们特别注意的是,在"神遇迹化"的过程中,主体的地位始终是主动的。"终归于大涤",即终归于"我",终归于我的"心",终归于"一画"。

石涛如此强调画家的主体性,强调个体精神的力量,是明代浪漫主义文艺思潮的继承和发展,同时也隐含有作为明之遗民不甘臣服的傲岸气概。

---

① 石涛:《画语录·变化章》。
② 石涛:《画语录·山川章》。
③ 石涛:《画语录·山川章》。

第三节　"眼中之竹""胸中之竹"与"手中之笔"

八大山人、石涛以下，清代绘画美学上较有建树的，当推郑燮。郑燮（1693—1765），字克柔，号板桥，江苏兴化人。曾官山东范县、潍县，后因关心民瘼、触忤上官而罢归。晚年客居扬州，为"扬州八怪"之一。

郑燮生活历康、雍、乾三朝，康熙秀才、雍正举人、乾隆进士。他青少年时，石涛等人尚在世，虽然没有直接的交往，但郑燮还是对屈大均、石涛、八大山人等遗民表示深挚的同情，有诗云：

国破家亡鬓总皤，一囊诗画作头陀。

横涂竖抹千千幅，墨点无多泪点多。①

郑板桥对石涛甚为仰慕，称：

石涛画兰不似兰，盖其化也；板桥画兰酷似兰，犹未化也。盖将以吾之似，学古人之不似，噫，难矣。②

当然，石涛他们那种郁烈的遗民情绪在郑燮那里已经淡化了，我们前面提到石涛以竹节明志，而郑燮也说"节"，所谓："不过数片叶，满纸浑是节。"但他说的"节"不是气节，而是拗直之个性。这话是针对流俗"甘言媚世"而发的。这就是郑燮一再强调的要"直摅血性"，"笔墨之外有主张"。③世称郑燮诗、书、画"三绝"，同时誉他有"三真"，所谓"真气""真意""真趣"。

郑燮论画，以师法造化、大气磅礴为旨归。无心点染，皆成天然图画，关键在于人独具只眼，他举一例：

余家有茅屋二间，南面种竹，夏日新篁初放，绿阴照人，置一小榻其中，甚凉适也。秋冬之际，取围屏骨子断去两头，横安以为窗棂，用

---

① 郑板桥：《题屈翁山诗札、石涛、八大山人山水小幅并白丁墨兰共一卷》，见《郑板桥集·诗钞》。

② 郑板桥：《陶风楼藏书画目》，见《郑板桥集·补遗》。

③ 郑板桥：《偶然作》，见《郑板桥集·诗钞》。

匀薄洁白之纸糊之。风和日暖，冻蝇触窗纸上，冬冬作小鼓声。于时一片竹影凌乱，岂非天然图画乎？凡吾画竹，无所师承，多得于纸窗、粉壁、日光、月影中耳。①

自唐代张璪提出"外师造化，中得心源"以来，中国绘画美学一直突出强调画家以一己之心力去体味摹写天地万物之姿态。明代王履也说"吾师心，心师目，目师华山"。入清以来，这一传统经八大山人、石涛承传于郑燮。他提出了一个"三大"说，所谓"大起造""大挥写"和"大古器"。前两者强调意象经营上要气魄雄沉，他说：

画大幅竹，人以为难，吾以为易。每日只画一竿，至完至足，须五七日画五七竿，皆离立完好。然后以淡竹、小竹、碎竹经纬其间。或疏或密，或浓或淡，或长或短，或肥或瘦，随意缓急，便构成大局矣。昔萧相国何造未央宫，先立东阙、北阙、前殿、武库、太仓，然后以别殿、内殿、寝殿、宫室、左右廊庑、东西永巷经纬之，便尔千门万户。总是先立其大，则其小者易易耳。一丘一壑之经营，小草小花之渲染，亦有难处。大起造、大挥写，亦有易处，要在人之意境何如耳。②

这里说的"意境"指审美主体的胸襟才力。郑燮像李渔一样以建筑为喻来论总体的结构。"大古器"本是针对那些金石古董类清玩而发的，郑燮指斥当时赏玩小摆设成风，而对儒家元典经义不甚了了，所谓"大古不肯好"③，"世间可宝贵者，莫欲《易象》《诗》《书》《春秋》《礼》《乐》，斯岂非世上大古器乎！"④郑燮提倡"大起造""大挥写""大古器"，目的在于批判那种格局拘小、斤斤一隅的时风流弊：

门馆才情，游客伎俩，只合剪树枝，造亭榭，辨古玩，斗茗茶，为扫除小吏作头目而已，何足数哉！何足数哉！⑤

---

① 郑板桥：《竹》，见《郑板桥集·题画》。
② 郑板桥：《郑板桥集·补遗》。
③ 郑板桥：《骨董》，见《郑板桥集·诗钞》。
④ 郑板桥：《与金农书》，见《郑板桥集·补遗》。
⑤ 郑板桥：《潍县署中与舍弟第五书》，见《郑板桥集·家书》。

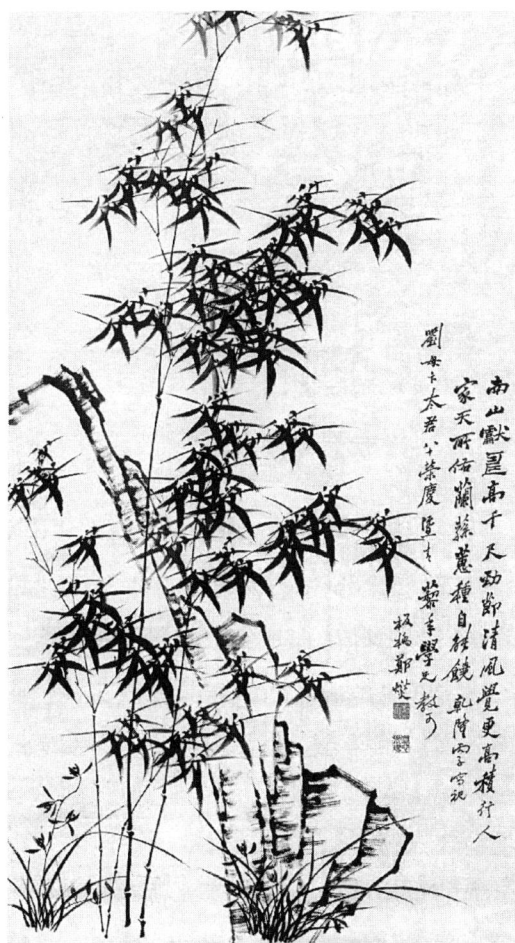

（清）郑板桥：《墨竹图》

郑燮崇尚元气淋漓的审美创造。他说："古之善画者，大都以造物为师。天之所生，即吾子所画，总需一块元气团结而成。"① 他认为在"大挥写"的状态下，能"脱古维新"，自出机杼，不论是"乱"还是"横涂竖抹"的"野"，都臻艺境：

> 近代白丁、清湘，或浑成，或奇纵，皆脱古维新特立。近日禹鸿胪画竹，颇能乱，甚妙。乱之一字，甚当体任，甚当体任。②

---

① 郑板桥：《郑板桥集·补遗》。

② 郑板桥：《郑板桥集·补遗》。

石涛画竹，好野战，略无纪律，而纪律自在其中。燮为江君颖长作此大幅，极力仿之。横涂竖抹，要自笔笔在法中，未能一笔逾于法外。甚矣，石公之不可及也！功夫气候，僭差一点不得。①

郑燮拈出一个"乱"字，为中国古典美学增添了一个新的范畴。他对这种以"乱"取"妙"、无法之法的艺术创造过程有精到的描述：

想当无意中，情（原文作"情"，疑"精"）神乍飘忽。傍无指授人，令作何体格。

胸无成见拘，摹拟反自失。②

爱看古庙破苔痕，惯写荒崖乱树根。画到精神飘没处，更无真相有真魂。③

郑燮的这些见解，都是继石涛以后中国绘画美学的宝贵遗产。

郑燮的画论还有两点值得注意：一是他对宋元以来文人画"写意"说的看法；二是对传统"成竹在胸"说的阐释。

宋元以来的文人画一直重视主体情趣的抒发，往往逸笔草草，以萧疏淡远为最高境界。不求形似，以意气为主，便成了文人画的标尺。苏轼就说："观士人画如阅天下马，取其意气所到。乃若画工，往往只取鞭策皮毛，槽枥刍秣，无一点俊发，看数尺许便倦。"④ 这种看法自有其依据，但又容易流为随意涂抹。金代王若虚就对此提出批评，云："妙在形似之外，而非遗其形似……世之人不本其实，无得于心，而借此论以为高。画山水者，未能正作一木一石，而托云烟杳霭，谓之气象。"⑤ 随着文人画的发展，"写意"说日见其炽，尤其是董其昌提出"南北宗"之说，把"写意"奉为正宗之后。画面效果推崇空灵、虚淡，成为风气。李日华说："绘事必以微茫惨澹为妙境，非性灵阔彻者未易证入，所谓气韵必在生知，正在此虚淡中所含意多

① 郑板桥：《竹》，见《郑板桥集·题画》。
② 郑板桥：《僧壁题张太史画松》，见《郑板桥集·诗钞》。
③ 郑板桥：《绝句二十一首·黄慎》，见《郑板桥集·诗钞》。
④ 苏轼：《又跋汉杰画山》，见《东坡题跋》下卷。
⑤ 王若虚：《滹南诗话》，见《滹南遗老集》卷三十九。

耳。"① 这样一来,在写实与写意间,推重写意;在有意与无意间,推重无意。持此论对于矫正当时细曲呆板的画风是很有意义的,但是一味提倡写意,完全摒弃写实功夫而流为肤泛浅浮,淡乎寡味,也是背离艺术规律的。郑板桥对此有尖锐的批评:

> 徐文长先生画雪竹,纯以瘦笔、破笔、燥笔、断笔为之,绝不类竹;然后以淡墨水钩染而出,枝间叶上,罔非雪积,竹之全体,在隐跃间矣。今人画浓枝大叶,略无破阙处,再加渲染,则雪与竹两不相入,成何画法! 此亦小小匠心,尚不肯刻苦,安望其穷微索渺乎! 问其故,则曰:吾辈写意,原不拘拘于此。殊不知"写意"二字,误多少事,欺人瞒自己,再不求进,皆坐此病。必极工而后能写意,非不工而遂能写意也。②

这一批评鞭辟入里,有破有立,尤其是最后一语,更是道出艺术真谛。上文引郑燮论石涛画竹,说它"略无纪律",并不是说它真的毫无法度地乱涂乱抹,而是"纪律自在其中"。写实毕竟是写意的基础,离此基础,便是空中楼阁。石涛疾呼"无法之法,乃为至法",但这"无法"毕竟还须自"有法"中来,它只不过是"有法"的升华。石涛在一幅题跋中曾就"点"法有过周详精到的描述。③ 他的艺术境界如郑板桥所赞叹的"甚矣,石公之不可及也",就是因为他是"极工而后能写意"。郑燮提出这一美学命题,是很富有启发性的。郑燮还对苏轼论文与可画竹时提出的"成竹于胸"的命题作了新的阐发,他说:

> 江馆清秋,晨起看竹,烟光、日影、露气,皆浮动于疏枝密叶之间。胸中勃勃,遂有画意。其实胸中之竹,并不是眼中之竹也。因而磨墨展纸,落笔倏作变相,手中之竹又不是胸中之竹也。总之,意在笔先者,

---

① 李日华:《紫桃轩杂缀》。

② 郑板桥:《竹》,见《郑板桥集·题画》。

③ "古人写树叶苔色,有深墨浓墨,成分字、个字、一字、品字、厶字,以至攒二聚五,梧叶、松叶、柏叶、柳叶等垂头、斜头诸叶,而形容树木、山色、风神态度。吾则不然,点有风雪两晴四时得宜点,有反正阴阳衬贴点,有夹水夹墨一气混杂点,有含苞藻丝缨络连牵点,有空空阔阔干燥没味点,有墨无墨飞白如烟点,有焦似漆邋遢秀明点。更有两点,未肯向学人道破。有没天没地当头劈面点,有千岩万壑明净无一点。"(《大涤子题画诗跋》)。

定则也；趣在法外者，化机也。独画云乎哉！①

这里提出"眼中之竹""胸中之竹"与"手中之竹"的区分，是对苏轼"成竹在胸"命题的深化。郑燮最后又说："独画云乎哉！"看来，这是艺术上有普遍意义的美学命题。按苏轼原意，他是称赏文与可笔法精熟，能将"胸中之竹"完好地写在纸上。他强调的是心手相应，这从他下文所说的"夫既心识其所以然而不能然者，内外不一，心手不相应，不学之过也"可以看出。苏轼这一看法有很深的理论渊源。古人谈艺，多持心、手、器三者相应乃至化通为一论，庄子讲庖丁解牛游刃有余，对后世影响很大。《列子》和《关尹子》也都谈到这个问题。如《关尹子》论操琴曰："非手非竹，非丝非桐；得之心，符之手；得之手，符之物。"② 这里的"符"，就是表达圆畅无碍，随心所欲。这一点对苏轼他们很有启发，苏轼说"心忘其手手忘笔"③，苏辙也说："忽手忘笔之在手与纸之前。"④ 看来，"成竹在胸"说主要是讲艺术表达的问题，目标是心手相忘，途径是熟能生巧。这种看法在清代也有人提，如傅山说：

　　吾极知书法佳境，第始欲如此而不得如此者，心手纸笔主客互有乖左之故。⑤

董其昌也说：

　　吾书无他奇，但姿法高秀，为古今独步耳。心忘手、手忘笔、笔忘法，纯是天真潇洒。⑥

这两者都是谈"心手相忘"的问题。郑燮的深化在于他突破主客二分的静态模式，进入一个更为复杂的艺术创造过程。他认为，有两对矛盾：眼

---

① 郑板桥：《竹》，见《郑板桥集·题画》。
② 《关尹子·三极》，此处心手相应论述参见钱锺书：《管锥编》第二册，中华书局1979年版，第507—509页。
③ 苏轼：《小篆般若心经赞》，见《东坡集》卷四十。
④ 苏辙：《墨竹赋》，见《栾城集》卷十七。
⑤ 傅山：《字训》，见《霜红龛全集》卷二十二。
⑥ 倪后瞻：《倪氏杂著笔法》引，见《明清书法论文选》，上海书店出版社1994年版，第423页。

中之竹与胸中之竹、胸中之竹与手中之竹。眼中之竹是在光影露气中浮动的自然之物。它通过激发主体的感受（"胸中勃勃，遂有画意"）而成为经主体心胸陶铸的主观图像，即意象。前者为客，后者为主。这一意象通过落笔即墨，又成为客观形象，即画像。郑燮提出的两对矛盾，第一对关系艺术构思，第二对关系艺术传达。过去的文艺理论重视艺术构思，比较忽视艺术传达。郑燮则强调"手中之竹"不是"胸中之竹"，艺术传达关系重大，不可忽视。这是一个重大贡献。

郑燮的卓异之处还在于：按关尹子等的说法，心手间的矛盾应该是和解的（"符"），当然也可能会出现心手不应、互有乖违的情况，但那属于表现技能的问题。意思是：技能高，就应该"得之心，符之手；得之手，符之物"。郑燮则不这样认为。他明确说"胸中之竹并不是眼中之竹"，"手中之竹又不是胸中之竹"。"符"是不可能的。没能取得"符"的原因不在"乖"，而在于"变"（"倏作变相"）。"乖"和"变"是有严格区分的。"乖"只是牴牾，或是龃龉不合；而"变"是出现了新的面貌形态。按苏轼的逻辑，如果心手相"符"的话，胸中之竹与手中之竹是一模一样的；如果两者相"乖"的话，手中之竹肯定不如胸中之竹（类似《周易》所说"书不尽言，言不尽意"，或刘勰讲的"气倍辞前"与"半折心始"）。而郑燮认为眼中、胸中、手中之竹肯定是不一样的，尤其是手中之竹，在复杂、精微的实际艺术表现过程中，会出现大的变形，这种变形是超越于"法"或"定则"之外的，也就是说往往奇妙、迅捷，会出现意想不到的审美效果（"趣"）。换言之，手中之竹有可能比胸中之竹和眼中之竹更为清秀、可爱。郑燮把这一"变"称为"化机"。应该说，这是对"胸有成竹"以及中国古代艺术创作理论中主客关系论一次大的深化和突破。

第四节　"笔境兼夺为上"

清代的绘画美学值得一谈的还有布颜图。布颜图，姓乌亮海氏，字啸山，号竹溪，蒙古人。布颜图不仅是著名的山水画家，在绘画理论上也很有成就。

他的《画学心法问答》是与弟子们讨论绘画的对话录,谈不上系统的专著,但是,在有些问题上,相当深刻,特别是在绘画境界问题上。

布颜图说:

> 山水不出笔墨情景,情景者,境界也。古云,境能夺人,又云:笔能夺境。终不如笔境兼夺为上。盖笔既精工,墨既焕彩,而境界无情,何以畅观者之怀?境界入情,而墨庸弱,何以供高牙雅之赏鉴?吾故谓笔墨情景,缺一不可,何分先后。①

这段话一是拈出"境界"这个概念。众所周知,境界主要用来表达人精神修养所达到的层次,也用在诗学中,标志着诗歌艺术形象的品位,通常又称为"意境",在画学中,很少见到境界这一概念,讲得最多的是气韵、传神等。境界进入画学,意思是不仅是诗歌的艺术形象,而且绘画形象也追求境界,这无异于说,境界是艺术美的定位,美就在境界。

那么,境界是如何构成的呢?布颜图提出四要素:笔、墨、情、景。情景是基本要素,故布颜图说:"情景者,境界也。"这种说法与诗学的说法是一致的,所不同的是,它还提出"笔墨",笔墨涉及两者:一是传达媒介,二是艺术家的主观情趣、创造才能。没有笔墨的保障,情景是不可能变成境界的。强调艺术家的主观因素特别是艺术才能在境界构造中的作用,是布颜图的重要贡献。

关于艺术家在创作境界中的作用,布颜图还提出"天机"论:

> 以上情景,能令观者目注神驰,为画转移者,盖因情景入妙,笔境兼夺,有感而通也。夫境界曲折,匠心可能,笔墨可取,然情景入妙,必俟天机所到,方能取之。悬缣楮于壁上,神会之,默思之,思之思之,鬼神通之,峰峦旋转,云影飞动,期天机到也。天机若到,笔墨空灵,笔外有笔,墨外有墨,随意探取,无不入妙,此所谓天成也。天成所成之画,与人力所成之画,并壁谛观,其仙凡不啻霄壤矣。

艺术家的才能、气质、心胸以修养的形式存在的时候,它只是审美的潜

---

① 布颜图:《画学心法问答》。

能，创造的潜能，必得有外力的触发，产生灵感，这一切有利因素才调动起来，积极地参与创造。这种机缘，布颜图称之为"天机"，实也就是"灵感"，或者说"审美直觉"，即王夫之说的"现量"。"天机"开启，神思畅达，妙绪自然而来，这样创作的作品，布颜图说是"天成"。天成之作，虽由人力，却宛如天工。

　　准确地说，境界，应是天机的产物，天成之作。

第 九 章

清代书法美学

    清代书法早期帖学盛行，崇尚妍美流便的书风。董其昌、赵孟頫相继走红前清书坛，"二王"地位至高无上。中期，碑学兴起，书风为之一变。以邓石如为代表的书法家崇尚北碑雄健劲挺之风，同时篆刻创作也空前活跃。书法、篆刻相互影响，从而使得当时的书法亦呈现出浓郁的金石味。在书法理论上，主要是碑学大昌，代表性理论家是阮元和包世臣，晚清还有康有为。刘熙载也是清代重要的书法理论家，他的书法美学兼容并包，对中华书学传统做了较好的总结。清朝的书法，各种风格大备，而在审美上推崇碑学、印学，主张金石入书、学术入书，强调汉字在意识形态中的重要地位，对于端正书风，具有重要意义。

第一节　碑学与帖学

    清代的书法美学主要围绕着碑学与帖学、书学与印学两个问题展开。两个问题有联系又有区别，下面分而论之。

    碑与帖经常连用，其实这是两个不同的概念。碑原义是没有文字的竖石，后来发展成为刻有文字的碑。刻石始于何时，已不可确知。河南安阳出土的商代石簋断耳上的十二个字是已发现的最早的石刻文字，其次是战国时期的《石鼓文》和《河光石刻铭》了。石刻文字通常出现在碑、碣、墓志上，也出现在崖壁上。内容很丰富，有的记载重大的政治、文化事件，有的记载死者身世、经历，有的录下佛经、儒经，有的是咏名胜古迹的诗词、题词，等等。自先秦以来历代均刻碑，又尤以南北朝中的北朝为盛。同一时代的南朝则刻碑甚少。北朝刻石文字相当精美，尤其是楷书可谓尽善尽美。通常谈碑学，均以北朝的碑刻为代表。

"帖"，《说文解字》释为"帛书也"，指写在帛上的字，后出现了纸，字也写在纸上。写在纸上的字亦称帖。后来帖专指那些可用来作为写字楷模的名家书法手迹。为了满足更多的人学习书法的需要，帖也刻在木、石之上，这叫刻帖。刻帖始于何时，亦难确考，相传《乐毅论》小楷石本，是王羲之亲自书刻。宋代帖学大盛。宋太宗命王著刻《淳化秘阁法帖》于枣木，王公大臣无不宝之。帖学流传，世代相承。中国的书法就是在临帖、学习古人的过程中向前发展着的。

清代初期的书法以"帖学"为主。康熙推崇董其昌的书法；乾隆时，赵孟頫又红极一时。虽然也出现一些有成就的书法家，但总的来说，缺乏创造性，已经走上穷途末路了。康有为在《广艺舟双楫》中说："国朝帖学，荟萃于得天（张照）、石庵（刘墉），然已远逊于明人，况其他乎！"这个说法是符合实际的。

到清代中期，"碑学"兴起。有识之士抛弃帖学，转而向北碑吸取营养。这时出土的金石文物甚多，为书家提供了丰富的研究实物，殷周的青铜器款识、秦诏汉碑、北魏造像、摩崖石刻等大大开阔了书法家的心胸和艺术视野。特别是晚清甲骨文的发现，更是为清代的书法创造了有利的条件。

清代"碑学"的代表人物是邓石如。邓石如（1743—1805），初名琰，字顽伯，号完白山人，安徽怀宁人，不事科举，专研书法，是清代最为重要的篆刻家、书法家。他精研历代碑刻，尤其注重从秦汉、北魏的碑刻中吸取阳刚之气。

他说：

余初以少温为归，久则审其利病。于是以《国山》石刻、《天发神谶》

文、《三公山碑》作其气,《开母不阙》致其朴,《之罘》二十四字端其神,《石鼓文》以畅其致,彝器款识以尽其变,汉人碑额以博其体,举秦、汉之际残碑断碣,靡不悉究。①

在书法理论上先有阮元,后有包世臣、康有为为碑学鼓噪。

阮元(1764—1849),字伯元,号云台、雷塘庵主,晚号怡性老人、擘经老人,江苏仪征人。乾隆五十四年(1789)进士,官至体仁阁大学士。阮元书法理论方面的著作主要有《南北书派论》和《北碑南帖论》。

被明月兮佩宝璐
驾青虬兮骖白螭　　　　　(清) 邓石如篆刻

阮元对宋朝以来书坛尊帖成风、竞送姿媚,以致笔墨纤弱十分不满。为此,他详细考证南北书派分流的历史,明确表示鄙南崇北的思想倾向,他对南派以"二王"为代表的书法评之为"世族风流,譬之麈尾、如意",明显露出轻视之意。他甚至认为欧阳询、褚遂良"以己法参入王法"摹写的《兰亭》可能比王羲之的原本要好。"若全是原本,恐尚未必如《定武》(欧阳询

---

① 转引自吴育:《完白山人篆书双钩记》。

的摹本) 动人"①。对于北派书法,阮元则给予由衷的赞美,很高的评价:

北朝望族质朴……然其笔法劲正道秀,往往画石出锋,犹如汉隶。②

北派则是中原古法,拘谨拙陋,长于碑榜。③

欧阳询书法,方正劲挺,实是北派。试观今魏齐碑中,格法劲正者,即其派所从出。④

唐之殷氏、颜氏并以碑榜隶楷世传家学。王行满、韩择木、徐浩、柳公权等,亦各名家,皆由沿习北法,始能自立。⑤

阮元将欧阳询、颜真卿、柳公权、褚遂良等优秀书法家都归入此派。他赞美北派书法的主要在它的气势、力量,在它的阳刚之美。

阮元的书法美学观点为稍后的包世臣所发展。包世臣 (1775—1855),字慎伯,号倦翁,安徽泾县人,清代著名书法家、书法理论家。包世臣是邓石如的弟子,亦是碑学的大力提倡者。他的论书名著《艺舟双楫》是一部影响甚大的书法美学著作。康有为甚为推崇包世臣的书学,他的论书专著《广艺舟双楫》书名就是承包世臣的《艺舟双楫》而来。

包世臣对北朝书法大加赞扬:

北朝人书,落笔峻而结体庄和,行墨涩而取势排岩。万毫齐力,故能峻;五指齐力,故能涩。分隶相通之故,原不关乎迹象,长史之观于担夫争道,东坡之喻以水上撑船,皆悟到此间也。⑥

这里所赞扬的是北朝书法力量的美,这种力量的美又归结为"落笔峻"和"行墨涩"。这"落笔峻"与"行墨涩"与刘熙载说的字有"果敢之力""含忍之力"是相通的。关于"涩",刘熙载也有很好的论述。他说:"用笔者皆

① 阮元:《复程竹盦编修邦书》。
② 阮元:《南北书派论》。
③ 阮元:《南北书派论》。
④ 阮元:《南北书派论》。
⑤ 阮元:《北碑南帖论》。
⑥ 包世臣:《艺舟双楫·历下笔谭》。

习闻涩笔之说，然每不知如何得涩。惟笔方欲行，如有物以拒之，竭力而与之争，斯不期涩而自涩矣。涩法与战掣同一机窍，第战掣有形，强效转至成病，不若涩之隐以神运耳。"①

颂扬书法力之美，其源可溯蔡邕。蔡邕正是以力为中心范畴建立起他的书法美学体系的。包世臣在新的形势下重提书法力的美，主要是为了批判自明以来柔靡纤弱的书风。在这点上，他与阮元是完全一致的。与阮元有所不同的是，阮元推崇北碑，鄙视"二王"，而包世臣则将北碑与"二王"相提并论。他回顾自己学书经历，说："余书得自简牍，颇伤婉丽。甲子遂专习欧、颜碑板，以壮其势而宽其气。"②"简牍"即"帖"，包世臣早年受过帖学熏陶，对此他有所批判，亦有所保留。应该说包世臣这种态度比较恰当。

包世臣在书学上也有新的贡献，这主要表现在提出"气满"说。《艺舟双楫》中有这样一段话：

> 问：先生常言左右牝牡相得，而近又改言气满，究竟其法是一是二？
>
> 作者一法，观者两法。左右牝牡，固是精神中事，然尚有形势可言。气满，则离形势而专说精神，故有左右牝牡皆相得而气尚不满者，气满则左右牝牡自无不相得者矣。言左右，必有中，中如川之泓，左右之水皆摄于泓，若气满则是来源极往，满河走溜，不分中边，一目所及，更无少欠阙处。然非先从左右牝牡用功力，岂能倖致气满哉！气满如大力人精通拳势，无心防备，而四面有犯者无不应之裕如也。③

包世臣的"气满"说包含笔力说，但内容丰富许多。它"专说精神"，实又不能离开"形势"。故"气满则左右牝牡自无不相得者矣"。"满"是指精神饱满，包世臣用"满河走溜，不分中边，一目所及，更无少欠阙"来比喻。字的精神饱满虽不等于形的饱满，但与形的饱满不能没有关系，这对尚瘦的书法是个冲击。"气满"既见之于一字，也见之于整幅字。一幅字如弥漫

① 刘熙载：《艺概·书概》。
② 包世臣：《艺舟双楫·述书上》。
③ 包世臣：《艺舟双楫·答熙载九问》。

一种强大的生命力量,那就是"气满"了。

在书法理论上,康有为(1858—1927)继续高举尊碑的旗帜。在《广艺舟双楫》中他较之包世臣更为详尽地论述北碑的特征,他指出:

> 北碑当魏世隶、楷错变,无体不有,综其大致,体庄茂而宕以逸气,力沉著而出以涩笔,要以茂密为宗。①

康有为高度评价将魏碑艺术:

> 北碑莫盛于魏,莫备于魏。盖乘晋宋之末运,兼齐梁之风流,享国既永,艺业自兴。孝文黼黻,笃文术,润色鸿业,故太和之后,碑板尤盛,佳书妙制,率在其时。延昌正光,染被斯畅,考其体裁俊伟,笔气深厚,恢恢乎有太平之象。②

> 凡魏碑,随取一家,皆足成体,尽合诸家,则为具美。③

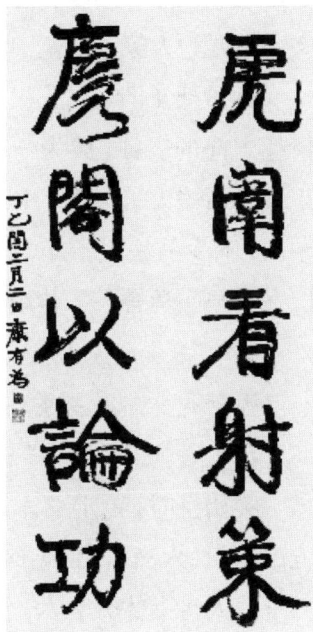

康有为书法

---

① 康有为:《广艺舟双楫·体变第四》。
② 康有为:《广艺舟双楫·备魏第十》。
③ 康有为:《广艺舟双楫·备魏第十》。

作为北碑代表的魏碑虽然以刚劲为特点，但并不一味刚劲，康有为说："虽南碑之绵丽，齐碑之逋峭，隋碑之洞达，盖涵盖渟蓄，蕴于其中。"其实，在康有为看来，北碑的美主要在精神，在外形上它刚柔相济，雍容大气，是一种综合性的美。

推崇雄健、厚重、朴拙的书风是清代书法美学一大贡献。

第二节　书学与印学

从中国书法的源头来看，书法与篆刻是合而为一的。中国最早的文字是刻在兽骨和龟甲上的，名曰甲骨文；随后出现的金文是刻在青铜器的内壁或底部的。殷周青铜器上的文为大篆，亦称籀文。秦统一中国后，李斯奉命统一文字，省其繁重，改其怪奇，将线条美化，是为小篆。中国治印的文字主要为大篆、小篆。印，按《说文解字》："执政所持信也。"印在中国本是一种重要工具，它是权力、职责、荣誉、姓氏的符号，后来发展成精印者情趣志向的表征，成为一种艺术。方寸之间，大千气象。印为中国广大知识分子所爱好。绘画、书法作品缺少一方印，则这幅作品就没有完成。在中国，不少书法家治印，而治印者都有良好的书法修养。傅抱石先生对中国书学与印学合一的传统有深刻的论述。他说：

> "篆"即是书法，"刻"即是雕刻，以线条为生命的中国文字，对于雕刻是非常适宜的，所以书法和雕刻的综合，在中国虽尚有其它的表现方式，然没有比"篆刻"更纯粹、更彻底、更精彩的。①

秦始皇时，更定书体为八：一曰大篆，二曰小篆，三曰刻符，四曰虫书，五曰摹印，六曰署书，七曰殳书，八曰隶书。"八体"以大小二篆为主。汉代甄丰等人将书体分为六，名"六书"。六书：一曰古文，二曰奇文，三曰篆书，四曰左书，五曰缪篆，六曰鸟虫书。缪篆是治印的主要文字。颜师古曰："缪

---

① 傅抱石：《中国篆刻史述略·绪论》，《傅抱石美术文集》，江苏文艺出版社 1986 年版，第254 页。

篆,谓其文屈曲缠绕,所以摹印章也。"

　　随着历史的发展,书学与印学发生分化。书重秀,印重朴。赵孟頫其书法公认为秀润蕴藉的,但他论印,仍以古雅质朴为主。他说:

　　　　采其尤古雅者,凡摹得三百四十枚,且修其考订之文,集为《印史》,汉魏而下,典型质朴之意,可仿佛见之。①

　　印学在其发展过程中形成许多流派,自成系统。到清代,印学大盛,出现七个学派:皖、歙、浙、邓、黔山、吴、赵。其中最重要的是邓派,邓石如是这个学派的创始人。邓散木先生评邓石如篆刻:"篆法以圆劲胜,戛戛乎独造,无几微践人履迹。后人谓其书从印入,印从书出。"②

　　感于清代书苑帖学盛行,笔力纤弱,邓石如等有识之士遂援印济书,于是,质朴刚健的金石风格进入书法。邓石如还将碑学与印学贯通起来。"以汉碑入汉印"③,开创一代新的印风。

　　邓石如在书法上的成就受到他的弟子包世臣的高度推崇:

　　　　怀宁布衣邓石如顽伯,篆、隶、分、真、狂草,五体兼工,一点一画,若奋若搏,盖自武德以后间气所钟,百年来书学能自树立者,莫或与参。非一时、一州之所得专美也。④

　　在包世臣的"国朝书品"中,邓石如书评为神品,为最高品级,而且神品就只邓石如一人。⑤

　　清代晚期书法依然兴盛,名家林立,流派竞秀。当时凡优秀的书法家都既精于书法,又精于篆刻,从而使得当时的书法艺术呈现出浓郁的金石味。其中成就最大的应数何绍基、吴昌硕。

　　何绍基(1799—1873),湖南道县人,生长于书香家庭,其父何凌汉官至户部尚书,书法上很有造诣,主要是走颜真卿、柳公权一路,强调书法的

---

① 赵孟頫:《印史序》。
② 邓散木:《篆刻学》,人民美术出版社 1979 年版,第 58 页。
③ 吴让之:《吴让之印存·序》。
④ 包世臣:《艺舟双楫·论书十二绝句》之十二自注。
⑤ 包世臣:《艺舟双楫·国朝书品》。

骨力与气概,何绍基书法受父亲影响很深。何绍基原来致力于帖学,尤其喜爱《争座位帖》,后来转而用功北碑,与包世臣一样,他也推崇邓石如,说是"见邓石如先生篆、分及刻印,惊为先得我心"[①]。在书法理论上,他主张引篆、隶入楷,以增加楷书的柔韧。他说:

余既性嗜北碑,故模仿甚勤,而购藏亦富。化篆、分入楷,遂尔无种不妙,无妙不臻。[②]

何绍基的书法早年以行书成就最高,他的行书中因为引篆、隶入书,有一种生拙的金石意味,而这种意味正是他所要追求的。晚年他主要精力用在篆书,他特别喜欢篆书的苍劲古朴,将金石味充分体现在他所书的篆书之中,耐人品赏。

吴昌硕(1844—1927)是晚清至民国重要的书画家、篆刻家。他早年致力临写《石鼓文》,可以说《石鼓文》打下了他书法的基本品格。《石鼓文》是我国最早的石刻文字,刻在十个鼓形石上。每石是一首四言诗,内容是咏秦国国君游猎之事,故又称"猎碣"文字。《石鼓文》线条匀整圆润,严谨刚健,笔道遒劲,浑厚朴茂,是入手大篆的极佳范本。明代朱简在《印章要论》中说:"《石鼓文》是古今第一篆法。"吴昌硕的书法风格与《石鼓文》基本一致,但增加一种解放感与自由感,狂野、自由、老辣。

吴昌硕书、画、印无所不能。在他的手下,书、画、印一气相通,书中有画,书中有印。

吴昌硕于篆书情有独钟,他的篆书不仅融融隶、行、草于内,而且与篆刻相通,透显出坚实厚重的金石味。

吴昌硕论书法,有两个重要概念:"气"和"骨"。曹丕《典论·论文》提出"文以气为主",书也如此。吴昌硕在临《石鼓文》时,说"临气不临形"。他说的"气",不是别的,就是生命的精神。吴昌硕也重视"骨",他喜欢用铁来做比喻,说"骨"是"苦铁""生铁""铮铮之铁"。他说骨若"苦铁",是

① 何绍基:《书邓完伯先生印册后,为守之作》。
② 何绍基:《跋魏张黑女墓志拓本》。

强调书法要有沧桑味,以见出生命的顽强与艰辛;他说骨若"生铁",是强调书法要有毛糙感,有青春味,以见出生命的奋进与勇气。骨与气是相通的,都是生命精神,如果要说有什么不同,则是"气"更多指生命的灵动感、韵味感,而"骨"则更多的是生命的力量感、坚实感。

第三节　书学与学术

在中国古代社会,写字人有两种:一种是将字作为工具的人,以之为谋生的饭碗,在衙门有书吏;在民间,有专为人代笔写字的穷书生。另一种是学者,他们一般有自己的职业,多在政界,也有的在从事学术研究或文学创作。其中,从事学术研究的人最注重字中的学术味。字中的学术味涉及面广,其中最接近字本体的是文字学和金石学。

文字学亦称小学,是研究汉字音义形关系、汉字字形建构、汉字演变过程的学问。东汉学者许慎的《说文解字》是文字学经典。几乎所有称得上书法家的学人,没有不重视《说文解字》的。虽然如此,由于《说文解字》印行不易,社会上流传的《说文解字》很少。值得我们注意的是,《说文解字》在清朝遇到了前所未有机遇。乾隆初年,扬州盐商、藏书家马白珺费资印行《说文解字》,此后,安徽学政朱筠重新校订并刊印此书。一时许多学者以拥有一部《说文解字》而自豪。在研读的过程中,一些学者发现此书的一些缺陷以及流传翻刻过程所产生的谬误,试图去纠正它,弥补它,进而又发现一些文字学上问题,又将它与书法联系起来,逐渐地,治《说文解字》成为治书人的基本功课。

《说文解字》的研究,以段玉裁(1735—1815)的成就最高,最重要成果是《说文解字注》。就直接对书法的影响来说,文字学最重要,但与文字学相关的音韵学其实也很重要,清代学者顾炎武、戴震、王念孙、王引之等均在音韵学上作出诸多贡献。汉字形、音、义三者合一。书法重字形,重字义,也重音韵。书法的最高审美品格是音乐之美——无声的音乐之美。懂汉语的人欣赏书法,不只是欣赏书之形、书之义,也在欣赏书之音。除了字音,书法作品中的笔画、章法所形成的韵律之美，也是让人心摇神动的。

文字学与金石学有必然联系，中国古代诸多的文字是刻在甲骨、钟鼎、石头上的。清代不少学问家对金石学感兴趣。他们研究金石学，目的是多元的：或为了研究历史，或为了书法。毕竟甲骨文、钟鼎文或是碑刻文字，是最早的汉字，是汉字之源。

文字学、金石学与书法结缘在两支队伍中进行，一支队伍主要是书画家，也是学者，这支队伍中，著名的有金农、丁敬等；另一支队伍，主要是学者，亦是书家，这支队伍中，著名的有翁方纲、钱大昕、阮元、段玉裁等。文字学家段玉裁于书法特别用心，他著有《述笔法》，详细地记载名书家张照、梁巘、水瑝等人执笔的方法。

文字学、金石学都深入地介入书学。金石学的介入影响更大，工作主要从三个方面展开：一是考据。以碑文内容补证史书记载的缺失。钱大昕（1728—1804）是这一工作的杰出代表。二是搜罗，主要是搜集著录古旧碑板文字，这方面，黄易（1744—1802）是杰出代表。黄易曾参与《四库全书》编纂，与翁方纲、钱大昕等交往甚深。他最喜访求金石碑板，在山东收获最丰。乾隆五十一年（1786），他在山东嘉祥县访得汉《武班碑》《武氏石阙铭》《武梁祠画像石》，并在其地建室保护。三是研究。主要是研究碑板文字的书法特点、碑板的质量、拓本的新旧等。翁方纲（1733—1818）是这一方面的杰出代表。翁方纲是乾隆朝著名的文学家、史学家、经学家、书法家。在诗学上，他创"肌理说"，在金石学上，他著有《两汉金石记》《粤东金石略》《汉石经残字考》《焦山鼎铭考》等著作。

金石学对于书法全方位的介入，让越来越多的书法家感到要真正学好书法，必须要向最早的刻在甲骨、钟鼎、石头上的文字学习，从中获得中国书法的神韵，这种倾向形成一股潮流，导致帖学的衰落，碑学的异军突起。这一书法变革的领军人物是清朝中期著名学者阮元。

阮元仕宦乾隆、嘉庆、道光三朝。他进士出身，先后在礼部、兵部、户部、工部供职，出任过山东、浙江学政，浙江、江西、河南巡抚，漕运总督，湖南总督、两广总督、云贵总督，体仁阁大学士，致仕后又获赠太傅。他在书学上的重要贡献是提出"南北书派"论和"北碑南帖"论。南北是不是书派分野的根据,其实并不重要,阮元此论的基本立场是为北派以阳刚为基本风格的书法张目。

阮元崇碑,骨子深处是对书神圣地位的肯定,在他看来,书不只是传达思想情感的工具,也不只是取悦读者感官的玩物。他说:"古石刻纪帝王功德,或为卿士铭德位,以佐史学,是以古人书法未有不托金石以传者。"① 书既然承担如此重要社会功能,岂能只以工具、玩具视之! 阮元认为,看书法不能只看外形的美丽。他说:"北朝族望质朴,不尚风流,拘守旧法,罕肯通变,惟是遭时离乱,体格猥拙,然其笔法劲正遒秀,往往画石出锋,犹如汉隶。"②

进一步深究阮元论书的立场,还能看出,阮元不仅希望金石入书,而且希望学术入书。阮元是清朝中期最重要的学术大家,不仅精于金石学、文字学,而且精于经学、史学、诗学、天文学、历算学、数学、地理学、文献学、校勘学、编纂学等等,撰有《十三经注疏校勘记》《揅经室集》《小沧浪笔谈》等 30 余种著述,学界评论他"汇汉宋之全,拓天人之韬,泯华实之辨,总才学之全"。阮元论书的背后的真实立场是学术入书,书法不仅要求形式是具有一定观赏性,更重要的要见出书者博厚的学养与高尚的品德。

---

① 阮元:《北碑南帖论》。
② 阮元:《南北书派论》。

第 十 章
清朝园林美学思想

    中国的园林艺术到清代已达到顶峰。江南扬州、苏州、杭州一带的私家园林，争妍斗巧，风格各异；而皇家园林则更见气派。北京的颐和园、承德的避暑山庄，是中国古典园林艺术集大成的作品，"较之汉、唐离宫别苑，有过之无不及也"[①]。至于被誉为"万园之园"的圆明园不只是集中华古典园林艺术之精华，而且吸收了西方园林艺术的优点，是中西融合的成功范例。一个法国传教士由衷地赞美圆明园："真人世间之天堂也！……世传之神仙宫阙，唯此堪比拟也！"[②]清代园林艺术更多地体现在实物上，理论上的概括相对就比较弱。最重要的园林美学著作是李渔的《闲情偶寄》中的《居室部》。叶燮的《滋园记》《假山说》《二取亭记》也有一些很不错的园林美学思想。曹雪芹的《红楼梦》虽是小说，其中关于大观园的描写亦可看成曹雪芹的园林美学思想。

    中国的园林在明清两代达到顶峰，园林作为人类理想的居住环境，宫殿作为天子的居住与办公的场所，集中反映了中国主流文化的方方面面，其中的美学意味与主要体现在纯艺术中的美学思想可以互相呼应，然又另

---

① 乾隆：《避暑山庄后序碑》。

② 《圆明园资料集》，书目文献出版社1984年版，第114页。

具特色。

第一节　李渔的园林美学思想

　　清代的园林美学承接明代。当时的一些画家、诗人、小品文作家、小说家如恽南田、钱澄之、张潮、曹雪芹等①，都通过不同的方式发表过一些见解。这些见解都是零散的，若论理论的系统和周密，都无法与明代计成的《园冶》相比。唯有李渔在《闲情偶寄》专辟《居室部》，较为集中地发表了一些美学见解。

　　与曲论一样，李渔的园林美学也是他丰富的实践和艺术经验的总结。他自己营造过"伊川别业"和"芥子园别业"。他把治园与作曲并称为自己的两大"绝技"：

　　　　予尝谓人曰："生平有两绝技，自不能用，而人亦不能用之，殊可惜也。"人问："绝技维何？"予曰："一则辨审音乐，一则置造园亭。性嗜填词，每多撰著，海内共见之矣。设处得为之地，自选优伶，使歌自撰之词曲，口授而躬试之，无论新裁之曲，可使迥异时腔，即旧日传奇，一概删其腐习而益以新格，为往时作者别开生面，此一技也。一则创造园亭，因地制宜，不构成见，一榱一桷，必令出自己裁，使经其地入其室者，如读湖上笠翁之书，虽乏高才，颇饶别致……"②

　　李渔肯定了园林建筑与文学艺术之间内在的一致性，所谓："人之葺居治宅，与读书作文同一致也。"③这种"一致"表现在哪里呢？李渔认为两者都必须遵循同样的规律。文学艺术的一些法则也通用于园林建筑。他说：

---

① 　关于恽南田、钱澄之的见解可参见陈从周《说园》。曹雪芹的观点集中在《红楼梦》第17回《大观园试才题对额》。张潮《幽梦影》云："园亭之妙在丘壑布置，不在雕绘琐屑，往往见人家园亭、屋脊墙头雕砖镂瓦，非不穷极之巧，然未久即坏，坏后极难修葺，是何如朴素之为佳乎？"

② 　李渔：《闲情偶寄·居室部·房舍第一》。

③ 　李渔：《闲情偶寄·居室部·房舍第一》。

予遨游一生,遍览名园,从未见有盈亩累丈之山,能无补缀穿凿之痕,遥望与真山无异者。犹之文章一道,结构全体难,敷陈零段易。唐宋八大家之文,全以气魄胜人,不必句栉字篦,一望而知为名作。以其先有成局,而后修饰词华,故粗览细观,同一致也。若夫间架未立,才自笔生,由前幅而生中幅,由中幅而生后幅,是谓从文作文,亦是水到渠成之妙境……书画之理亦然。名流墨迹,悬在中堂,隔寻丈而观之,不知何者为山,何者为水,何处是亭台树木,即字之笔画,杳不能辨,而只览全幅规模,便足令人称许。何也?气魄胜人,而全体章法之不谬也。①

"先有成局"的观点与他在《词曲部》中提出的"结构第一"是很近似的。李渔把诗、画之理通诸园林,是很有见识的。在这方面,他提出以下几点看法:

一、"自出乎眼"

李渔以作文为例:

譬如治举业者,高则自出手眼,创为新异之篇;其极卑者,亦将读熟之文移头换尾,捐益字句而后出之,从未有抄写全篇,而自名善用者也。乃至兴造一事,则必肖人之堂以为堂,窥人之户以立户,稍有不合,不以为得,而反以为耻。……其立户开窗,安廊置阁,事事皆仿名园,纤毫不谬。噫!陋矣。②

二、雅俗俱利

李渔称:"径莫便于捷,而又莫妙于迂。凡有故作迂途以取别致者,必另开耳门一扇,以便家人之奔走,急则开之,缓则闭之,斯雅俗俱利而理致兼收矣。"③

---

① 李渔:《闲情偶寄·居室部·山石第五》。
② 李渔:《闲情偶寄·居室部·房舍第一》。
③ 李渔:《闲情偶寄·居室部·房舍第一》。

三、贵精不贵丽

李渔说：

> 土木之事，最忌奢靡。匪特庶民之家，当崇俭朴，即王公大人，亦当以此为尚。盖居室之制，贵精不贵丽，贵新奇大雅，不贵纤巧烂漫。[①]

四、宜简不宜繁，宜自然不宜雕斫

李渔说：

> 柱不宜长，长为招雨之媒；窗不宜多，多为匿风之薮。务使虚实相半，长短得宜。[②]

李渔并以窗棂为例，说："凡事物之理，简斯可继，繁则难久。顺其性者必坚，戕其体者易坏。木之为器，凡合榫使就者，皆顺其性以为之者也。雕刻使成者，皆戕其体而为之者也，一涉雕镂，则腐朽可立待矣……但取其简者、坚者、自然者变之，事事以雕镂为戒，则人工渐去，而天巧自呈矣。"[③]

以上四点尤其是最后提出的"天巧自呈"，是很有美学意味的。"天巧"一词，语出韩愈《答孟郊》一诗："文字觑天巧。"它侧重师法造化，模写自然而言。造化虽备众美，但终究不能十全十美，故需人们一番简择取舍之功。李渔举一实例明之：

> 己酉之夏，骤涨滔天，久而不涸，斋头淹死榴橙各一株，伐而为薪，因其坚也，刀斧难入，卧于阶除者累日。予见其枝柯盘曲，有似古梅，而老干又具盘错之势，似可取而为器者，因筹所以用之。是时栖云谷中，幽而不明，正思辟墉，乃幡然曰："道在是矣。"遂语工师，取老干之近直者，顺其本来，不加斧凿，为窗之上下两旁，是窗之外廓具矣。再取枝柯之一面盘曲，一面稍平者，分作梅树两株，一从上生而倒垂，一

---

① 李渔：《闲情偶寄·居室部·房舍第一》。
② 李渔：《闲情偶寄·居室部·房舍第一》。
③ 李渔：《闲情偶寄·居室部·窗栏第二》。

从下生而仰接。其稍平之一面,则略施斧斤,去其皮而向外,以便糊纸。其盘曲之一面,则匪特尽其天,不稍戕斫,并疏枝细梗而留之。既成之后,剪彩作花,分红梅绿萼两种,缀于疏枝细梗之上,俨然活梅之初着花者。同人见之,无不叫绝。①

李渔将此数茎枯木做的天然梅窗,称为"生乎制作之佳,当以此为第一"。究其因,就是它达到了李渔"天巧自呈"的审美理想。试想,这刀斧难入卧阶挡道的枯树,本来是欲去之而后快的废物,毫无美姿可言。但一经作者的思悟,能"觑"其有古梅盘错之势,有天然成窗之巧妙处在。此"天巧"一经"觑"破,就可以顺其本来,略加斧斤,尽全其天,制作天然之牖。李渔通过具体的艺术实践而提出"天巧自呈"的美学主张,是很有深度和说服力的。

李渔上述的见解是以"天人合一"这一中国古典美学最基本的精神为核心的。李渔曾说:

> 李子遨游天下,凡四十年,海内名山大川,十经六七,始知造物非他,乃古今第一才人也。于何见之,曰:见于所历之山水。洪蒙未辟之初,蠢然一巨物耳,何处宜山,何处宜江宜海,何处当安细流,何处当成巨壑,求其高不干枯,卑不泛滥,亦已难矣,矧能随意成诗,而且为诗之祖,信手入画,而更为画之师,使古今来一切文人墨客,歌之咏之,绘之肖之,而终不能穷其所蕴乎哉? 故知才情者,人心之山水;山水者,天地之才情。②

李渔把天地之大美的造化看作是美的最高形式,肯定人与造化神游合一是美的真谛所在,并把造化视为古今第一才人,应该说是个卓异的美学见解。李渔将这种"天人合一"的思想融入他的园林美学,提出"一花一石,位置得宜,主人神情已见乎此矣"③的观点。这里最值得一提的是他的"借景"说。

---

① 李渔:《闲情偶寄·居室部·窗栏第二》。
② 李渔:《笠翁文集·梁冶湄明府西湖垂钓图赞》。
③ 李渔:《闲情偶寄·居室部·山石第五》。

　　"借景"说在计成的《园冶》中已有论述。计成对借景的方式以及它所表现的审美效果有翔实的说明。李渔的建树在于：他不仅将借景的应用范围相应扩大了，而且更重要的是他对借景的美学特质作了深刻的分析。他说：

　　　　开窗莫妙于借景，而借景之法，予能得其三昧。……向居西子湖滨，欲纳湖舫一只，事事犹人，不求稍异，止以窗格异之。人询其法，予曰：四面皆实，犹虚其中，而为便面之形。实者用板，蒙以灰布，勿露一隙之光。虚者用木作框，上下皆曲而直其两旁，所谓便面是也，纯露空明，勿使有纤毫障翳。是船之左右，止有二便面，便面之外，无他物矣。坐于其中，则两岸之湖光、山色、寺观、浮屠、云烟、竹树，以及往来之樵人、牧竖、醉翁、游女，连人带马，尽入便面之中，作我天然图画，且又时时变幻，不为一定之形。非特舟行之际，摇一橹变一象，撑一篙换一景，即系缆时风摇水动，亦刻刻异形。是一日之内现出百千万幅佳山佳水，总以便面收之，而便面之制，又绝无多费，不过曲木两条，直木两条而已。世有捧尽金钱求为新异者，其能新异若此乎？此窗不但娱己，兼可娱人；不特以舟外无穷之景色摄入舟中，兼可以舟中所有之人物并一切几席杯盘射出窗外，以备来往游人之玩赏。何也？以内视外，固是一幅便面山水，而从外视内，亦是一幅扇头人物。……同一物也，同一事也，此窗未设以前，仅作事物观，一有此窗，则不烦指点，人人俱作画图观矣。①

　　李渔所说的"便面"，其实就是两个扇形的船窗，它制作简便，但起到的审美效应却是巨大的，里里外外，一静一动，都构成一幅幅天然图画，这就是上文所强调的"天巧自呈"。这一借景是通过"隔"（便面）的方式臻至"不隔"（纯露空明）之境。随着视点的转移或置换（以内视外，从外视内），舟内之人不仅是风景的鉴赏者，而且也融入整个风景中成为风景的一部分，成为别人的审美对象。反之亦然。这一对借景所作动态的、双向

————————

① 李渔：《闲情偶寄·居室部·窗栏第二》。

式的审美考察,是李渔的一个创见。比起计成把借景静态化、单向式地分为"远借""邻借""俯借""应时而借"要高明得多。同时,李渔又从"天巧自呈"这一审美理想出发,指出通过"便面"简单构制,使"舟外无穷之景色摄入舟中",舟中之一切又"射出窗外",实质上提出了中国古典美学中的意境问题。这一"便面"的美学特质,仿用王夫之评诗的说法,就是:广摄四旁,而风景自显;风气所射,四表无穷,空明处皆景色也。这"摄"和"射"都通过一个极其简易但又极富匠心的扇形窗来完成,而其出入的容量又极其宏大,是"无穷之景"和"一切之物"。因而,这是有限中包含着无限。这样看来,这一借景之"便面"就是一首富有深广意境的唐诗。李渔对"借景"所作的美学分析是独到而深刻的,他实质上已明确指出,中国园林美学中的借景说,是中国古典美学中的意境学说在园林建筑艺术中的具体应用。

第二节　中国古典园林的美学精神

中国古典园林在清代臻于成熟。这种成熟与中国古典美学在清代进入总结期是一致的。从某种意义上讲,中国古典美学的精髓集中在园林。中国园林也可以视为中国古典文化精神包括美学精神的感性显现。

园林之所以能成为美学精神的感性显现,与它的综合性是分不开的。首先,中国的园林既具实用性,又具审美性,既具工作性,又具休闲性。中国古典园林造园一大原则是"可游可居","可游"是审美性、休闲性,"可居"则是实用性、工作性。这点皇家园林与私家园林没有什么区别。其次,中国园林既具自然性,又具人工性。它是中国人为自己建造的比较理想的生活环境。再次,中国园林兼容各种艺术。正是因为园林具这种综合性,使得园林有可能成为中华文化精神包括美学精神的最佳载体,成为中华文化的代表性艺术。

中国园林的美学精神主要体现在如下几个方面:

一、儒道兼得，取格"清雅"

中国古典文化的主体是儒家与道家。儒家思想有两个基本点：第一个基本点是家庭文化本位。家庭是儒家文化的生发点。儒家将整个社会、整个国家当成一个家来治理。儒家文化具有一个重要的特点：和合性，这种和合充满着家庭的温馨。儒家文化既讲和，又讲礼。礼是制度，制度建立在人与人之间有所区别的基础上。这个区别最重要的是上下等级区别。在家庭中有上下嫡庶的区别，在社会上有尊卑贵贱的区别。

儒家的这种思想在园林中得到充分体现。中国的园林总是营造出浓浓的家庭意味。园林中的厅堂，是家庭人员聚会的场所，也是会客的地方。这里宽敞、明亮，适宜于议事。家庭中那些身居高位的人士如父母、祖父母的房，除卧室外还有会客厅，便于儿孙辈探视、问礼。天井、后花园是家庭人员公用的游戏之所，这里相对显得自由、活泼，稍多变化。园林中的回廊曲径是家庭人员相互往来、交通之途，也是欣赏园林景致的地方，它就显得变化多端，摇曳多姿。所有这些都是为了营造一个和谐的家庭气氛。儒家的等级思想以及由礼仪体现出来的法度井然，也从园林中处处见出。私家园林中的主要建筑物为堂，它集中呈现出宗法的森严。园林中各色人等的身份与住房的方位、大小是相应的。

儒家文化的第二个基本点是人生价值本位。儒家重视人生的价值。它讲的人生的价值区分为两个方面：一方面，是为国家为人民为民族作出重要贡献，其体现为做官。这一方面的价值，儒家叫"外王"。另一方面，儒家很重视个人品德的修养，称之为"内圣"。儒家认为，修身与事功是统一的。修身是事功的基础。儒家是尚事功的，但未必所有儒家知识分子都能实现自己的抱负。因为种种原因，不少儒家知识分子不得一售其志，只得退而养其身，园林是则他们暂时退隐修身的好地方。为了励志，园林的风物总是体现出一种高洁的情怀。松、竹、梅、兰、菊等植物，由傲岸的假石构成的风景，还有各种励志的楹联匾额都体现儒家特有的清高。

虽然园林处处透出儒家的气息，但主流方面还是道家崇尚自然的意味。

(清)冷枚:《避暑山庄图》

道家的崇尚的"自然"有两个含义,一是自然而然,二是自然界。就自然而然来说,它更多地体现在造园的法则上,强调"虽是人作,宛自天成"。道家多为隐士,为了体现这种隐的意味,在园林中不仅有意制造"山中无所有,岭上多白云"的意境,而且还人为地制造田园风光,取东晋大隐士陶渊明躬耕田园的意象。除此以外,还多从道家或具道家意味的著作中创造出一些特殊的景点,如取庄子的"濠梁观鱼"典,无锡的寄畅园有知鱼槛,颐和园有知鱼桥,苏州留园有安知我不知鱼之乐亭。从东晋王羲之的《兰亭集序》取意,北京紫禁城的宁寿宫和承德避暑山庄都有曲水流觞亭。

在中国的园林之中,自然风景处于特别重要的地位。一般来说,它占的面积最大,而且它的景象处处透出潇洒出尘的意味。在这点上,儒家与道家达成了默契。儒家虽然尚事功,但也尚自然。孔子就很推崇假日邀三五朋友游山玩水的生活。宋代的大学者欧阳修说有两种快乐,一种是富贵者之乐，另一种是山林者之乐。前种快乐为事功之乐，属于儒家的人生理想；后种快乐为隐逸之乐，主要属于道家的人生理想。欧阳修慨叹两者不能得兼，园林在某种程度上倒是兼顾了这两种快乐。

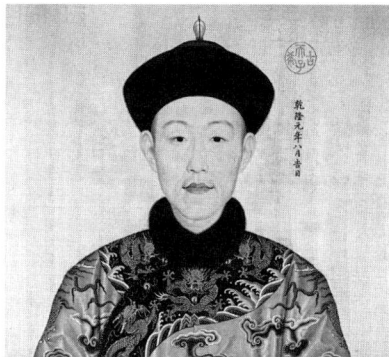

（清）郎世宁：《乾隆画像》

中国的佛教禅宗也是很看重自然山水的。自古名山僧占多。禅宗将自己的爱好山水看成是"林下风流"。与此相应，中国的园林不管是皇家园林还是私家园林常引禅意入园。

从整体来看，中国园林的文化精神是儒道释兼得，而重在"道"意。这个"道"意主要是道家的"自然之道"。从本质上看，园林是退隐的精神寄托物，尽管主人不一定是道家。从儒家的审美趣味来说，园林宜雅，雅而脱俗；从道家的审美趣味来说，园林宜清，清而出尘。两者结合，当得上"清雅"二字。"清雅"可以视为中国古典园林的基本品格。

二、气韵生动，重在"韵味"

"气韵生动"是中国南北朝时期著名绘画理论家谢赫提出的命题，后来广泛地应用到各种艺术。中国古典美学十分看重气韵。一般来说，中国古典美学说的"气韵生动"是指事物具有蓬勃的生命气息或生命意味。

中国的古典园林从整体格局上看，充满着生命的意味。主要体现在从园林的景物中可以品出人生的意义与价值，当然，更多地感受到人生的快乐。从审美的眼光来看园林，园林中的一切都是有情物，它们相互呼应、相互嬉戏。杜甫咏严郑公宅院里的竹子："绿竹半含箨，新梢才出墙。色侵书帙晚，阴过酒樽凉。雨洗娟娟静，风吹细细香。但令无剪伐，会见拂云长。"这宅院中的新竹，清新得好像出浴的女孩。那清秀的姿态，那淡淡的清香，让人喜爱。长长的竹影侵入书房，将一片绿叶的倒影洒在书帙上，似是无意，又是有情。整个庭院就是这样充满着生命的意味。

中国古典美学虽然一般将"气"与"韵"都看成生命的形态，但适当地将二者区别开来。"气"重在生命意味显露的一面、动态的一面、劲健的一面、发展的一面，可以明确把握的一面；"韵"则重在生命意味隐蔽的一面、静谧的一面、柔和的一面、精细的一面、无限发散的一面、难以明确把握的一面。将"气"与"韵"分成两个概念来看，大体如此。但是将"气"与"韵"组成一个概念时，"气韵"似是偏正结构，韵为正，气为偏。这样，气韵更多地是指生命精神存在的阴性状态：静态的、深沉的、悠长的、绵远的、无限的、亲和的、精微的。

中国宋代理论家范温对"韵"进行了解释："有余意之谓韵"，"韵者美之极"。园林的总体风格尚韵，也就是说，它更多地倾向于生命意味中静态的、深沉的、悠长的、绵远的、亲和的、精微的、无限的这种状态。这就是中国古典美学津津乐道的"含蓄"。

中国园林为了体现"含蓄"的风格，采取了各种方式：一是遮蔽，中国园林运用院墙、树林、山丘等多种手法，将一些景物遮蔽起来，不让人一眼看尽。二是曲折，让园内的溪流曲折地流去，又将园内的某些道路、院墙设计成曲折多变的迷宫。由于"隐""曲"，景观不仅变得丰富起来，而且增加了神秘感和某种欣赏的难度，由是激发了审美主体游园的兴趣，激活了游园者的想象与创造。

遮蔽与曲折，概而言之为"隐"。"隐"无疑是十分必要的，但"隐"的目的是"美"，即"韵"的开显。要开显须借助一定的手段，这就是"秀"。"秀"在园林多为"引景"。宋代叶绍翁的《游园不值》云："应怜屐齿印苍苔，十扣柴扉九不开。春色满园关不住，一枝红杏出墙来。"满园春色为柴扉所关，此为"隐"；一枝红杏出墙，此为"秀"。由于这一枝红杏的秀出，逗引了过路人对满园春色的无限遐想，激发起入园欣赏的欲望。

中国古典美学关于"隐秀"的理论最早是南北朝时期著名的文艺理论家刘勰提出来的。他说："文之英蕤，有秀有隐。隐也者，文外之重旨者也；秀也者，篇中之独拔者也。隐以复意为工，秀以卓绝为巧。"① 隐什么？隐的是"文外之重旨"，即文章之外的余意、多意、意外之意、味外之味，也就是"韵"。刘勰说的"秀"是"文中之独拔者"，即表露在文章之中可以感受到的形象，它相当于园林中的"引景"。

苏州拙政园一角

园林景观建设要求处理好"虚"与"实"的关系。虚与实不仅体现在情与景的关系上，就是景与情本身也还有一个虚与实的关系问题。景有实与虚之别。天上的月亮为实，水中的月亮为虚；可视可听之景为实，想象、猜测之景为虚。情也有实与虚之别。可言之情为实，难言之情为虚。状溢于外的情为实，而深藏于心的情为虚。如此等等，在园林审美中以特有的方式体现之。

①　刘勰：《文心雕龙·隐秀》。

"实"与"虚"的关系从哲学上看亦为有限与无限的关系,在中国的老子哲学中则为"有"与"无"的关系。老子说:"无,名天地之始;有,名万物之母。故常无,欲以观其妙,常有,欲以观其徼。"① "无"是宇宙之终极,终极怎么会是"无"呢? 老子的推论是:因为它不可能是"有",如果为"有"它就应有边界,应有源头,而宇宙不应有边界,不应有源头。这不应有,就是"无"。"无"即为无限。在老子看来,宇宙之本为"道",道是"有"与"无"的统一。在中国人看来,有限的景观,如果悦耳悦目可以称为"美";无限的余意(韵)能让人回味无穷,那才是"妙"。如果让人从有限景观领悟到景观外的无限的世界,那就是"道",也就是中国古典美学最高范畴——境界。这种美学观不仅在诗、画中得到充分的体现,也在园林中得到充分的体现。一座园林如果能让人百游不厌、韵味无穷,可以说就达到了中国哲学包括中国美学所极力推崇的"道"的境界。

三、众美会萃,趋于乐境

中国的园林是一种综合的美。它既有自然之美,也有人工之美。人工的美中,它有社会生活的美,集中地反映那个时代比较高雅的生活方式、礼仪典章;它体现特定时代的科学技术发展水平,特别是建筑工艺,因而兼有科学美与技术美。当然,最为突出的是艺术美。它将那个时代最为优秀的艺术尽皆纳入园林中,主要有建筑、绘画、雕塑、诗文、音乐、舞蹈、戏曲等。值得我们高度注意的是,中国的造园艺术不是将上述的各种美堆放在一起,而是将它们有机地组织起来,组成一个美妙的整体。

如果我们将园林中的审美欣赏分出层次来,那么,它至少可以有如下四层:

第一,以视觉为主的绘画的美感。

中国园林过去大多是按照某一张画的构思来造园的,如画是造园的第一原则。画是视觉的艺术,如画的园林给人的美感也应是悦目的。中国画

---

① 《老子·一章》。

构图用的透视法如郭熙的"三远"法——平远、高远、深远被搬上园林[①]。宋代画家韩拙有另外的"三远"法。他说："有近岸广水，旷阔遥山者，谓之阔远；有烟雾溟漠，野水隔而仿佛不见者，谓之迷远；景物至绝而微茫缥缈者，谓之幽远。"[②]这种构图在园林中也是常见的。由于中国园林以画为蓝本，所以也常取用画题作为景观名，有意创造出具有绘画范式的景观来。

第二，以听觉为主的音乐的美感。

中国美学很注重听觉的美感。在景观设置上有意加强"听景"，如鸟声、溪流声、风声等。唐代诗人李商隐有诗句"留得枯荷听雨声"[③]，表达了一种特具情调的音乐美。好些园林有意制造"枯荷"的景观，为的是获得听雨的审美享受。园林中，有时也安排有音乐演奏、歌舞表演等，这也造就了音乐的美。

第三，想象兼理解为主的诗文的美感。

诗文进入中国园林有两种情况：一是园林在适当的地方陈设诗文，如厅堂、书房的墙上往往有以诗文为内容的书法作品，在建筑的廊柱上悬挂楹联，在园林空旷之地有碑，碑上有诗文等。这些诗文的内容与园林的自然景观、与园林的人文历史有某种内在关系。诗文进入园林也许更为重要的是作为造园的总体理念，在某种意义上，一座园林是某一诗文的形象注解。岳阳楼是中国江南三大名楼之一。宋代著名的政治家、文学家范仲淹为它写了一篇文章，此文表达了中国文人"先天下之忧而忧，后天下之乐而乐"的思想。极其卓越的思想加上美丽的文词使这篇文章千古不朽。此文一出，岳阳楼园林此后的建设基本上就以它为理念。苏州的名园——沧浪亭不仅其园名而且园林的基本理念都来自屈原《渔父》篇的名句："沧浪之

---

① 郭熙、郭思：《林泉高致》，原文是："山有三远，自山下而仰其巅，谓之高远。自山前而窥山后，谓之深远。自近山而望远山，谓之平远。高远之色清明，深远之色重晦。平远之色，有明有暗。高远之势突兀，深远之意重叠，平远之意冲融。"

② 韩拙：《山水纯全集》。

③ 李商隐：《宿骆氏亭寄怀崔雍崔衮》。全诗云："竹坞无尘水槛清，相思迢递隔重城。秋阴不散霜飞晚，留得枯荷听雨声。"

(清) 沈宗骞:《竹林听泉图》

水清兮,可以濯吾缨;沧浪之水浊兮,可以濯吾足。"诗文入园增加了园林美的思想容量,具有重大的意义。

第四,心听兼心悟的超音乐的美感。

园林作为人们居住游冶的场所,是物质的;作为审美的艺术作品,它的灵魂是精神的。对于园林的灵魂,笔者的看法是具有音乐的意味却又超越音乐。中国园林造园的审美理念是音乐的。它将所有可能构成美的成分，组织成一曲音乐。说是乐曲却又不是真的音乐，它只是具有音乐的韵味，而没有音乐的形体。这种音乐其实不是用耳来听而是用心来听的。在中国的美学中，音乐具有特殊重要的地位。孔子说："兴于诗，立于礼，成于乐。"①乐是最高的。乐的好处，一是情与理统一，理在情中；二是礼与乐统一，礼在乐中。在这种让人心荡神移的音乐欣赏中，达到了与他人、与社会、与自然和谐的境界。中国先秦著名的美学著作《乐记》说"大乐与天地同和"。"与天地同和"也就进入了"道"的境界。这种境界不只属于儒家，也属于道家，是中华民族共同的理想境界。中国古典美学十分看重"和"。这种"和"的境界是精神性的，它消泯了情感与理智的区分，主体与客体的区分。这种境界中国古典美学称之为"化境"。中国园林追求的就是这样一种类于音乐又超越音乐的"化境"。

四、天人合一，人间仙境

中国园林最高精神是"天人合一"。这种"天人合一"精神是中国哲学的基本精神。园林中的"天人合一"主要通过如下几个方面来体现：第一，整个造园理念讲究以造化（自然）为师，以自然天成为最高的美。明代园林大师计成说"自成天然之趣，不烦人事之功"②。任何违反自然本性包括违反生态的做法都是不可取的。清代乾隆皇帝在《静明园记》中就描绘过这种自然生态之美："若夫崇山峻岭，鹤鹿之游，鸢鱼之乐，加之岩亭溪阁，芳草古木，物有天然之趣，人忘尘世之怀。"第二，园林美是自然美与人工美的统一。中国园林强调因地制宜，充分利用原有山水地势而造园。不仅如此，园林中的人造景观亦要与整体气氛相和谐，既合自然之势，也顺社会之理，切忌人力穿凿。曹雪芹在《红楼梦》中借作品中的人物贾宝玉表达了这一思想："此处置一田庄，分明见得人力穿凿扭捏而成：原无邻村，近不负

---

① 《论语·泰伯》。
② 计成：《园冶》。

廊,背山山无脉,邻水水无源,高无隐寺之塔,下无通市之桥,峭然孤出,似非大观。"① 第三,园林的建造主张有法与无法的统一。造园有法,但亦无法。有法是规则,无法是创造。无法中有法,有法中无成法、死法。第四,中国园林在精神上要让人感受到一种自由,这种自由就是与宇宙的精神相通,与神灵相通,与道相通。苏州拙政园中梧竹幽居亭的对联云:"爽借清风明借月,动观流水静观山。"借风借月,观水观山,人与自然,何等亲和。这种亲和,建立在人的移情之上。苏州沧浪亭有一副对联,联云:"清风明月本无价,近水远山皆有情。"不仅移情,而且移意。孔子说"智者乐水,仁者乐山"②。水成为智慧的象征,山成为仁德的象征。在中国人看来,人之所以能从自然找到知音,是因为人与自然的本质统属一个本体——道。这就是"天人合一"。

中国园林通常不是太大,通过院墙将它与现实隔开。这种院墙除了便于管理外,它还要借它营造一种虽在人间却又不在人间的意味,也就是说,在人世间营造出超越人间的仙境来。园林在物质上是现实的,在精神上却是理想的。许多园林喜欢用"桃源""蓬莱"品题,实际上在他们看来,园林就是人间的仙境。中国人是最务实的,但中国人也是最向往理想的,这点在园林中也得到体现。

---

① 曹雪芹:《红楼梦》十七回。

② 《论语·雍也》。

第十一章
中国宫殿建筑美学的终结[①]

中国具有 5000 多年深厚的建筑文化传统，在世界建筑历史上写下了辉煌的篇章。历史上，中国传统建筑曾经达到世界建筑艺术的顶峰。中国古代，上至帝王下至士人、工匠都参与了建筑设计营造活动，他们"象天法地"，使建筑环境能与自然山川浑然一体；他们注重人伦，建立了严密而又灵动的建筑空间秩序；他们充分发挥了土、木、砖、石等材料的特性，极大地丰富了建筑空间和形式的艺术感染力。那流畅飘逸的屋顶曲线，色彩鲜明的琉璃，层层叠叠的斗拱，丰富而和谐的梁枋彩绘，无不显示出前人对建筑艺术本质的深刻理解。中国古典建筑以自己端庄而优雅的线形和色彩，以其深邃而稳重的空间格局，成为世界建筑史上最美丽、最典雅的建筑体系。

与世界其他文明体系不同，中国的传统文化更重视现实世界，更重视人类社会自身的建设问题。其他文明背景下的民族，通常把极大的热情倾注在神庙、教堂等宗教建筑上，而中国人却总是把更多的注意力集中在与现实生活相关的建筑类型上。住宅、园林尤其是皇家的宫殿建筑成为中国古典建筑中的代表作品。宫殿是中国发展最为成熟、成就最高、规模也最

---

① 此章由笔者指导的博士生李纯执笔。

大的建筑，是中国建筑最主要的组成，它鲜明地反映了中国传统文化注重巩固人间社会政治秩序，注重人类社会与自然界关系的特点。宫殿是帝王朝会和居住的地方，除了满足帝王的物质生活要求外，更主要的还要以其巍峨壮丽的气势、宏大的规模和严谨整饬的空间格局，给人以强烈的精神震撼。

中国古代的宫殿建筑承载着皇家居住、行政、游憩和礼制等物质和精神功能，集中地体现了中国传统建筑技术和美学思想，为我们解读中国传统建筑美学思想提供了最完整的范本。

第一节　发展概况

汉字中的"宫"字是一个象形字，字形所表现的只是一座最简单的穴居小屋：顶上宝盖头象形穴居小屋的屋顶，下面的两个"口"表现小屋的平面形状。"宫"字最初的意义泛指所有房屋，秦汉以后才专属于帝王。"殿"字最早出现于春秋战国时期，秦汉以后使用更为普遍，原意泛指高大的建筑。"宫""殿"二字连用，成为我们现在一般理解的帝王居住和处理朝政的场所。宫殿的萌芽和发展经历了一个合首领居住、聚会、祭祀等多种功能为一体的混沌未分的阶段，然后与祭祀功能分化，发展为只用于朝会和君王后妃居住的独立建筑类型。在宫内，朝会和居住功能又进一步分化，形成所谓"前堂后室"，以后发展为"前朝后寝"或称"外朝内廷"简称"朝廷"的规划格局。其后，约在春秋至秦、汉期间，开始尝试将宫殿与苑囿结合，魏晋以后，在宫内朝堂、寝宫的后面（北面）布置御花园，这一做法一直延续到明清时期。

和其他任何民族一样，中国早期的建筑也追求高大的体量和完整的几何形构图，也追求建筑的体形变化与和谐，也追求材料、结构技术的发展和完善。从商代到南北朝时期，中国最具代表性的宫殿建筑是所谓的"高台建筑"（台榭建筑）。也就是将建筑修建在一个个高大的夯土台基上，并且将建筑主体安置在一个几何形的，多半是方形或圆形广场的中心位置。在此基础上形成了建筑群体组合的基本规则,比如宫殿建筑中的"东西厢"或"东西堂"制度。但早在西周时期,已经出现了另一种思路。在陕西凤雏村发现过一处西周宫殿遗址,这组建筑空间布局严谨,建筑低矮,所有建筑空间沿着一条南北向中轴线布置,大小、朝向不同的房间围合成一个个院落,封闭的、半封闭的、开敞的空间按一定秩序交替出现,不同建筑有明确的等级关系,有严格的功能分区。这种布局手法在此后的一千多年中,并没有在建筑实践中得到普及,但在儒家经典《礼记》中被记载下来,成为西周礼制的组成部分。

在西汉时期,尽管已出现了三朝纵列的格局,但单体仍然是高台建筑,其前殿依然是"东西堂"的格局,且群体布局也不够严整。到隋朝建造大兴城太极宫后,这一思路才得以在实践中大范围推广,并确立了宫殿建筑中的"三朝五门"制度① 以及合院式民居建筑。但直到唐代,宫殿建筑设计的思路仍然在"东西堂"② 制度和"三朝五门"制度间游移不定,唐代大明宫的正殿含元殿仍然保留有"东西堂"的影子,唐代建筑在关注群体关系的同时,还在追求单体建筑的高大与丰富。直到明清时期,高台建筑的影响基本消失。这时的单体建筑才变得简洁平实,而群体关系更加井然有序。

中国古典宫殿建筑的发展过程,从其思想背景来看,与儒家思想的成熟和进步有密切的关系。"三朝五门"制度实际上是儒家"礼""乐"思想的具体化表现,其空间体系反映出明显的君臣、尊卑、长幼、内外、主从关系,它的建筑空间关系,与儒家期望的社会行为规范所要求的个人行为模式高度吻合。同时,建筑环境与自然环境的交流也是这一建筑模式关注的问题。通过游廊、敞厅等半开放空间,人们可以方便地进入室外环境,每一个房间都可以享受到阳光、月色,可以看到树木和天空,可以享受花香鸟语。受这一思想背景的左右,中国古代的匠师们从隋唐时期起,就逐渐地把注意力从单个建筑的技术方案、艺术手法上转移到建筑群体关系上,转移到空间

---

①　三朝五门:西周皇宫"三朝"分内廷和外朝。内廷分两部分,合称"三朝"。三朝有五座门分割。

②　东西堂:皇宫的大朝两侧分别设日朝和常朝,合称东西堂。

体系的构思上。如何使建筑环境空间与社会、与自然和谐相处成为设计思考的出发点。中国近代的学者、建筑师们对于宋以后中国传统宫殿建筑的简化与缩小发出过许多哀叹，其实多半是出于误解。

第二节　天人之际

中国传统观念认为，人生存于天地之间，人类社会是整个宇宙的组成部分。而中国的传统思维中的自然观是建立在"天人合一"的哲学基础上，它认为自然与人是血肉相连的，也就是主客统一。因此，中国传统文化注重人与天地、人类社会与自然界的和谐关系，并试图通过模仿自然的秩序，建立和巩固人类社会的秩序。而天子"代天牧狩"，具有对"天意"的解释权。宫殿作为天子朝会和居住的场所，除一般的使用功能之外，更具有沟通天人关系的精神功能。要使人们信服这一点，宫殿建筑就必须接近"天"并且具有某些"天界"的特质，宫殿建筑必须是高大的，是"象天"的，是宇宙、自然之美的集中体现，它必须遵循和体现自然秩序的精髓，并对人类社会起到示范作用。营造宫殿建筑的手法之一，就是效法上天。《晋书·王彪之传》记载谢安主持营造的宫殿时如此描述："宫室用成，皆仰模玄象，合体辰极"。宫殿建筑虽然不是天界，但也不同于人世间的一般建筑，宫殿建筑是"天人之间"的境界，它的形式是模仿天象，它的布局是和星辰对应的。

宫殿建筑必须接近"天"并且具有某些"天界"的特质，是"象天"的。那么，"天"的特质是什么？哪些是我们在建筑营造中可以效仿的？天是高大广阔的、是庄严神圣的、是向上飞腾的、是有序而和谐的。天就是从上古时期起，人们想象中的神仙居住的理想境界。天的这些特质是可以在宫殿建筑营造中用建筑语言表达的。但建筑营造活动毕竟要建立在一定的经济、技术条件之上，因而关于宫殿的营造，就有了不同的思路。从而在不同的历史时期，产生了不同的宫殿建筑形式和风格。这些关于宫殿建筑营造的思路，我们可以简单地归结为两种倾向：一是外在尺度、形象上的"象天"；

二是内在秩序、空间结构上的"象天"。《诗经·小雅·斯干》中有对宫殿建筑的祝祷之词："如跂斯翼,如矢斯棘,如鸟斯革,如翚斯飞,君子攸跻。"认为理想的宫室形象应该是这样的:其稳定端庄像伫立之人,其挺拔高峻像离弦之箭,其飞腾之势如翱翔之鸟,其文章华彩如奋飞之雉。

早期的中国宫殿建筑,正如《诗经》所描述的,试图从形象上模仿天界,塑造一个高大而挺拔,与天接近,具有飞腾之势的建筑群体,这样的建筑群使人感觉它似乎凌驾于人世之上,身临其境,则似乎置身于天人之间。与之相应的宫殿建筑形式,就是一种被称为"台榭建筑"(高台建筑)的建筑形式。所谓"台"是用土夯筑而成的高大的四棱台(台高常达数米至十数米不等),在台上修筑的开敞的殿堂称为"榭"。其建筑体量集中,形体高耸,宏伟壮观。屋顶组合复杂多变,形态飘逸。群体组合方式较自由,多以架空"阁道"联系,配合门阙围廊,空间变化丰富。

这类宫殿建筑在春秋时期盛行,于秦汉时期达到高潮。据记载,秦始皇每吞并一个诸侯国,便令工匠仿照该国的宫室式样,再造于咸阳。将掳获的各国陈设、钟鼓,纳入其中。还将收缴的各国兵器销还为铜,铸成各重一千斤的十二个铜人,置于宫中。各宫殿之间用复道相连。复道是封闭的空中走廊,一是出于安全考虑,二是听信方士的建议匿居深宫,不令外人知晓,以期与仙人往来。

秦始皇构建的宫室,史称遍及咸阳内外二百里,共 270 座,复道相连。是否确实,不可详考,但阿房宫无疑是最大的宫殿群。建造工程浩大的阿房宫,是秦朝盛极而衰以至灭亡的转折点。阿房宫的建造构想既来自于秦始皇炫耀威德的狂热心态,也源于"象天法地"的传统营造理论。秦始皇在灭亡六国后的第九年,决定在渭水之南营建朝宫。朝宫规模壮观,阿房宫是整个朝宫的前殿。阿房并不是这座宫殿正式的名字,当时名称尚未确定,因前殿东西北三面以高墙为屏障,俗称为阿城,阿房宫后来便成为这个宫殿群的称谓。阿房宫建筑在高大的台基上,东西 500 步,南北 50 丈,上下两层,上可以坐万人,下可以树五丈旗,四周为阁道。

根据考古发掘的情况来看,其台基高 10 米,面积达 4 万余平方米,以南山为阙。自咸阳到阿房宫,宫殿一脉相连,中间横渡渭水,其布局明显模仿天象。历史文献描述的从咸阳至阿房宫,如同"绝汉抵营室",也就是如同横渡银河抵达营室星宿。中国古人认为,天国事物和人间是一一对应的关系,天帝也有自己的宫殿。星象中的许多星宿,是以宫殿的意义命名的。于是,中国历代宫殿的形制、布局和命名也常与星象有关系。譬如,天上有被认为是天帝寝宫的紫微星宿,那么人间便有紫禁城。秦汉时期的宫殿建筑,通过对"天"的形象的模仿,成功地营造出了一个凌驾于人世之上的"天人之间"的境界。

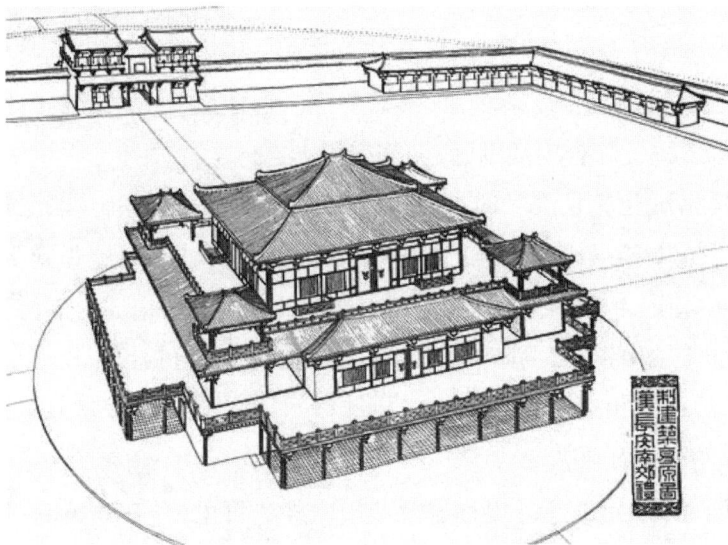

台榭建筑示意(西汉长安城南郊礼制建筑复原图)

第三节 "大壮"之美

中国传统文化总的来说是崇尚简朴实用的,但宫殿建筑需要强调统治者权威,对天下具有精神威慑作用。要做到这一点,建筑必须是高大雄伟的。因而历代在营造宫殿建筑时,往往将节俭的美德抛在一边。要体现建筑的雄伟壮丽,主要是通过三种艺术手法来达到的:一是在建筑的"量"

（体量和数量）上显出差别，即比起其他建筑来，宫殿建筑的体量最大，组成宫殿建筑群的单体建筑的数量也最多；二是在群体布局上强调所谓"中正无邪"，即用中轴对称的方式，将宫殿里最尊贵的建筑放到中轴线上，较次要的放在两边，作为它的陪衬；三是把这种中轴对称布局的空间模式扩大至全部都城，以进一步烘托宫殿的显要地位。在这些手法中，建筑的体量高大和数量众多是效果最为直观的，因此，无论是否采用其他方式，宫殿建筑都会追求高大的体量和巨大的规模，以体现其崇高和壮丽。《周易》大壮卦《象辞》云："大壮，利贞，大者正也，正大而天地之情可见矣。"中国宫殿的美应是这种"大壮"之美。

　　这种追求巨大的建筑规模的做法在秦汉时期达到顶峰。据《史记·高祖本纪》记载，汉高祖七年（前200），萧何治未央宫，高祖见其壮丽，怒曰："天下凶凶，苦战数岁，成败未可知，是何治宫室过度也？"萧何曰："天下方未定，故可因遂就宫室。且夫天子以四海为家，非壮丽无以重威，且无令后世有以加也。"战乱未已，就如此大兴土木营造宫殿，天下大定之后就可想而知了。西汉在立国之初就开始了一系列宫殿营造活动：公元前200年，丞相萧何营建未央宫。公元前202年，高祖刘邦在秦兴乐宫的基础上营建长乐宫。武帝元鼎二年修柏梁台。太初元年，在城西上林苑修建章宫。太初四年又在长乐宫北建明光宫。平帝元始四年，又在长安城南修建明堂、辟雍等礼制建筑。其中长乐宫位于城东南，面积超过5平方公里，占汉长安城面积的1/6，宫内共有前殿、宣德殿等14座宫殿台阁。未央宫位于城西南，是汉代的政治中心，史称西宫，占全城面积1/7，宫内共有40多个宫殿台阁，十分壮丽雄伟。北京故宫是现存世界上最大的宫殿建筑群，其占地面积约0.7平方公里，而汉代宫殿建筑动辄5平方公里以上，其宏伟壮丽超出我们的想象。

　　西汉宫殿多在秦代宫殿基址上重建，故其宫殿建筑制度也是继承了春秋至秦代高度发展的台榭式建筑形式，台榭建筑作为宫殿建筑的主流样式从殷商时期一直发展延续至魏晋时代，这类建筑多以其高大宏伟的体量取胜，在这一时期技术和艺术处理手法已相当成熟。而西汉建章宫可以说是台榭式宫殿建筑的巅峰之作，它不仅将台榭建筑的宏伟壮丽形象展现到极致，而且结合上林苑山池景观布置宫殿建筑群，营造了一个人们理想中的"天上"的境界。建章宫周围 10 余公里，号称"千门万户"。从建章宫的布局来看，由正门圆阙、玉堂、建章前殿和天梁宫形成一条中轴线，其他宫室分布在左右，全部围以阁道。宫城内北部为太液池，筑有三神山，宫城西面为唐中庭、唐中池。中轴线上有多重门、阙，正门曰闾阖，也叫璧门，高 25 丈，是城关式建筑。后为玉堂，建台上。屋顶上有铜凤，高五尺，饰黄金，下有转枢，可随风转动。在璧门北，起圆阙，高 25 丈，其左有别凤阙，其右有井干楼。进圆阙门内 200 步，最后到达建在高台上的建章前殿，气魄十分雄伟。宫城中还分布众多不同组合的殿堂建筑。璧门之西有神明台高 50 丈，为祭金人处，有铜仙人舒掌捧铜盘玉杯，承接雨露。建章宫北为太液池。《史记·孝武本纪》载："其北治大池，渐台高二十余丈，名曰太液池，中有蓬莱、方丈、瀛洲、壶梁象海中神山、龟鱼之属。"这种"一池三山"的布局对后世园林有深远影响，作为创作山池的一种模式，成为后世皇家园林营造的基本手法。

到隋、唐时期，尽管以空间秩序来体现宫殿建筑崇高之美的手法已趋于成熟，但高台建筑设计手法的影响依然存在，追求高大体量、宏伟规模的热情并没有减退。这时的木构架技术已无问题，木结构建造大跨度、大高度建筑的技术问题已经解决，台榭式建筑退出了历史舞台。隋、唐沿袭北周传统，推崇周制，宫殿布局开始采用"三朝五门"制度，沿中轴线布置序列空间的建筑方案得到应用和发展。山一样的夯土台没有了，但隋、唐宫殿仍利用天然高地，建造高大宏伟的殿堂。其建筑形式仍然有台榭建筑的影子。

隋代的皇宫太极宫有内外朝明确的区分。太极殿以北，包括两仪殿在内的数十座宫殿构成内朝，是皇帝、太子、后妃们生活的地方。内朝又分为东西两路，东路称为东宫，是太子居住和读书的地方。西路为掖庭宫，是皇帝与后妃们的居住处所。两仪殿是内朝的主殿，居于中轴线上，皇帝日常听政也常在这里进行，唐中叶以后，多在这里举办帝、后的丧事。两仪殿之北的甘露殿、神龙殿，是唐中期皇帝常住的宫殿。唐代皇帝的寝殿都叫作长生殿，取其吉祥意义。太极宫内有三泓水池，即东海池、北海池、南海池，为帝王、后妃们泛舟之所。据史书上说，玄武门之变发生时，唐高祖李渊正在池中泛舟。可见，唐太极宫的规模很大，在宫北部的海池内，竟然听不到玄武门的动静。

　　唐代大明宫在太极宫之东，长安城的东北角，所以又叫东内。大明宫原是太极宫后苑，靠近龙首山，较太极宫地势更高。龙首山在渭水之滨折向东，山头高20丈，山尾部高六七十丈。汉代未央宫踞龙首山折东高处，故未央宫高于长安城。唐大明宫又在未央宫之东，地基更高。大明宫扩建后比太极宫规制更大，又依山而建，雄伟壮丽。大明宫的正殿含元殿，坐落在三米高的台基上，整个殿高于平地四丈。远远望去，含元殿背倚蓝天，高大雄浑，摄人心魄。皇帝在含元殿听政，可俯视脚下的长安城。殿前有三条"龙尾道"，是地面升入大殿的阶梯。龙尾道分为三层，两旁有青石扶栏，上层扶栏镂刻螭头图案，中下层扶栏镂刻莲花图案，这两个水的象征物是用来祛火的。含元殿前有翔鸾、栖凤二阁，阁前有钟楼、鼓楼。每当朝会之时，上朝的百官在监察御史的监审下，立于钟鼓楼下等候进入朝堂。朝会进行之际，监察御史和谏议大夫立于龙尾道上层扶栏两侧。大明宫与其地基龙

唐朝大明宫含元殿复原图

首山似乎构成一幅龙图，龙首山为头，含元殿坐镇尾腹，驾驭着巨龙，殿前的龙尾道，阶梯嶙嶙，形似龙尾。

含元殿后的宣政殿，是皇帝日常朝见群臣、听政的地方。宣政殿东西两廊有门，东为日华门，西为月华门，门外是政府办公机关和史馆、书院。含元殿之后的紫宸殿，是皇帝的便殿。皇帝可以在便殿接见重要或亲近的臣属，办理政务。在便殿办公可以免去在宣政殿办公的很多礼节。紫宸殿之后，为大片散落的宫殿群，皇帝可以随意游玩、居住。大明宫中规模最大的宫殿是麟德殿，它由前、中、后三座殿宇组成，当时又称为"三殿"，面积相当于北京故宫太和殿的三倍。宫中盛大的宴会，多在麟德殿举行。

大明宫内，中轴线北部为太液池的所在。唐太液池与汉太液池同名，但一个在宫内，一个在城外。唐太液池供帝后荡舟、赏月。池中有凉亭，池的周围建有回廊、殿宇，皇帝也经常在太液池大宴群臣。唐朝三座宫城之外，又有三座大型苑囿，分别为西内苑、东内苑、禁苑。西内苑在太极宫之北，苑内有宫殿若干，其中弘义宫是李世民为秦王时居住的地方，即位后改名为大安宫。贞观四年（630），退居太上皇的高祖李渊搬迁到大安宫，贞观九年（635），李渊病逝于大安宫之垂拱殿。东内苑在大明宫的东南角上，苑内殿有承晖殿、龙首殿，看乐殿、球场亭子殿；院有灵符应圣院，唐僖宗崩于此处；池有龙首池，引龙首渠水注入，后又将池填平，改建为鞠场。坊有小儿坊、内教坊、御马坊。三苑之中，禁苑的规模最大。东、西两苑只有方圆一两里，而禁苑地处唐都长安西北部的大片地区，北枕渭水，向西包揽了汉长安城，南接宫城，周回120里。禁苑中有柳园、桃园、葡萄园、梨园，充满生机。数十座闲雅的小亭散布于苑中，在各个景点附近建有宫殿，供帝后们设宴观景并休息之用。在汉宫阙的遗址上，重建了著名的未央宫和数座亭台。禁苑中还饲养着多种禽兽，皇帝兴之所至，便前往游畋。

汉、唐宫殿建筑规模宏大，雄伟壮丽，集中体现了中国传统建筑对"大壮"之美的追求。其后的建筑风格倾向于展现和谐而严谨的空间秩序，建筑的体量、规模缩小，空间处理水平则远远超过了汉、唐时期。

第四节　礼乐之制

天除了是高大广阔的、庄严神圣的、向上飞腾的，同时还是有序而和谐的。台榭式宫殿建筑壮丽无比，但工程浩大，劳民伤财，其空间秩序并不严谨，不足以作为人类社会秩序的示范。周人重理性，企图通过模仿"天理"，进而建立和巩固人类社会的秩序。因而周人在营造宫殿建筑时，更注重对"天"的内在秩序的模仿，更注重建筑空间的秩序问题。周人认为建筑空间布局需满足社会秩序、个人行为规范的需要，建筑应该营造一个有序而和谐的空间环境，这也是后世儒家"礼""乐"思想的要求。聚族而居，要有"内外之别""男女之防"，要"长幼有序"，同时还要"情足以相亲"。适合于这一要求的是层次分明的院落空间序列。在这一思想支配下，周人建立了一套完善的建筑制度，从居住建筑的"门堂制度"到宫殿建筑的"三朝五门"制度，奠定了中国传统合院式建筑布局的基础。从西周岐山凤雏村一号宫遗址的状况来看，有前堂、后室、东西厢房，有两进院落。其门堂足以别内外，满足"礼"的需要，而其庭院在古代就是演奏乐舞的场所，也足以满足"乐"的需求。

门堂制度体现在宫殿建筑上就有了"三朝五门"制度。"三朝五门"制度适应西周的治国观念和政治体制。当时的中央机构有内外朝之分：内朝两个，由天子和他的若干近臣组成；外朝一个，由丞相和诸大臣主持。内朝发布诏命，外朝负责执行。内朝靠近皇帝寝宫，外朝靠近禁城正南门（周称"皋门"）。三个朝"庭"或朝"堂"以及寝宫之间有五座门来分隔空间，这样在宫殿建筑群的中轴线上，至少有五个序列空间，由南向北依次展开。这种制度在西周宫殿建筑中并没有完整地体现出来，只在《礼记》中有较详细的记载。

说起中国古代建筑，大家首先想到的是大屋顶和雕梁画栋，从这方面来看，中国古代建筑形式一脉相承，几千年并无太大变化。但台榭建筑和庭院式建筑，在审美意象上是完全不同甚至是相反的。前者体现建筑体量的高大壮美,后者强调建筑空间的深远和秩序感;前者表现建筑实体的美,后者则强调空间的美;前者第一时间就给人带来强烈的视觉冲击,而后者的美妙需通过身临其境地体验慢慢品味;尽管古代宫殿建筑都强调天人关系,但台榭建筑着重的是"天",而庭院建筑的核心是"人"。从建筑设计思想背景来看,中国古代宫殿由台榭建筑向庭院建筑的转变是革命性的。但庭院式宫殿建筑在西周以后1000多年里并未普及,原因之一是早期建筑结构、材料及加工技术过于粗陋,庭院式建筑外观上显得过于平实,实在是不足以"威慑天下"。直到隋朝以后,建筑结构技术成熟,儒家思想体系地位得到巩固,"三朝五门"制度才终于成为宫殿建筑的主流模式。

北宋的都城是汴梁,即今开封,当时称为东京。把汴梁作为帝王皇宫所在地,是从五代的梁开始的,唐、晋继之。北宋的皇宫是仿照洛阳宫殿的模式,在五代旧宫的基础上建造的,其规模大约只相当于唐代一个州府衙门。但宋代宫殿通过强化空间秩序、强化森严的等级关系所营造出的庄严肃穆的氛围并不亚于汉、唐宫殿建筑。在空间处理手法上,宋代取得了相当大的进展。为解决皇宫体量、规模不足的问题,宋人创立了御街千步廊制度,利用狭长压抑的千步廊作为前奏空间,反衬出皇宫正门的高大宏伟,这一手法为明、清故宫所继承。

宋代皇宫的正殿叫作大庆殿,是举行大典的地方。大庆殿之南,是中央政府办公机关,二者之间有门楼相隔。大庆殿之北的紫宸殿,是皇帝视朝的前殿。每月朔望的朝会、郊庙典礼完成时的受贺及接见契丹使臣都在紫宸殿举行。大庆殿西侧的垂拱殿,是皇帝平日听政的地方。紫宸、垂拱之间的文德殿,是皇帝上朝前和退朝后稍作停留、休息的地方。宫中的宴殿为集英殿、升平楼。北宋皇宫内的殿宇并不很多,后宫的规制也不很大。后宫有皇帝的寝殿数座,其中宋太祖赵匡胤住的是福宁宫,除后妃的殿宇外,后宫中尚有池、阁、亭、台等娱乐之处。宋初,皇帝为了表明勤俭爱民和对农事的重视,在皇宫中设观稼殿和亲蚕宫。在后苑的观稼殿,皇帝每年于殿前种稻,秋后收割。皇后作为一国之母,每年春天在亲蚕宫举行亲蚕仪式,并完成整个养蚕过程。延福宫是相对独立的一处宫区,在宫城之外。

延福宫是帝、后游乐之所，最初规模并不大。宋徽宗即位后不满于宫苑的狭小，遂大肆扩建、营造。延福宫扩建以后，幽雅舒适，宫殿、台、亭、阁众多，名称非常雅致，富于诗意，当然是富于艺术修养的宋徽宗所取的。宫的东门为晨晖，西门称丽泽。大殿有延福、蕊珠。东边的殿有移清、会宁、成平、叡谟、凝和、昆玉、群玉。阁有蕙馥、报琼、蟠桃、春锦、迭琼、芬芳、丽玉、寒香、拂云、偃盖、翠保、铅英、云锦、兰熏、摘玉。西侧的阁有繁英、雪香、披芳、铅华、琼华、文绮、绛萼、琼华、绿绮、瑶碧、清荫、秋香、从玉、扶玉、绛云。在会宁殿之北，有一座用石头叠成的小山，山上建有一殿二亭，取名为翠微殿、云归亭、层亭。在凝和殿附近，有两座小阁，名曰玉英、玉涧。背靠城墙处，筑有一个小土坡，上植杏树，名为杏岗，旁列茅亭、修竹，别有野趣。宫有右侧为宴春阁，旁有一个小圆池，架石为亭，名为飞华。又有一个凿开泉眼扩建成的湖，湖中作堤以接亭，又于堤上架一道梁入于湖水，梁上设茅亭栅、鹤庄栅、鹿岩栅、孔翠栅。由此到丽泽门一带，嘉花名木，类聚区分，幽胜宛如天造地设。

　　到明清时期，沿纵轴线布置序列空间的手法已达炉火纯青的境界，明、清北京故宫就是这一类宫殿建筑的代表作品。故宫单从规模上看，远小于汉唐宫殿。但它严整的空间秩序、森严的等级关系所营造出的精神震慑力并不亚于汉代宫殿建筑。故宫建筑群虽小于汉唐时期宫殿，但仍然是现存最大的宫殿建筑，它的空间结构之复杂严谨，则远远超过任何前朝宫殿。它东西长 760 米，南北长 960 米，占地 72 万多平方米，有各类房屋 8700 余间。其主要内容可以分作皇帝处理政务的外朝和皇帝起居的内廷两大部分。故宫中的乾清门，就是外朝和内廷之间的分界线。外朝以"三大殿"——太和殿、中和殿、保和殿为中心，前有太和门，两侧有文华殿和武英殿两组宫殿。内廷以"后三宫"——乾清宫、交泰殿、坤宁宫为主，它的两侧是供嫔妃居住的东六宫和西六宫，也就是人们常说的"三宫六院"。故宫的这种总体布局，突出地体现了传统的封建礼制"前朝后寝"的制度。而整个故宫的设计思想更是突出地体现了封建帝王的权力和森严的封建等级制度。例如，主要建筑除严格对称地布置在中轴线上外，特别强调其中的"三大殿"，

"三大殿"中又重点突出举行朝会大典的太和殿(俗称金銮殿)。为此,在总体布局上,"三大殿"不仅占据了故宫中最主要的空间,而且它前面的广场面积达 2.5 公顷,有力地衬托出太和殿是整个宫城的核心。再加上太和殿又位于高 8 米分作三层的汉白玉石殿基上(这一形式有台榭建筑遗风),每层都有汉白玉石刻的栏杆围绕,并有三层石雕"御路",使太和殿显得更加威严,远望犹如神话中的琼宫仙阙,气象非凡。

故宫单体建筑形式简洁,空间规整,但因空间变化得当,身在其中并不觉得乏味。其中处理最为精彩的是由入口至太和殿广场的序列空间,利用一系列连续、对称的封闭空间,衬托出三大殿的宏伟、庄严和崇高。由大清(明)门经过御街千步廊 500 米狭长通道,至金水桥前是一个横向展开 300余米的空间,天安门展现在眼前,此时是进入故宫第一个高潮。经过天安门,进入一个较小的方形庭院,迎面是和天安门体量、形式完全相同的端门,入口印象通过重复得到加强。通过端门,是一个 300 余米的狭长院落,午门以其宏伟的体量、庄严肃穆的造型伫立在庭院北端,形成主轴线上第二个高潮。午门过后是太和门庭院,200 米见方,对面的太和门尺度亲切宜人。经过太和门就进入面积达 4 公顷多的太和殿前广场,正中高台上是由十余座门、楼、廊环列拱卫着的太和殿,至此方才达到全局最高潮。

无论是从群体规模还是个体尺度上比较,明清宫殿建筑都远逊于汉唐宫殿建筑,建筑形态变化上也较前朝简洁。但以故宫为代表的明清宫殿建筑群,通过建筑的大小高低的对比突出主题,通过空间纵横开阖变化来营造不同氛围,完美地满足了宫殿建筑的精神功能要求。其中所运用的许多艺术和技术手法,至今尚具有积极意义。明、清宫殿建筑,包含着中华民族几千年的文化积淀和智慧结晶,成为中华民族文化、艺术和营造技术的里程碑。

中国传统的宫殿建筑集中地反映了中国古典美学思想,这主要是:天人合一的哲学理念;儒家的等级制度和道家的方外之思;行政、宗教祭祀和日常生活的适当分离和紧密结合,三位一体;纳自然山水于宫殿,在一定程度上实现宫殿建筑的园林化;在色彩、形制上则都追求奢华和富丽。中国

明清皇宫太和殿

的各类建筑的格局包括官衙、寺庙、道观乃至民居都不同程度地受到宫殿建筑格局的影响。

中国的宫殿建筑始于夏商,终于清,而到清则达到顶峰,成为中国古代建筑美学的最高总结或者说终结。

第十二章
李渔的戏曲美学

清代曲论之盛胜过小说评点。其中成就最大者应属李渔。李渔（1611—1680），字笠鸿、谪凡，号笠翁，浙江兰溪人。李渔多才多艺，除了精于戏曲、小说创作外，还于建筑、园林、烹饪等方面有较深的研究。他所撰的《闲情偶寄》集中了他对各门艺术的研究心得，是一部很有价值的美学著作。其中戏曲美学主要在《词曲部》。《词曲部》分"结构""词采""音律""宾白""科诨""格局"六个大部，每部再细分项目，共计37项，最后还加上一篇《填词余论》。从构思开始，到文字表达，再到舞台演出，构成一个周详严密的理论体系。

第一节 戏曲的性质与功能

李渔的戏曲美学思想非常丰富，本节先讨论他关于戏曲性质与功能的看法。

戏曲的性质与功能本是两个问题，李渔往往将二者合在一起谈。在《香草亭传奇序》中，他提出传奇"三美"："情""文""有裨风教"。他说：

> 从来游戏神通，尽出文人之手。或寄情草木，或托兴昆虫，无口而使之言，无知识情欲而使之悲欢离合，总以极文情之变，而使我胸中磊

块唾出殆尽而后已。然卜其可传与否，则在三事：曰情，曰文，曰有裨风教。情事不奇不传。文词不警拔不传。情文俱备而不轨乎正道，无益于劝惩，使观者听者哑然一笑而遂已者，亦终不传。是词幻无情为有情，既出寻常视听之外，又在人情物理之中，奇莫奇于此矣。……三美俱擅，词家之能事毕矣。

这段文章可视为李渔对戏曲的总观点。他提出的传奇"三美"，前两者——"情""文"为戏曲的审美构成；第三者"有裨风教"为戏曲的社会功能。

审美构成方面，"情"是内容的概括，又称"情事"。要求"既出寻常视听之外，又在人情物理之中"。换句话说，既虚，又实。李渔在《闲情偶寄·词曲部·审虚实》中说："传奇无实，大半皆寓言耳。""非特事迹可以幻生，并其人之姓名亦可以凭空捏造。"但这"幻生"的人物、故事，又须合情合理，"欺之不得，罔之不能"。李渔说，传奇之"奇"，"莫奇于此矣"。

传奇贵在"奇"，而"奇"又常体现为"新"。李渔说："新，助奇之别名也，若此等情节，业已见之戏场，则千人共见，万人共见，绝无奇矣，焉用传之！"[1] 传奇要新，要奇，为的是对观众产生吸引力。但新、奇不能脱离人情物理。"传奇妙在入情。"[2]"透入世情三昧。"[3]"凡说人情物理者，千古相传；凡涉荒唐怪异者，当日即朽。"[4]

在李渔看来，所谓戏曲就是以一个既新又奇的故事来表演人情物理。关于戏曲的功能，李渔认为"有裨风教"，这是儒家诗教说在戏曲上的运用；除此以外，李渔认为，戏曲还有宣泄、自我表现的功能。他说：

予生忧患之中，处落魄之境，自幼至长，自长至老，总无一刻舒眉，惟于制曲填词之顷，非但郁藉以舒，愠为之解，且尝僭作两间最乐之人，

---

① 李渔：《闲情偶寄·词曲部·脱窠臼》。
② 李渔：《闲情偶寄·演习部·变旧为新》。
③ 李渔：《闲情偶寄·演习部·变旧为新》。
④ 李渔：《闲情偶寄·词曲部·戒荒唐》。

觉富贵荣华，其受用不过如此，未有真境之为所欲为，能出幻境纵横之上者：我欲做官，则顷刻之间便臻荣贵；我欲致仕，则转盼之际，又入山林；我欲作人间才子，即为杜甫、李白之后身；我欲娶绝代佳人，即作王嫱、西施之元配……①

"郁藉以舒，愠为之解。"这类似于亚里士多德说的悲剧的宣泄作用。亚里士多德在《诗学》第六章中说悲剧可以"激起哀怜和恐惧，从而导致这些情绪的净化"。"净化"（katharsis）的含义，亚里士多德在《政治学》卷八

（清）王素：《钟馗图》

---

① 李渔：《闲情偶寄·词曲部·宾白第四》。

谈音乐的功能时有个解释，他说人们"可以在不同程度上受到音乐的激动，受到净化，因而心里感到一种轻松舒畅的快感"①。李渔说的"郁藉以舒，悒为之解"正是这种由净化而带来的快感。

李渔还谈到戏曲可以给人带来一种虚幻的满足，以填补现实生活中的不足，比如，"我欲作人间才子，即作杜甫、李白之后身；我欲娶绝代佳人，即作王嫱、西施之元配"。这种借"幻境"来代替"真境"的功能，与弗洛伊德的精神分析学的美学思想很相似。弗洛伊德认为："创作家所做的，就像游戏中的孩子一样。他以非常认真的态度——也就是说，怀着很大的热情——来创造一个幻想的世界，同时又明显地把它与现实世界分割开来。"② 这种幻想的世界，弗洛伊德将它称为"白日梦"。弗洛伊德认为，编织这种"白日梦"的心理基础乃是因为现实生活不能获得"梦"中的东西，于是借助这种"白日梦"以虚幻地满足。弗洛伊德说"幸福的人决不会幻想，只有那些得不到满足的人才会幻想"③。李渔恰好在他所编的《比目鱼》中借剧中人物——刘藐姑表达了同样的观点：

> 别的戏子怕的是上场，喜的是下场；上场要费力，下场好躲懒的缘故。我和他两个却与别人相反，喜的是上场，怕的是下场；下场要遇嫌，上场好做夫妻的缘故。一到登场的时节，他把我认做真妻子，我把他当了真丈夫，没有一句话儿不说得钻心刺骨。别人看了是戏文，我和他做的是实事。戏文当了实事做，我且乐此不疲。④

这虽是剧中人物的独白，但未尝不可以看作是李渔的戏曲观。原来戏曲的本质就是构造一个假设的艺术空间，让人满足现实中未遂之愿。李渔这种对戏曲本质的看法，在清代不乏同调。如毛纶也指出：

---

① 转引自朱光潜：《西方美学史》上册，第 88 页。
② [奥] 弗洛伊德：《创作家与白日梦》，见《弗洛伊德心理学与西方文学》，湖南文艺出版社 1986 年版，第 135 页。
③ [奥] 弗洛伊德：《诗人与幻想》，见《美学译文》第三辑，中国社会科学出版社 1981 年版，第 331 页。
④ 李渔：《比目鱼》第 14 出《利逼》。

凡作传奇者，类多取前人缺陷之事，而以文人之笔补之。如元微
之之于双文，既乱之，不能终之，乃托张生以自寓，反以负心为善补过。
此事之大可恨者也。故作《西厢》者，特写一不负心之张生以销其恨。
王四负周氏，又事之大可恨者也，故作《琵琶》者，借蔡邕以讽王四。
特写一不负心之蔡销其恨。①

毛纶提出"笔补人生缺陷"说，比李渔说得更明白。钱锺书先生《谈艺
录》中说："作梦而许操'选'政，若选将、选色或点戏、点菜然，则人自专由，
梦可随心而成，如愿以作。醒时生涯之所缺欠，得使梦完'补'具足焉，正
犹'造化'之能'笔补'，踌躇满志矣。"②

清代另一戏曲理论家尤侗则提出"夺人酒杯浇己块垒"说：

古之人不得志于时，往往发为诗歌，以鸣不平。顾诗人之旨，怨而
不怒，哀而不伤，抑扬含吐，言不尽意，则忧愁抑郁之思，终无自而申焉。
既又变为词曲，假托故事，翻弄新声，夺人酒杯，浇己块垒，于是嬉笑
怒骂，纵横肆出，淋漓极致而后已。……至于手舞足蹈，则秦声赵瑟，
郑卫递代，观者目摇神愕，而作者幽愁抑郁之思为之一快。③

李渔、毛纶、尤侗的看法都有相当的深度。类似的看法，晚明周楫、吴
伟业亦提出过④，但不及李渔等透辟。这标志着至清代我国的古典戏曲理
论已臻成熟了。

① 毛纶：《第七才子书琵琶记·总论》。着重号为引者所加。
② 钱锺书：《谈艺录》，中华书局1984年版，第382页。
③ 尤侗：《叶九来乐府·序》。
④ 周楫评瞿佑《剪灯新话》和徐渭《四声镜》说："真个哭不得，笑不得，叫不得，跳不得，你
道可怜也不可怜！所以只得逢场作戏，没紧没要，做部小说。……发抒生平之气，把胸
中欲歌欲哭欲叫欲跳之意，尽数写将出来，满腹不平之气，郁郁无聊，借以消遣。"（周楫：
《西湖二集》卷一《吴越王再世索江山》）吴伟业说："今之传奇，即古者歌舞之变也。然其
感动人心，较昔之歌舞更显而畅矣。盖士之不遇者，郁积其无聊不平之概于胸中，无所
抒发，固借古人之歌呼笑骂，以陶写我之抑郁牢骚，因我之性情，爰借古人之性情，而盘
旋于纸上，宛转于当场。"（吴伟业：《北词广正谱·序》）

第二节　剧本创作

李渔不仅是戏曲文学作家,而且是出色的戏曲导演。他家设戏班,常往各地为达官贵人演出,因而有丰富的剧团管理和演出经验。李渔的戏曲美学有相当一部分是关于剧本写作和表演技巧方面的,下面简要地做些介绍。

李渔说:"填词首重音律,而予独先结构。"① 明代戏曲中,以沈璟为首的吴江派是注重音律的,强调"合律依腔",所谓"宁使时人不鉴赏,无使人挠喉捩嗓";而汤显祖为首的临川派则重辞采,针锋相对地提出"不妨拗折天下人嗓子"。李渔超越沈、汤之争,把"结构"放在第一的位置。他说:

> 至于结构二字,则在引商刻羽之先,拈韵抽毫之始。如造物之赋形,当其精血初凝,胞胎未就,先为制定全形,使点血而具五官百骸之势。倘先无成局,而由顶及踵,逐段滋生,则人之一身,当有无数断续之痕,而血气为之中阻矣。②

李渔将结构的地位比作"造物之赋形","先为制定全形",也就是整体构思。接着他又以工匠筑室为喻。在地基初平、间架未立之先,必须对整个房屋的格局了然于胸。所谓"必俟成局了然,始可挥斤运斧"。在充分说明"结构"在戏曲中的地位之后,他就具体地论述结构的内涵:

一是立意要正,这就是所谓的"戒讽刺"。李渔以此打头,强调作者"务存忠厚之心,勿为残毒之事"。写作戏曲不是为了"报怨",因此不宜用以泄私愤,概而言之:"以之劝善惩恶则可,以之欺善作恶则不可。"③ 这实质上是讲创作的动机。

二是内容选择上要"戒荒唐"和"审虚实"。戏曲为了吸引观众,不能不写奇事,但奇事不同于荒唐怪异,李渔强调要将这二者区别开来。另外,

---

① 李渔:《闲情偶寄·词曲部·结构第一》。
② 李渔:《闲情偶寄·词曲部·结构第一》。
③ 李渔:《闲情偶寄·词曲部·戒讽刺》。

戏曲是编的故事,非真实之事,但要合乎人情物理。

三是情节设计要"立主脑"和"密针线"。李渔说:

> 主脑非他,即作者立言之本意也。传奇亦然。一本戏中,有无数人名,究竟俱属陪宾,原其初心,止为一人而设。即此一人之身,自始至终,离合悲欢,中具无限情由,无穷关目,究竟俱属衍文,原其初心,又止为一事而设。此一人一事,即作传奇之主脑也。①

李渔以《琵琶记》为例,说该曲"止为蔡伯喈一人,而蔡伯喈一人又止为'重婚牛府'一事",其他情节都从此一事生发。李渔所说的"立主脑",主旨在强调结构紧凑,人物关系清晰,以一人为主人公,切忌头绪纷繁,枝蔓过多。为此,他还特意提出"减头绪"。

关于情节的组织,他强调连贯性与逻辑性,以缝衣为喻,要"针线严密",避免出现破绽。他说:

> 每编一折,必须前顾数折,后顾数折。顾前者,欲其照映,顾后者,便于埋伏。照映埋伏,不止照映一人、埋伏一事,凡是此剧中有名之人、关涉之事,与前此后此所说之话,节节俱要想到,宁使想到而不用,勿使有用而忽之。②

四是创新问题,即"脱窠臼"。他批评当时创作中剿袭窠臼、板套程式的作风,讥之为"老僧碎补之衲衣,医士合成之汤药"③。他强调"传奇"二字,顾名思义,"非奇不传",若"千人共见,万人共见,绝无奇矣,焉用传之!"④。

至此,李渔从四个方面将戏曲的"结构"问题作了一个全面的论述,实际上他谈的不只是结构问题,而是包括结构在内的总体构思。既涉及内容又涉及形式,既有指导思想,又有具体操作。这部分可以看作李渔戏曲美学的主体。李渔这方面的见解主要集中在《词采第二》和《音律第三》两部

---

① 李渔:《闲情偶寄·词曲部·结构第一》。
② 李渔:《闲情偶寄·词曲部·结构第一》。
③ 李渔:《闲情偶寄·词曲部·结构第一》。
④ 李渔:《闲情偶寄·词曲部·脱窠臼》。

(清)陈枚:《月满清游图》(之一)

分中,李渔认为戏曲语言要浅近平直,这是因为戏曲的欣赏者是文化程度不一的广大观众。他说:

> 传奇不比文章,文章做与读书人看,故不怪其深;戏文做与读书人与不读书人同看,又与不读书之妇人小儿同看,故贵浅不贵深。①

他批评《牡丹亭》辞采过于稚雅,观者中能解的百中一二。在音律上,他反对"拗句",提出"慎用上声","少填入韵"。

李渔还提出"重机趣"。"机趣"这一概念源自明代曲论。明人论曲,有

———————————

① 李渔:《闲情偶寄·词曲部·忌填塞》。

"本色""当行"之说，"本色"指避开丽词工采，专求语言浅近质朴。如吕天成说："本色不在摹剿家常语言，此中别有机神情趣，一毫妆点不来；若摹剿，正以蚀本色。今人不能融会此旨，传奇之派，遂判而为二：一则工藻缋以拟当行，一则袭朴澹以充本色。"① 李渔将"机神情趣"合成"机趣"。何谓"机趣"？李渔说：

> "机趣"二字，填词家必不可少。机者，传奇之精神；趣者，传奇之风致。少此二物，则如泥人、土马，有生形而无生气。②

前人论诗有"天趣""理趣"之说，"天趣"重在"天"，为自然情趣；"理趣"重在"理"，为人工情趣。"机趣"也是人工情趣，但"机趣"重在"机"，而"机"不是"理"。它是一种生动活泼的精神，亦是事物本质、关键所在。李渔说要做到有"机趣"要"两勿"："勿使有断续痕，勿使有道学气。"所谓"勿使有断续痕"，就是要"承上接下，血脉相连，即于情事截然绝不相关之处，亦有连环细笋伏于其中，看到后来方知其妙"③。所谓"勿使有道学气"，就是反对陈腐的理论说教，"即谈忠孝节义与说悲苦哀怨之情，亦当抑圣为狂，寓哭于笑"④。他举王阳明为例，当有人问他"良知"这件东西到底是白的还是黑的时。王阳明风趣地回答："也不白，也不黑。只是一点带赤的，便是良知了。"李渔说，填词就是要有这样一种机趣。"离、合、悲、欢、嘻、笑、怒、骂，无一语、一字不带机趣"⑤。

李渔重"机趣"，但"机趣"从"性中带来"，不是故意编造可得，一切都要自然，就是科诨也不是"有意为之"，"妙在水到渠成，天机自露。我本无心说笑话，谁知笑话逼人来"⑥。

戏曲中唱词，不是直抒胸臆，言情，就是摹山绘水，言景。李渔要求戏

---

① 吕天成：《曲品》卷上。
② 李渔：《闲情偶寄·词曲部·重机趣》。
③ 李渔：《闲情偶寄·词曲部·重机趣》。
④ 李渔：《闲情偶寄·词曲部·重机趣》。
⑤ 李渔：《闲情偶寄·词曲部·重机趣》。
⑥ 李渔：《闲情偶寄·词曲部·贵自然》。

曲中的唱词把情景很好地统一起来，首先，"景书所睹，情发欲言"，这情景都要贴合情境；其次要有个性，切忌一般化，移至任何人皆可。他说：

> 以情乃一人之情，说张三要像张三，难通融于李四。……善咏物者，妙在即景生情，如前所云《琵琶记》《赏月》四曲，同一月也，牛氏有牛氏之月，伯喈有伯喈之月。所言者月，所寓者心。牛氏所说之月可移一句于伯喈，伯喈所说之月可挪一字于牛氏乎？夫妻二人之语，犹不可挪移混用，况他人乎？①

这话说得十分精彩，较之王夫之的情景合一说又高出一筹。李渔强调即情即景，"非对眼前写景，即据心上说情。说得情出，写得景明即是好词，情、景都是现在事。"②只有"即情即景"才能真正做到情景合一，亦才能突出人物的个性与情感活动的当下性，活脱脱地写出一个真人来。

李渔认为戏曲语言要"忌填塞"。他说："填塞之病有三：多引古事，叠用人名，直书成句。"③"填塞"的后果必然失去艺术很可宝贵的生气与空灵。李渔既要求作词"一气如话"，"少隔绝之痕"，"无隐晦之弊"，④但又不希望"和盘托出"，而希望"使人想不到，猜不着"⑤，想象于无穷。

李渔对于戏曲语言的美有精深的研究，不少看法都是出自创作实践的深刻体会，非亲自"下海"者，不能有此一见。如他谈戏曲开篇的用语与终篇的用语：

> 开卷之初，当以奇句夺目，使之一见而惊，不敢弃去，此一法也。终篇之际，当以媚语摄魂，使之执卷留连，若难遽别，此一法也。收场一出，即勾魂、摄魄之具，使人看过数日而犹觉声音在耳、情形在目者，全亏此出撒娇，作临去秋波那一转也。⑥

---

① 李渔：《闲情偶寄·词曲部·戒浮泛》。
② 李渔：《笠翁余集·窥词管见》。
③ 李渔：《闲情偶寄·词曲部·词采第二》。
④ 李渔：《笠翁余集·窥词管见》。
⑤ 李渔：《闲情偶寄·词曲部·小收煞》。
⑥ 李渔：《闲情偶寄·词曲部·大收煞》。着重号为引者所加。

诗词之内好句原难，如不能字字皆工，语语尽善，须择其菁华所萃处，留备后半幅之用。宁为处女于前，勿作强弩之末。……闱中阅卷亦然。盖主司之取舍，全定于终篇之一刻。临去秋波那一转，未有不令人销魂欲绝者。①

李渔这两篇文字，都讲到结尾的文字应如"临去秋波那一转"，让人回味无穷。在这个问题上，戏曲与诗是一样的。

第三节　戏曲表演

《闲情偶寄》设有《演习部》，专论戏曲表演问题，但多为具体的操作规范和技法，若论理论建树还集中在《词曲部》的后三节《宾白第四》《科诨第五》和《格局第六》。李渔提出："填词之设，专为登场。"② 这充分肯定了戏曲归根结底是表演艺术。从戏曲这一特性出发，李渔就演员如何体验角色的情感，借助于语言、形体塑造人物的问题发表了许多精彩的见解：

言者，心之声也，欲代此一人立言，先宜代此一人立心，若非梦往神游，何谓设身处地？③

从来宾白只要纸上分明，不顾口中顺逆，常有观刻本极其透彻，奏之场上便觉糊涂者，岂一人之耳目，有聪明聋瞆之分乎？因作者只顾挥毫，并未设身处地，既以口代优人，复以耳当听者，心口相维，询其好说不好说，中听不中听，此其所以判然之故也。笠翁手则握笔，口却登场，全以身代梨园，复以神魂四绕，考其关目，试其声音，好则直书，否则搁笔，此其所以观听咸宜也。④

李渔这两段文字都谈到"设身处地"。第一段文字讲的"设身处地"，

---

① 李渔:《笠翁余集·窥词管见》。
② 李渔:《闲情偶寄·演习部·选剧第一》。
③ 李渔:《闲情偶寄·词曲部·宾白第四》。
④ 李渔:《闲情偶寄·词曲部·宾白第四》。着重号为引者所加。

侧重于演员为所扮演的人物"设身处地"。强调代人立言,先代人立心。李渔在这里所表达的观点是很能见出中华戏曲表演特点的。狄德罗曾谈到演员有两种类型:一种是任情感驱遣的,另一种是保持清醒头脑的。前一种虽表演很入戏,但不稳定,"今天演得好的地方明天再演就会失败,昨天失败的地方今天再演却又很成功"①。后一种则凭思索、凭理解去表演,头脑中有一个"理想的范本",每次都不差。这两种演员,按文艺心理学研究,属于分享派与旁观派。李渔这里谈的先代人立心,后代人立言,看来是分享派与旁观派的结合,先深入细致地体验人物的思想情感,分享甚至可以说承受他的喜怒哀乐,然后根据他的思想情感来设计如何代他说话。这种先体验后表演的方式将理智与情感统一起来了。既能入乎其内,又能出乎其外。因有了入乎其内,故能演得真,又因为能出乎其外,故能演得好。

李渔对于演员深入体察人物十分看重。他尖锐地批评一种演员,只会按照固定的程式做戏,而不能体会人物的思想情感:

> 有终日唱此曲,终年唱此曲,甚至一生唱此曲,而不知此曲所言何事、所指何人,口唱而心不唱,口中有曲而面上、身上无曲,此所谓无情之曲,与蒙童背书,同一勉强而非自然者也。②

李渔关于"设身处地"还有另一个意思:那就是剧作家设身处地为演员和观众着想。剧本是供演员表演用的,就必须考虑适不适合表演。那种"只要纸上分明,不顾口中顺逆"的"宾白",往往是"观刻本极其透彻",而"奏之场上便觉糊涂"。因此,剧作家在写剧本时不能不"设身处地",既"以口代优人",考虑演员"好不好说";又"以耳当听者",考虑观众"中听不中听"。

这样看起来,戏曲创作中就有三个"设身处地":为所扮演的人物设身处地;为演员的表演设身处地;为观众的接受设身处地。

李渔还谈到了导演工作中的艺术处理问题,其中"剂冷热"尤为精彩。

---

① [法]狄德罗:《谈演员》,转引自朱光潜:《西方美学史》上卷,人民文学出版社 1979 年版,第 2667 页。

② 李渔:《闲情偶寄·演习部·授曲第三》。

(清) 陈枚:《月满清游图》(之二)

李渔说,戏曲表演有个"冷""热"处理问题。一般人看戏,图个热闹,殊不知"冷"有奇特的效果,有的"外貌似冷,而中藏极热"。李渔说:

> 余谓无冷、热,只怕不合人情。如其离、合、悲、欢,皆为人情所必至,能使人哭,能使人笑,能使人怒发冲冠,能使人惊魂欲绝,即使鼓板不动,场上寂然,而观者叫绝之声,反能震天动地。是以人口代鼓乐,赞叹为战争,较之满场杀伐,钲鼓雷鸣,而人心不动,反欲掩耳避喧者为何如?岂非冷中之热,胜于热中之冷;俗中之雅,逊于雅中之俗乎哉! ①

① 李渔:《闲情偶寄·演习部·剂冷热》。

　　李渔的独到之处，是将观众的参与归入戏曲表演中。戏曲表演是真正的综合性艺术，观众既是欣赏者、接受者，同时又是参与者、创造者。戏曲的魅力关键在于能否征服观众。

　　中国戏曲理论研究自宋末就开始了，但大多比较零碎，不够系统。明代王骥德的《曲律》已是系统庞大的戏曲理论著作了，但与李渔的戏曲理论相比，是小巫见大巫。李渔的戏曲美学自戏曲的审美本质、创作的指导思想，到构思、人物、情节设计、语言风格、表演，均有比较深刻的观点，基本形成了一个体系，堪称中国戏曲美学的集大成者。

第十三章

刘熙载的美学思想

　　刘熙载(1813—1881)，字伯简，号融斋，晚号寤崖子，江苏兴化人。道光二十四年(1844)进士，曾官国子监司业、广东学政，晚年主持上海龙门书院，为清代著名的学者、教育家和杰出的文艺批评家。

　　刘熙载的美学思想很丰富，有百川汇海的大千气象，他与王夫之、叶燮

刘熙载像

一样,是中国古典美学的总结者。

刘熙载的美学著作主要为《艺概》,全书包括《文概》《诗概》《赋概》《词曲概》《书概》《经义概》六个部分,涉猎甚广,而论述甚精,正如刘熙载在此书《自叙》中所说:"举此以概乎彼,举少以概乎多。"刘熙载学识渊博,著述甚富,除《艺概》外,还有《游艺约言》《制艺书存》《四言定切》《说文双声》《说文叠韵》《持志塾言》《昨非集》《古桐书屋札记》等著作。

第一节 "文之为物,必有对也"

刘熙载在美学上的突出成就是艺术辩证法的圆熟运用。

刘熙载的艺术辩证法思想来源有二:一是中华阴阳哲学,刘熙载说:"立天之道曰阴与阳,立地之道曰柔与刚。文,经纬天地者也,其道惟阴阳刚柔可以该之。"[1] 又云:"《易·系辞传》言:'物相杂故曰文',《国语》言:'物一无文',可见文之为物,必有对也,然对必有主是对者矣。"[2] 二是近代从西方传过来的算学。刘熙载不仅精于人文科学,对数学亦有一定造诣。他在《天元正负歌序》中谈到数学中的辩证法:

> 算有正负,肇于《方程》,而一切算术以之,算术者不知正负,则无以贯通一切之算。[3]

由于刘熙载学识兼贯古今中外,人文科学与自然科学,因而他对艺术中的辩证法比之前人认识要深刻,论述要透辟。下面我们挑选一些例子加以评介。

一、一与多

一与不一或杂而能一,是中西方古典美学中共通的艺术法则。古希腊确立的"一贯寓于万殊"一直被奉为艺术的金科玉律。中国先秦,《周易·系

---

[1] 刘熙载:《艺概·经义概》。

[2] 刘熙载:《艺概·经义概》。

[3] 刘熙载:《天元正负歌序》。

辞》提出"物相杂，故曰文"；《国语·郑语》中说："声一无听，物一无文。"
这一观点后人多有评说、申发。刘勰引《老子》"三十辐共一毂"为喻，称"列
在一篇，备总情变"①。王若虚评苏轼文"具万变而一以贯之"②。石涛谈画
理："一画落纸，众画随之；一理才具，众理附之。"③ 王夫之评颜之推《古意》
云："繁而一，重而净……"④ 这里，无论是"一"与"总"、"一"与"万"，还是
"一"与"众"、"一"与"繁"，都是"一"与"不一"的问题。刘熙载说：

> 《国语》言"物一无文"，后人更当知物无一则无文。盖一乃文之
> 真宰，必有一在其中，斯能用夫不一者也。⑤

(清) 石涛：《山水图》之一

"一"与"不一"比之"一"与"万"、"一"与"众"等，显然更概括，更具
哲学意味。钱锺书先生对刘熙载这个观点很是推崇，说："刘氏标一与不一

---

① 刘勰：《文心雕龙·总术》。
② 王若虚：《文辨》。
③ 石涛：《画语录·皴法章第九》。
④ 王夫之：《古诗评选》卷五。
⑤ 刘熙载：《艺概·文概》。

相辅成文,其理殊精:一则杂而不乱,杂则一而能多。"①

二、有与无

老子提出"有无相生"的命题,对后世文艺创作及批评影响甚大。在刘熙载之前用"有无"论艺术的言论不少,诸如:

沈括论音乐云:"当使声中无字,字中无声。"② 归有光论作文云:"为文须有出落,从有出落至无出落,方妙。"③ 王思任论戏曲有曰:"从无讨有,从空挨实,无一字不系笑啼。"④ 侯方域论笔法说:"墨法在有无之间。"⑤ 董其昌亦云:"有处恰是无,无处恰是有。"⑥

刘熙载也论"有无"。不过,他论的"有无",范围更广泛。如:

律诗之妙,全在无字处。每上句与下句转关接缝,皆机窍所在也。⑦

杜甫诗只有无二字足以评之。有者,但见性情气骨也;无者,不见语言文字也。⑧

东坡诗善于空诸所有,又善于无中生有……⑨

这些看法都很精彩。

三、正与反

"正"与"反"是刘熙载谈得很多的问题之一。刘熙载反对偏枯,认为"有独而无对"⑩是艺术创造的大忌,提倡诸多因素特别是对立因素的统一。

---

① 钱锺书:《管锥编》第一册,中华书局 1987 年版,第 52 页。
② 沈括:《梦溪笔谈·乐律一》。
③ 归有光:《与沈敬甫四首》之二。
④ 王思任:《玉茗堂还魂记》第二十六出《玩真》的评语。
⑤ 侯方域:《倪云林十万图记》。
⑥ 恽正叔《南田论画》引董其昌语。
⑦ 刘熙载:《艺概·诗概》。
⑧ 刘熙载:《艺概·诗概》。
⑨ 刘熙载:《艺概·诗概》。
⑩ 刘熙载:《艺概·诗概》。

例如：

> 律诗不难于凝重，亦不难于流动。难在又凝重又流动耳。①
>
> 冷句中有热字，热句中有冷字。②
>
> 谭友夏论诗，谓"一篇之朴，以养一句之灵；一句之灵，能回一篇之朴"。此说每为谈艺者所诃，然征之于古，未尝不合。③
>
> 古人书看似放纵者，骨里弥复谨严；看似奇变者，骨里弥复静正。或疑书真有放纵奇变者，真不知书矣，然岂惟不知书而已哉！④
>
> 蔡邕洞达，钟繇茂密。余谓两家之书同道，洞达正不容针，茂密正能走马。此当于神者辨之。⑤

刘熙载讲了许多正反相反相成的关系，从上引来看，就有：凝重—流动；冷—热；朴—灵；放纵—谨严；奇变—静正；洞达—茂密。

四、虚与实

虚与实也是一对正反，但它与一般的正反重要性不一样，其他的正反，诸如上面所谈的正反只关系艺术的局部，而虚与实这一对正反，关系艺术的全局。所以刘熙载对虚与实的关系尤为重视。他说：

> 文或结实，或空灵，虽各有所长，皆不免著于一偏。试观韩文，结实处何尝不空灵，空灵处何尝不结实。⑥
>
> 李陵赠苏武五言但叙别愁，无一语及于事实，而言外无穷，使人黯然不可为怀。⑦

上引两例，前例谈韩愈文章，说是"结实"与"空灵"的统一。后例讲李陵五言诗，说是言内之意与言外之味的统一。这实际上已论及诗歌意象

---

① 刘熙载：《艺概·诗概》。
② 刘熙载：《艺概·诗概》。
③ 刘熙载：《艺概·赋概》。
④ 刘熙载：《艺概·书概》。
⑤ 刘熙载：《艺概·书概》。
⑥ 刘熙载：《艺概·文概》。
⑦ 刘熙载：《艺概·诗概》。

(清) 石涛:《山水图》之二

的审美本质。这不只是诗歌创作的技巧问题了。

　　刘熙载在论词的审美品格时亦涉及虚与实的问题。他说:"词尚清空妥溜,昔人已言之矣。惟须妥溜中有奇创,清空中有沉厚,才见本领。"① 又云"词之大要,不外厚而清。厚,包诸所有,清,空诸所有也"②。自南宋张炎在《词源》中提出"词要清空,不要质实"以来,关于词的审美品格,亦即词的本色就大致定在"清空"上,刘熙载认为张炎的说法有片面性,他提出"清空中有沉厚",对张炎的说法进行纠正。刘熙载的说法自然更为深刻。

　　以上诸条,虽谈论的内容、侧重点有所不同,但其中有相通处,那就是刘熙载是运用辩证的观点来看待艺术问题的。以上问题,前人也谈到过,但比较零散。而到了刘熙载这里则很集中,深度也超过以前。可以说刘熙载是中国美学史上,艺术辩证法运用得最自觉、最纯熟的一位美学家。

　　我们知道,中国的美学范畴体系受阴阳相对相生的思维模式影响,大

---

① 刘熙载:《艺概·词曲概》。
② 刘熙载:《艺概·词曲概》。

多以成对的形式出现,诸如文与质、虚与实、形与神、情与景、奇与正、曲与直、疏与密、生与熟、动与静等。其中尤以文质、虚实、形神、情景四对最为重要。从先秦到晚清,贯穿百代,成为中华美学的四大基础范畴对。在刘熙载的《艺概》中,这些美学范畴对都获得论述。辩证法的威力使得这些范畴对如璀璨的明珠放射出夺目的光彩。

第二节 "人饰不如天饰"

在文质、虚实、形神、情景这四对基本范畴中,文质是最重要的。刘熙载对文与质这对最为古老的美学范畴有独到的阐发。

我们知道,文质这对范畴最早是由孔子提出来的。孔子说:"质胜文则野,文胜质则史,文质彬彬,然后君子。"[①] 在孔子这里,"文"是指外饰性的礼仪节文,质是指内在的道德品质。孔子运用这对范畴本是论人,强调内善与外美的统一。后人用来论文,于是,文与质则分出两个不同层面的意义:一是质与文分别指作品的内容与形式。二是文指修饰,质指不加修辞亦即本色。不过,任何作品都会有不同程度的修饰,没有任何修饰的作品是没有的。因而,文与质又用来表示经过修饰后所呈现的两种不同的艺术风格。"质"为恬淡、清丽的风格,即"芙蓉出水"式的美;"文"为繁艳、富丽的风格,即"镂金错采"式的美。风格亦可上升为境界。"文"重在人工,"质"重在自然,重在人工者可以说是善,重在自然者可以说是真。

中华美学中文与质的内涵是非常丰富的。文与质的问题可以说是中华美学的核心问题。

刘熙载不同程度地涉及文与质关系问题的方方面面。基本精神不离文质合一的传统。就内容与形式这层意义来说,他主张内容形式统一。说:"文,心学也。心当有余于文,不可使文余于心。"[②] "文不本于心性,有文之耻,

---

① 《论语·雍也》。
② 刘熙载:《游艺约言》。

甚于无文。"① "心"在这里指文的内容，文为"心"或"心性"的形式。文从心出，内容决定形式。形式服务于内容。

刘熙载在这方面基本上坚持儒家的诗学传统，创意不多。他比较有创见的是在文艺作品的风格与境界的问题上。

刘熙载在《艺概·文概》中对《易经》中的贲卦做了很富有美学意味的阐发。他论贲卦上九爻说：

白贲占于贲之上爻，乃知品居极上之文，只是本色。②

上九爻的爻辞是"上九，白贲，无咎"。"贲"是修饰，"白贲"为纯白色的修饰，实际上是无修饰，回到本色。刘熙载说。白贲居贲卦的最上爻，意味着极上之文，只是本色。那就是说，本色是最美的。

在《易经》中，贲卦是一个最富有美学意义的卦。此卦上卦为艮，艮为山；下卦为离，离为火。按卦象为山下有火，喻工丽。

晋人王廙解释此卦象说：

山下有火，文相照也。夫山之为体，层峰峻岭，峭险参差，直置其形，已如雕饰，复加火照，弥见文章，贲之象也。③

有趣的是这卦上九爻为"白贲"。按《易经》作者的观点，美之极致乃是无修饰，乃是本色，乃是"素"。《易经》此说于后世影响极大。荀爽称："极饰反素。"刘勰也说："衣锦褧衣，恶文太章，贲象穷白，贵乎返本。"④ 正如宗白华先生概括的，贲卦已包含华丽繁富和平淡素净两种对立的美。"贲本来是斑纹华采，绚烂的美。白贲则是绚烂又复归于平淡。"⑤

孔子主文质彬彬，对于修饰是很注重的。《论语》载："子夏问曰：'巧笑倩兮，美目盼兮，素以为绚兮。'何谓也？"子曰："绘事后素。"⑥ 所谓"绘事

---

① 刘熙载：《游艺约言》。
② 刘熙载：《艺概·文概》。
③ 李鼎祚《周易集解》引。
④ 刘勰：《文心雕龙·情采》。
⑤ 宗白华：《艺境》，北京大学出版社 1987 年版，第 333 页。
⑥ 《论语·八佾》。

(清) 李鱓:《松藤图》

后素"就是在素白的底上作画。

　　在中国美学史上,除儒家的文质说外,尚有道家的文质说。老子也谈文质,只是用的概念是"朴"。老子返璞归真的思想与孔子"文质彬彬"说是尖锐对立的。庄子更反对"文溺质",倡导"朴素为天下之大美"①。道家的"质朴"说倒是与《易经》的"白贲"说极为相近。汉代以来,这两者有合流倾向。孔子"绘事后素"被人修正。刘向《说苑》中载:孔子得贲卦,意不平。子张问其故。孔子曰:"贲,非正色也,是以叹之。吾思夫质素,白当正

────────────

① 《庄子·缮性》。

白，黑当正黑，夫质又何一也？吾亦闻之，丹漆不文，白玉不雕，宝珠不饰，
何也？质有余者，不受饰也。"① 这里，孔子说的话与《论语》中孔子的话，
意思正相反。《论语》讲"绘事后素"，是说要修饰；此处讲"绘事以素"，是
说不要修饰。正是因为有这种儒道合流，魏晋时提出了"镂金错采"和"芙
蓉出水"两种美，而且认为后者高于前者。这两种美的理想在中国美学史
上影响很大，明代沈璟、汤显祖的"本色""藻缋"之争就是一个例子。②

　　刘熙载的文质说明显地表现出儒道合一的倾向。他一方面倡导《易经》
"白贲无饰"说，另一方面又谈"质朴无饰"说。如他在《艺概·书概》中说：

　　　　学书者始由不工求工，继由工求不工。不工者，工之极也。《庄
　　子·山木》篇曰："既雕既琢，复归于朴。"善夫！③

　　"不工求工"，这是说要修饰；"工求不工"，则是讲返璞归真，不要修饰。
这二者的统一经过一个"否定之否定"的过程。刘熙载的文质统一观既是
儒、道两家文质观的总结，更是它们的提高。

　　自魏晋而下，历代文艺思潮都贯穿着"质"（"芙蓉出水"）和"文"（"镂
金错采"）的嬗变交替。刘勰提出"质文代变"的观点。李白批评六朝诗文说：
"大雅久不作。"他所说的大雅就是"天然去雕饰"的作品。韩愈人称"文起
八代之衰"，起的也就是李白所说的"大雅"。晚唐、宋初，"西昆体"遭人诟
病，咎在粉饰、雕琢太甚。宋代文坛巨子苏轼提倡"极绚烂而归平淡"；明
代戏曲理论及创作提出"本色"说与"藻丽"说，也是"文"与"质"之争的
表现。清初黄宗羲、王夫之、钱谦益反对明代文风靡弱不振，也就是以"质"
来纠"文"过之偏。

　　刘熙载也以"质文代变"的观点审视文学史，他提出：

　　　　汉魏之间，文灭其质，以武侯经世之言，而当时怪其文采不艳。然
　　彼艳香，如实用何！④

————————————

① 刘向：《说苑·反质》。
② 参见本书介绍汤显祖的相关章节。
③ 刘熙载：《艺概·书概》。
④ 刘熙载：《艺概·书概》。

西昆体所以未入杜陵之室者,由文灭其质也。质、文不可偏胜。西江之矫西昆,浸而愈甚,宜乎复诒口实钬! ①

刘熙载在反对"以文灭质"的同时,对南北朝雕饰藻缋的文风提出批评:

赋尚才不如尚品。或竭尽雕饰以夸世媚俗,非才有余,乃品不足也。徐、庾两家赋所由卒未令人满志钬! ②

刘熙载推崇自然清新的风格:

东坡《题与可画竹》云:"无穷出清新。"余谓此句可为东坡诗评语,岂偶借与可以自寓耶?杜于李亦以清新相目。诗家"清新"二字,均非易得。元遗山于坡诗,何乃以新讥之? ③

人尚本色,诗文书画亦莫不然。太白"清水出芙蓉,天然去雕饰"二句,余每读而乐之。④

文之不饰者,乃饰之极。盖人饰不如天饰也。是故《易》言"白贲"。⑤

书当造乎自然。蔡中郎但谓书肇于自然,此立天定人,尚未及乎由人复天也。⑥

以上这些论述充分表现刘熙载"以人复天"的审美理想。在刘熙载看来,美的创造虽始于人工,但要达到极致,则必"造乎自然",即合乎天造。人饰不如天饰,但要达到天饰则必由人饰,天饰既是对人饰的否定,同时又是对人饰的肯定。这是一种否定之否定的过程,用刘熙载的话来说:"始由不工求工,继由工求不工。"⑦ 这"不工者",乃是"工之极也"。

刘熙载在论蔡邕书法理论时提出两个审美理想:一是"立天定人",二

---

① 刘熙载:《艺概·书概》。
② 刘熙载:《艺概·书概》。
③ 刘熙载:《艺概·书概》。
④ 刘熙载:《游艺约言》。
⑤ 刘熙载:《游艺约言》。
⑥ 刘熙载:《艺概·书概》。
⑦ 刘熙载:《艺概·书概》。

是"由人复天"。"立天定人"是低层次的;"由人复天"才是最高层次的。"立
天定人",只是摹仿现有自然,即所谓"第一自然";"由人复天",则创造新
的自然,即所谓"第二自然"。"立天定人"见物不见人,"由人复天",见人
又见物;"立天定人"是低层次的天人合一论,"由人复天"才是高层次的天
人合一论。然没有"立天定人"这个环节则没有"由人复天"的境界,后者
同样是对前者的否定之否定。

第三节 "以丑为美"

在刘熙载的美学体系中,"丑"是一个重要的范畴。他的《艺概》有三
处直接说到丑:

> 昌黎往往以丑为美,然此但宜施之古体,若用之近体则不受矣。
> 是以言各有当也。①

> 怪石以丑为美,丑到极处,便是美到极处。一丑字中,丘壑未易
> 尽言。②

> 俗书非务为妍美,则故托丑拙。美丑不同,其为为人之见一也。③

刘熙载说韩愈作古体诗"往往以丑为美"。这"丑"是指什么呢? 从韩
愈诗文的实际情况来看这"丑"应是怪异。韩愈曾自言其文"怪怪奇奇"④。
这"怪奇"要素有二:一是立意新奇,二是用语力避庸俗。韩愈的弟子皇甫
湜对此有透彻说明:"夫意新则异于常,异于常则怪矣。词高则出于众,出
于众则奇矣。虎豹之文,不得不炳于犬羊;鸾凤之音,不得不锵于乌鹊;金
玉之光,不得不炫于瓦石。"⑤

这样的险怪诗到底有什么特殊的作用呢? 皇甫湜论韩愈文说:"先生之

---

① 刘熙载:《艺概·诗概》。

② 刘熙载:《艺概·书概》。

③ 刘熙载:《艺概·书概》。

④ 韩愈:《送穷文》。

⑤ 皇甫湜:《答李生第一书》。

作，无圆无方，至是归工。……及其酣放，毫曲快字，凌纸怪发，鲸铿春丽，惊耀天下。"① 苏洵亦说："韩子之文，如长江大河，浑浩流转，鱼鼋蛟龙，万怪惶惑，而抑遏蔽掩，不使自露；而人望见其渊然之光，苍然之色，亦自畏避不敢迫视。"②

刘熙载援用苏洵的话来评韩文，说是"八代之衰，其文内竭而外侈；昌黎易之以万怪惶惑，抑遏蔽掩，在当时真为补虚消肿良剂"③。

这样，大致清楚了刘熙载说的韩愈写诗"以丑为美"的"丑"是什么了。

我们再看刘熙载论丑的第二句话："怪石以丑为美"。这里明确说，丑是怪。怪石为什么美呢？郑板桥题画诗中引米芾、苏轼的说法加以阐述：

> 米元章论石，曰瘦，曰皱，曰漏，曰透，可谓尽石之妙矣。东坡又曰："石文而丑。"一"丑"字，则石之千态万状，皆从此出。彼元章但知好之为好，而不知陋劣之中有至好也。东坡胸次，其造化之炉冶乎？燮画此石，丑石也，丑而雄，丑而秀。④

刘熙载论丑的第三句话是讲书法。认为"俗书非务为妍美"，那么雅书并不求其"妍美"，而可以丑拙现之了。

综合刘熙载论丑的言论，可以看出，他说的丑，其实不是真正的丑，而是一种美，特别的美。这种美在西方美学中通常称为崇高。崇高，按西方美学家的看法，在体积上是巨大的、凹凸不平的、奔放不羁的、阴暗朦胧的、坚实笨重的。它与以和谐、轻灵、光滑、秀雅为特点的优美相比，的确有些丑。博克说："崇高总是引起惊赞，总是在一些大得可怕的事物上面见出。"⑤

崇高这种美的突出优点是富有气势，富有力量。它给人的感觉不那么甜，不那么腻，甚至还有几分痛感、压抑感，但它刺激，不仅给人的感官，而且给人的心灵以极大的振奋。因而，车尔尼雪夫斯基称崇高为伟大的美。

---

① 皇甫湜：《韩文公墓志铭》。
② 苏洵：《上欧阳内翰第一书》。
③ 刘熙载：《艺概·文概》。
④ 郑板桥：《郑板桥集·题画》。
⑤ 《西方美学家论美和美感》，商务印书馆 1980 年版，第 122 页。

把它的特点归之为更强得多,更有力得多。

　　崇高总是以其深刻的内涵、粗犷的形式和强大的动感而闪耀着卓异的光辉。

　　中华美学在崇高意义上运用丑这一概念是很晚的事,宋代肇其始,以前多用奇拙、朴质、生涩、怪异等概念来代替。明代董其昌论作画要"绝去甜俗蹊径"①,已经说到以丑为美了,但未用"丑"字。清人用"丑"论艺,知名的除郑板桥外,还有傅山、石涛。傅山论书法,提出"宁拙毋巧,宁丑毋媚,宁支离毋轻滑,宁直率毋安排"②。石涛论印时也说:"书画图章本一体,精、雄、老、丑贵传神。"③

　　刘熙载"以丑为美"含义很丰富,除了借助于"丑"创造崇高这层含义外,还意味着美丑的辩证关系,丑可以转化成美,反之亦然。意大利美学家克罗齐称"丑到极点,没有一点美的因素,它就因此失其为丑"④。刘熙载的"丑到极处便是美到极处",与克罗齐的说法一致,但更精彩,更见辩证法。另外,从审美意义言之,进入审美视野的丑与非审美的丑也是有区别的,前者经过审美主体的作用,其丑可以作为审美对象,进行审美评价;后者则不行,它通常是恶。刘熙载是从审美意义上谈丑的,他说的丑其本质不是恶。尽管刘熙载没能深入阐述审美的丑与非审美的丑的区别,但仍然给我们以启发。

第四节　"学书通于学仙"

　　刘熙载的书法美学思想很丰富。他的《艺概·书概》篇幅虽不大,但涉猎甚广,从笔法、书体、书理到前代重要的书法家几乎都谈到了。

　　刘熙载在书法美学上基本上采取兼容并包的态度,前代优秀的书法美

---

① 董其昌:《画禅室随笔》卷二。
② 傅山:《作字示儿孙》,见《霜红龛集》卷四。
③ 石涛:《大涤子题画诗跋》。
④ [意] 克罗齐:《美学原理》,作家出版社1958年版,第74页。

学思想他几乎都吸收过来了，但不能说他只是一个收藏家，他在广为吸取、兼容并包的过程中还是构造了一个属于他的有机的书法美学体系。

下面，我们择一些要点略作评介。

一、"写字者，写志也"

这是刘熙载书法美学的核心。在刘熙载看来，字是一个人思想情感的表现、品德才学的反映。他说：

> 书，如也，如其学，如其才，如其志，总之曰如其人而已。[1]
>
> 贤哲之书温醇，骏雄之书沉毅，畸士之书历落，才子之书秀颖。[2]

刘熙载这个观点并非新创，前代有"书为心画"之类说法。不过，刘熙载再次肯定此观点仍有意义。它不仅是传统书学有关这一理论的总结，而且也与近代崇尚个性的美学思潮接轨。

二、"观物"与"观我"

刘熙载把书法的本质定为"写志"，然要写好字，只是培植高尚志向还不行。因为字虽是志之表达，但这表达却是要借助于特殊的线条以及由这线条所组成的形象的。这线条和这形象的创造在很大程度上要取法于大自然，因而就有一个观察大自然、师法大自然的工作。《周易·系辞传》谈到八卦符号的产生，说："古者包牺氏之王天下也，仰则观象于天，俯则观法于地。观鸟兽之文与地之宜，近取诸身，远取诸物，于是始作八卦。"刘熙载很可能受《系辞传》的影响，当然也受前代书法家有关论述的影响，提出"两观"说：

> 学书者有二观：曰观物，曰观我。观物以类情，观我以通德。如是则书之前后莫非书也，而书之时可知矣。[3]

"观物"是对大自然的观察，观察的出发点及功用不是摹仿自然物，而

---

[1]　刘熙载：《艺概·书概》。

[2]　刘熙载：《艺概·书概》。

[3]　刘熙载：《艺概·书概》。

是"以类情"。即是从自然物中寻找情感的寄托物,然后再将这寄托物转化成书法的形式。"观我"即培植自己高尚的品德、情操,并让这品德、情操与书法艺术沟通。

刘熙载的说法含再现与表现的统一,但又不能作此归纳,因为刘熙载的"类情",并不等于摹仿,"类",重在借物以寄托;刘熙载说的"通德",也不等于表情,它强调的是"通"。"类情""通德"的说法亦见出中华哲学天人合一、物我交融的传统。

三、"书贵入神"

"书贵入神",也是前人多有论述的。刘熙载予以吸收。他说:

> 学书通于学仙,炼神最上,炼气次之,炼形又次之。①

刘熙载提出"三炼"说,是个创造。他没有展开论述"神""气""形"的内涵。"形"比较好理解;"气"他谈得较多,比如,他说:"书之要,统于'骨气'二字。骨气而曰洞达者,中透为洞,边透为达。"② 这"骨气"可能是指一种强劲的生命力量。他说的"神"当指生命的极致。

值得我们注意的是,刘熙载还提出:"神有我神他神之别。入他神者,我化为古也。入我神者,古化为我也。"这里,突出地表现出刘熙载的美学思想:反对复古,崇尚个性,崇尚创造。

四、尚"深",尚"清",尚"厚"

刘熙载论书,有他独特的美学标准。他说:

> 论书者曰"苍"、曰"雄"、曰"秀",余谓更当益一"深"字。凡苍而涉于老秃,雄而失于粗疏,秀而入于轻靡者,不深故也。③
>
> 书尚清尚厚,清厚要必本于心行。不然,书虽幸免薄浊,亦但为他

---

① 刘熙载:《艺概·书概》。

② 刘熙载:《艺概·书概》。

③ 刘熙载:《艺概·书概》。

人写照而已。①

刘熙载论书,独拣出"深""厚""清"三字加以强调,说明他对书法的要求尤其看重内涵的深刻、厚重,同时又注重品位的高雅脱俗。

五、"高韵深情,坚质浩气,缺一不可为书"

刘熙载论书基本上是持"中和"的立场,主阴阳和谐,刚柔相济,力韵统一。

他接受阮元"南北书派论"的观点,并做了自己的阐述。说:"北书以骨胜,南书以韵胜。然北自有北之韵,南自有南之骨也。"②"南书温雅,北书雄健。……然此只可拟一得之士,若母群物而腹众才者,风气固不足以限之。"看来他的主张是将骨与韵统一起来。

刘熙载论书贯穿的一个基本思想就是阳刚与阴柔的统一。这表现在许多方面:

比如论篆书,他说:"篆书要如龙腾凤翥。"③ 论孙过庭草书:"飘逸愈沈著,婀娜愈刚健。"④ "书要兼备阴阳二气。大凡沈著屈郁,阴也;奇拔豪达,阳也。"⑤ 这"阴阳二气",可以理解成两种相对的生命力量,一种偏重于刚健,一种偏重于沉郁。刘熙载论"气"最精彩的,是下面一段文字:

> 凡论书气,以士气为上。若妇气、兵气、村气、市气、匠气、腐气、伧气、俳气、江湖气、门客气、酒肉气、蔬笋气,皆士之弃也。⑥

这里的"气"则不在生命力量的强弱、大小,而在生命力量的品格。所谓"士气",应是指一种高雅超俗的品格。

刘熙载对"神"没有做分析,他说:"书与画异形同品,画之意

---

① 刘熙载:《艺概·书概》。
② 刘熙载:《艺概·书概》。
③ 刘熙载:《艺概·书概》。
④ 刘熙载:《艺概·书概》。
⑤ 刘熙载:《艺概·书概》。
⑥ 刘熙载:《艺概·书概》。

象变化，不可胜穷，约之，不出神、能、逸、妙四品而已。"① 看来，这"神""能""逸""妙"四品说是张怀瓘、黄休复评书理论的综合。刘熙载亦很重视笔力。他说："书要力实而气空，然求空必于其实。"②"字有果敢之力，骨也；有含忍之力，筋也。"③ 总之，"高韵深情，坚质浩气，缺一不可以为书。"④ 这些论述都很精辟，是千百年来中国书法美学的总结。

六、"草书意多于法"

刘熙载对篆书、隶书、八分、行书、草书各种书法都有精彩论述，尤以对草书论述最为深刻。刘熙载非常看重草书。他说：

> 书家无篆圣、隶圣，而有草圣。盖草之道千变万化，执持寻逐，失之愈远，非神明自得者，孰能止于至善耶？⑤

将书法作为艺术来看待，的确，草书是代表。那么，草书有什么特点呢？刘熙载说：

> 他书法多于意，草书意多于法。故不善言草者，意法相害；善言草者，意法相成。⑥

> 正书居静以治动，草书居动以治静。⑦

> 书凡两种：篆、分、正为一种，皆详而静者也；行、草为一种，皆简而动者也。⑧

> 欲作草书，必先释智遗形，以至于超鸿蒙，混希夷，然后下笔。古人言"匆匆不及草书"，有以也。⑨

---

① 刘熙载：《艺概·书概》。
② 刘熙载：《艺概·书概》。
③ 刘熙载：《艺概·书概》。
④ 刘熙载：《艺概·书概》。
⑤ 刘熙载：《艺概·书概》。
⑥ 刘熙载：《艺概·书概》。
⑦ 刘熙载：《艺概·书概》。
⑧ 刘熙载：《艺概·书概》。
⑨ 刘熙载：《艺概·书概》。

以上论述揭示了草书两个最重要的特点:"意多于法""居动以治静"。合起来就是自由性。刘熙载还谈到草书的笔力和笔画问题。他说:"草书尤重笔力。盖草势尚险,凡物险者易颠,非具有大力,奚以固之?"[①] "草书之笔画,要无一可以移入他书,而他书之笔意,草书却要无所不悟。"[②] 这里谈到草书笔势"尚险"和草书笔画的特殊性,是深得草书三昧之论。

草书的魅力的确是其他书体无可代替的。刘熙载的书法美学全面总结了中国古典书法美学,并为中国书法美学由古典形态向近代形态过渡搭起了桥梁。

---

① 刘熙载:《艺概·书概》。
② 刘熙载:《艺概·书概》。

第十四章
曾国藩的美学思想

曾国藩（1811—1872），字伯涵，号涤生，湖南双峰人，清道光进士，晚清重要的政治家，与李鸿章、左宗棠、张之洞并称为"晚清中兴四大名臣"，死后封一等毅勇侯，谥号"文正"。

曾国藩爱好读书、写作，从他的日记可以得知，他几乎天天都读书、写作。毕其一生有《求阙斋文集》《诗集》《读书录》《日记》《家训》《经史百家杂钞》《为学之道》《十八家诗钞》等著述不下百十数卷，后世整理出《曾文正公全集》，传于世。曾国藩一生奉行程朱理学，但不盲从。在学风上，他奉行的清初顾炎武等开创的经世致用之道，是清朝实学风尚的突出代表。在文学上，他继承桐城派的传统而自立风格，是桐城派晚期的佼佼者。曾国藩对明末清初的王夫之非常推崇，主持编辑并出版《王夫之全集》。在美学思想上，他是王夫之的崇拜者。曾国藩主张善美统一，刚柔相济，和谐大同，境界为上，他特别推崇阳刚之美。事实上，曾国藩是晚清文坛领袖，也是晚清美学的旗帜，基于曾国藩崇高的政治地位以及巨大的影响，曾国藩的美学思想不能忽视。

第一节　论圣哲

　　曾国藩出身湖南乡下一个殷实的农民家庭，虽然自幼受到私塾教育，但因为囿于家庭及当地条件限制，诸多书没有读过，甚至没有见过，直到中了进士，进了北京，担任文渊阁校理职务，才得以看到《四库全书》，故而感叹"书籍之浩浩，著述者众，若江海然"①，从中择取了 30 多人，让儿子曾纪泽为其作画像，为一卷书，藏于家塾，以供子孙后代学习。他专撰一文，名《圣哲画像记》，详尽说明他的意图。

　　"圣哲"是"圣"与"哲"的组合。这些人物是："文周孔孟，班马左庄，葛陆范马，周程朱张，韩柳欧曾，李杜苏黄，许郑杜马，顾秦姚王"②，计：

　　　　周文王、周公、孔子、孟子；

　　　　班固、司马迁、左丘明、庄子；

　　　　诸葛亮、陆贽、范仲淹、司马相如；

　　　　周敦颐、程颐、朱熹、张载；

　　　　韩愈、柳宗元、欧阳修、曾巩；

　　　　李白、杜甫、苏轼、黄庭坚；

　　　　许慎、郑玄、杜佑、马端临；

　　　　顾炎武、秦蕙田、姚鼐、王念孙。

　　曾国藩按照他对于学问的理解，将学人分类：

　　　　姚姬传氏言学问之途有三：曰"义理"；曰"词章"；曰"考据"。戴东源氏亦以为言。如文、周、孔、孟之圣，左、庄、马、班之才，诚不可以一方体论矣。至若葛、陆、范、马在圣门则以德行兼政事也；周、程、张、朱在圣门则德行之科也，皆义理也。韩、柳、欧、曾、李、杜、苏、黄，在圣门则言语之科也，所谓词章之科也。许、郑、杜、马、顾、秦、姚、王，

---

① 曾国藩：《圣哲画像记》。

② 曾国藩：《圣哲画像记》。

在圣门则文学之科也。顾、秦于杜、马为近,姚、王于许、郑为近,皆考据也。①

曾国藩区别圣与圣门,将周文王、周公、孔子、孟子称为圣,而将左丘明、庄子、司马迁、班固归为才。归入圣门的学人,按桐城派对于文章三要素"义理""词章""考据"的说法,分成三类:第一类为义理类,此类重德行,它分两小类:一类为德行兼政事;另一类为德行。第二类为词章类,词章为言语科。第三类为考据类,为文学科,此文学不同于今天的文学,它说的是文献研究,侧重于考据。

曾国藩这种分类,见出两个重要特点:

一是桐城派观点的活用。曾国藩在文章写作上属于桐城派,特别服膺桐城派的为文之道——"义理""词章""考据"说。

二是"义理""词章""考据"各有侧重,义理,注重德行规范,属于善;词章,注重文采焕发,属于美;考据,注重科学求实,属于真。

从曾国藩的圣哲分类来看,他将"义理""词章""考据"三类学人都归入圣门,可见圣门宽阔,这应了儒家的一句名言:"人皆可以为尧舜"。

曾国藩将左丘明、庄子、司马迁、班固的才看得格外重,他们的"才"与"文、周、孔、孟之圣"并称。"左、庄、马、班"四人中,左丘明、司马迁、班固均是史学家,三人的历史著作有一个共同的特点,文采灿然。庄子是哲学家,他的哲学著作《庄子》不仅是深刻的哲学著作,而且是优秀的文学著作,四人的著作都是美文。

《圣哲画像记》涉及诸多美学问题。关于真与美的关系,曾国藩有独到的观点:

> 左氏传经,多述二周典礼,而好称引奇诞;文辞烂然,浮于质矣。
>
> 太史公称庄子之书皆寓言。吾观子长所为《史记》,寓言亦居十之六七。班氏宏识孤怀,不逮子长远甚。然经世之典,六艺之旨,文字之源,幽明之情状,粲然大备。岂与夫斗筲者争得失于一先生之前,姝姝

---

① 曾国藩:《圣哲画像记》。

而自悦者能哉！ ①

左丘明、司马迁、班固都是历史学家，他们记述以真为标准。然而什么是真？完全是真事吗？不可能，因为历史都是过去的事，历史学家不可能亲历其事。任何历史都是经历史家的识见过滤过的，是历史家认定的历史。因为不是亲历，不能不加上自己的想象，让历史活起来。正是因为这样，曾国藩说："吾观子长所为《史记》，寓言亦居十之六七。"左丘明也是讲故事的高手，而且"喜好称引奇诞"，奇诞本吸引人，兼之"文辞烂然"，就更吸引人了。

曾国藩说左丘明的《左传》"浮于质"。"浮"是突出的意思，是说《左传》的文特别突出，盖过了质——内容，而不是说变了质，或者毁了质。班固在想象力方面不及司马迁，但他的史笔也是一支生花放彩之笔，他注重在真与美的统一上下功夫，让"经世之典，六艺之旨，文字之源，幽明之情状，粲然大备"。

哲学是真善美的统一，它是完全可以写成寓言的，哲学写成寓言，具有故事性，就富有了审美性，吸引人了。司马迁说庄子之书皆寓言，也许正是从庄子那里，司马迁获得了重要的启迪：寓言其实也可以是真的；历史，未必不可以写成寓言。就人们的接受兴趣来说，美，比真可爱，因此，真总是想要扮成美。庄子是这样的高手，司马迁也是。

真与美的关系不仅体现在历史、哲学之类的学问之中，也体现在考据之类的学问之中。考据学是求真的学问，也是行善的事业。曾国藩正是从这一立场出发，对于从事考据学的郑康成、顾炎武、王念孙、秦蕙田、江慎修等予以高度赞扬。他说："我朝学者，以顾亭林为宗，国史《儒林传》褒然冠首。吾读其书，言及礼俗教化，则毅然有'守先待后，舍我其谁'之志，何其壮也！"② 因为有了顾亭林的考据，诸多理解上的障碍得以扫除，读书不仅有所得，而且读书的过程也成为乐事了。

---

① 曾国藩：《圣哲画像记》。
② 曾国藩：《圣哲画像记》。

关于美与善的关系，曾国藩最为看重。在《圣哲画像记》中，曾国藩最重视的是"义理"类的学人，他们属于圣门的德行科。其中，一部分德行兼政事，如诸葛亮、范仲淹；另一部分就是德行，实际上他们也有职业，主要在从事教育，如周敦颐、二程。这里，诸葛亮的名字特别令人瞩目，曾国藩将他作为道德家与政治家合一的代表人物。在《鸣原堂论文》一书中，曾国藩收录诸葛亮的《出师表》，对于此文做了如下评论：

> 古人绝大事业，恒以精心敬慎出之。以区区蜀汉一隅，而欲出师关中，北伐曹魏，其志愿之宏大，事势之艰危，亦古今所罕见！而此文不言其艰巨，但言志气宜恢宏，刑赏宜平允；君宜以亲贤纳言为务，臣宜以讨贼进谏为职而已。故知不朽之文，必自胸襟远大，思虑精微始也。①

此处评论，着意于诸葛亮的精神。诸葛亮作为政治家之所以成为《圣哲画像记》中，就是因为他写出了光昭日月的辉煌大著《出师表》。《出师表》所展示的人格之美是中华民族精神瑰宝，诸葛亮精神成为中华民族精神的光辉标志之一。

中国美学讲善与美的关系，集中体现在对于人格美的认识上。人格美实质是人格善，孟子说"充实之谓美"，这"充实"指美德的充实。之所以美德的充实成为美，是因为这充实的美德具有强烈的感人力量。孟子说，"充实而有光辉之谓大"，这"大"可以理解成崇高。崇高是伟大的美，而且主要是精神上的伟大。诸葛亮的《出师表》之所以成为千古名文，是因为它具有崇高的美。崇高是精神的伟大，而精神的伟大在善。

中国学者治学，十分重视承传。韩愈曾将儒家学派的承传梳理出一个脉络："尧以是传之舜，舜以是传之禹，禹以是传之汤，汤以是传之文、武、周公，文、武、周公传之孔子，孔子传之孟轲，轲之死不得其传也。"②韩愈在梳理出这个脉络后，认为这个系统至孟轲就中断了，自己应该勇敢地将这

---

① 曾国藩:《鸣原堂论文·诸葛亮出师表》。

② 韩愈:《原道》。

个传统续上。曾国藩整理的中华学人圣哲全景图,其实也有承传前人的意思,比如,说到姚鼐,他说:"姚先生持论闳通,国藩之粗解文章,由姚先生启之也。"①

第二节 论 忧 乐

忧乐是人生两种基本情感,在儒家文化中,忧乐上升为两种人生态度。当忧乐成为人生态度后,它就不只是情感,而是心理本体,人生的哲学、美学

曾国藩关于忧乐,有一段经典言论:

> 古之君子,盖无日不忧,无日不乐。道之不明,己之不免为乡人,一息之或懈,忧也;居易以俟命,下学而上达,仰不愧而俯不怍,乐也。自文王、周、孔三圣人以下,至于王氏,莫不忧以终身,乐亦终身,无所于祈,何所为报?己则自晦,何有于名?惟庄周、司马迁、柳宗元三人者,伤悼不遇,怨悱形于简册,其于圣贤自得之乐,稍违异矣。然彼自惜不世之才,非夫无实而汲汲时名者比也。苟汲汲于名,则去三十二也远矣。②

这里,曾国藩托古代君子,阐述了一种忧乐观:

什么是君子的忧乐。君子忧的是"道之不明"。道,是救治天下之根本,道不明,即道没有得到阐明。道不明,君王与大臣不知如何治国,百姓大众也不知如何处世,社会就处于动荡不安之中。君子以阐道为使命,今道之不明,是自己的使命没有得到实现,当然忧。

君子乐有两个原因:一是社会"居易以俟命,下学而上达",社会和谐;二是个人"仰不愧而俯不怍"。这话是孟子说的。之所以不愧不怍,是因为自我价值得到了肯定。君子的这种忧乐,忧的是国、是民、是社会,乐的是自

---

① 曾国藩:《圣哲画像记》。
② 曾国藩:《圣哲画像记》。

己。在君子看来，为社会作出贡献，不是牺牲，而是获乐，因为这是自我实现。

君子的这种忧乐，不是一时半会的，而是"无日不忧，无日不乐"，而且是终身的，"忧以终身，乐以终身"，已经成为习惯，成为信仰，成为一种人生观了。

曾国藩在这里所谈的一切，都通向了审美。因为审美，究其本，是自我实现。自我实现在乎自我认识，自我肯定，是超功利的、精神性的，是无所求之求，无所为之为。

在君子中，有三个人有些特别。这三个人是庄子、司马迁和柳宗元。他们的现实人生其实是有痛苦的。庄子、司马迁、柳宗元均在他们的文章中抒发愤懑。应如何看待他们的人生态度呢？

曾国藩认为，庄子、司马迁、柳宗元三位忧是"伤悼不遇"。所谓不遇，就是没有得到最高统治者的赏识。这种"伤悼不遇"的忧，不仅是社会的通病，而且是社会的痼疾，几乎所有士人或多或少都有过这种忧，包括圣哲在内。只是诸多的士人不将这种忧写成文字，或者写成了文字，但没有产生大的反响，而庄子、司马迁、柳宗元不仅将这种忧表达出来，而且表达得特别出色，因而让人记住了他们的忧。

曾国藩认为，庄子、司马迁、柳宗元三位的忧，实质是"自惜不世之才"。自惜因为是自负、自信，本质上是自伤。既伤自己，更伤社会，因为自己的"不世之才"得不到施展，所以不能为社会施利、施福。这是自己的损失，更是社会的损失。

曾国藩认为，这三位的忧，不是图名，也不是谋利，而是希望能够为社会作出更大的贡献，因此"非夫无实而汲汲时名者比也"。

君主专制社会，人才的发现，渠道是非常有限的，而且人才是否得到赏识并正确使用，最终决定于君主的喜好。这是一种悲剧，时代的悲剧、社会的悲剧。

君子的忧乐观，既是一种道德观，也是一种美学观。作为道德观，更多地在"忧道之不明"上见出，体现出君子的社会责任感和担当意识。作为美学观，更多地在"自得之乐"上见出。

孔子说:"学而时习之,不亦乐乎? 有朋自远方来,不亦说乎;人不知而不愠,不亦君子乎?"① 这里,说了三种乐:学习乐,友来乐,自得乐。孔子强调的是"人不知而不愠"这种乐,这种乐为自得其乐,君子之乐。

宋明理学家喜欢谈"孔颜之乐"。孔子说:"贤哉回也,一箪食,一瓢饮,在陋巷,人不堪其忧,回也不改其乐,贤哉回也!"② 这段话,在儒家长期议论不休,形成著名的"公案"。

问题聚焦在颜子忧什么,乐什么。忧有两种:一是忧自己;二是忧社会,忧国家,忧人民。乐也有两种:名利之乐、自得之乐。在颜子,忧,主要为忧社会、忧国家、忧人民;个人生存上的艰难——"一箪食,一瓢饮,在陋巷",不是没有忧,但被主要的忧、更重要的忧压住了。颜子的乐,不是名利之乐,而是自得之乐。这种自得之乐是如此强大,以至于"一箪食,一瓢饮,在陋巷"这样贫苦的生活也改变不了它。

第三节　论文章 (上)

曾国藩是晚清文坛上的文章大家。根据自己的创作心得,提出了一系列的观点,其中最重要的有"自然之文"观。

什么是自然之文? 曾国藩在《湖南文征序》中说:

> 人心各具自然之文,约有二端:曰理,曰情。二者人人之所固有。就吾所知之理而笔诸书而传诸世,称吾爱恶悲愉之情而缀辞以达之,若剖肺肝而陈简策。斯皆自然之文。③

人人心中都有理,有情,理要表达,情要抒发,这表达、这抒发就是创作,就是文章。从文章的源头来认识文章的性质,这样理解无疑是正确的。曾国藩在这里强调这一点,并不是为文章找源头,而是由此出发,寻找文章新的分类法。

---

① 《论语·学而》。
② 《论语·雍也》。
③ 曾国藩:《湖南文征序》。

文章的分类法很多,曾国藩就文章的源头来找分类的依据。他拎出两个概念:"理""情"。它们都是人心自有,因而是自然。虽然人心中,理与情是难以分开的,但基于表达的需要,有偏于说理者,也有偏于抒情者。曾国藩说:

> 百家著述,率有偏胜,以理胜者,多阐幽造极之语,而其弊或激宕失中;以情胜者,多悱恻感人之言,而其弊常丰缛而寡实。①

这种分析是符合事实的。按照通常说的审美重情而言,"以情胜者"的作品,审美更丰富,称之为"情趣盎然"。"以理胜者"不是没有审美,不过,它的审美需要有前提。如果分析透彻,明理开慧,让人顿开茅塞,如洞触天开,一种特别的美感就产生了,称之为"理趣横生"。两类作品各有其用,以理胜者,多为论文,古代的奏疏、策论为此类;以情胜者,多为文学,诗、散文以及小说均为此类。

由此,他深入分析"理胜""情胜"两类文风的相互影响:

一、情韵对于论文的影响

曾国藩说:

> 自东汉至隋,文人秀士,大抵义不孤行,辞多俪语。即议大政,考大礼,亦每缀以排比之句,间以婀娜之声,历唐代而不改。虽韩、李锐志复古,而不能革举世骈体之风。此皆习情韵者类也。②

"义不孤行,辞多俪语",原因有二:一是义与俪语有天然联系。义根于理,理与情不离,理的表达,总伴有情,情的抒发不能没有美,美又不能没有俪语。二是作者为了让文起到更大的社会作用,不能不启动俪语,因为俪语美,人们爱美,自然爱俪语。汉赋好用排比句。南北朝时期,南朝的学者沈约等在声律上作出了巨大的贡献,这种成果,也被用到论文的写作上,这就使"议大政,考大礼,亦每缀以排比之句,间以婀娜之声"。

---

① 曾国藩:《湖南文征序》。
② 曾国藩:《湖南文征序》。

二、义理对于论文的影响

曾国藩说：

> 宋兴既久，欧、苏、曾、王之徒，崇奉韩公，以为不迁之宗。适会其时，大儒迭起，相与上探邹鲁，研讨微言，群士慕效，类皆法韩氏之气体，以阐明性道。自元时至圣朝康雍之间，风会略同，非是不足与于斯文之末，此皆习于义理者类也。①

宋朝文章大家欧、苏、曾、王等崇奉韩愈。韩愈的文章为"理胜者"，它的突出特点是气势贯通，且磅礴无穷，具有撼人心魄的精神力量。这种文体，曾国藩称之为"气体"。宋朝是理学大发展期，理学家们长于说理。他们的文章也都"法韩氏之气体"。

清代的理论文章，有两类：一种为考据文章，"一字之音训，一物之制度，辩论动至数千言"。另一类"曩所称义理之文"，"深远简朴"。前一类文章，在清朝名之为"汉学"，为清朝文章主流；后一类文章名"宋学"，在清朝不占主流地位。曾国藩对于这两类文章没有表现出明显的偏向，都能接受，说明在对待文章风格上，他持开放的态度。

第四节　论文章（下）

曾国藩论文章，大量见之于他的《鸣原堂论文》一书中，此书是曾国藩对自己所喜欢的古代名臣奏疏所做的评论，连原文一并收入书中，书前有他的弟弟曾国荃所写的序。从这些评论，可以看出曾国藩关于文章的审美取向：

一、文体风度："渊懿笃厚"

匡衡的《戒妃匹劝经学威仪之则疏》是《鸣原堂论文》的首篇。在此文后，曾国藩评论道：

---

① 曾国藩：《湖南文征序》。

三代以下，陈奏君上之文，当以此篇及诸葛公《出师表》为冠。渊懿笃厚，直与"六经"同风。如"情欲之感，无介于（原文为"乎"）仪容；宴私之意，不形乎动静"等句，朱子取入《诗经集传》；盖其立言有本矣。此等奏议，固非后世所能几及。然须观其陈义之高远，着语之不苟，为能平躁心而去浮词。①

奏疏是写给君主看的，有一般的要求，文理通达；又有特殊要求。特殊要求之首是"渊懿笃厚"。渊懿笃厚，既是对文章内容的要求，要言之有物，"陈义高远"，"着语不苟"，又是对文章态度的要求，要求对君主有深厚的情感，足够的爱戴，恰当的关切。"厚"是"渊懿笃厚"中的核心，厚是爱，是敬，而且爱之深，敬之诚。

"厚"含义丰富，在不同的语境中，意义有别。《刘向论起昌陵疏》一篇中曾国藩亦用到"厚"："首段言自古无不亡之国，近世奏议不敢如此立言。至于结构整齐，词旨深厚，皆汉文中最便揣摩者，沅弟性情极厚，故见余之文气笃厚，则嗜之如饥渴。然余谓欲求文气之厚，总须读汉人奏议二三十首，酝酿日久，则不期厚而自厚也。"② 此段文字出现了六个"厚"，有来自文章的词旨厚、文气厚，也有来自人物的性情厚。不管哪种厚，它的要害是性质上的真诚，意蕴上的深刻，分量上的稳重。

不同的评论对象，厚的内涵有别，但精神不变。厚，作为一种品格，它坚定，坚毅，坚韧，勇敢前行而不鲁莽，努力开拓而有方向。之所以能这样，是因为厚内在地认可一种原则，一种本体，一种方向，而不轻易改变。厚作为感性，它稳健、浓郁、深刻、朴素，具有特别的美感，因为它的内容涉及真与善，因而又具有崇高的意味。

二、内容品格：要"义理正大"

在《贾捐之罢珠厓对》一篇中，曾国藩提出"义理正大"这一概念，他

---

① 曾国藩：《鸣原堂论文·戒妃匹劝经学威仪之则疏》。
② 曾国藩：《鸣原堂论文·刘向论起昌陵疏》。

认为:"措词之高,胎息之古,亦由其义理正大,有不可磨灭之质干也。"① 奏疏是向皇帝呈献的建议,建议不仅要正确、可行,而且要合乎义理,且义理正大。

义理要正大,阐释要充分。必要时文辞也是可以上万字的。曾国藩十分推崇朱熹的《戊申封事》,这篇奏疏正文长达 1010 字,文中还有作者自注,达 2914 字。曾国藩说:"北宋万言书,以苏东坡、王介甫两篇最著;南宋之万言书以此公此篇,及文信国对策为最著。文章则苏王较健,义理则公较精。"②

义理要正大,行文要有气势。在《贾谊陈政事疏》一篇中,曾国藩说:"奏疏以汉人为极轨,而气势最盛,事理最显著者,尤莫善于《治安策》。故千古奏议,推此篇为绝唱。"③ 行文要有气势,涉及作者的笔力了,但气势主要来自义理的正大,只要将义理的正大讲透,气势也就有了。

三、语言形式:要"言妙天下"

"言妙天下"此语也出自《贾捐之罢珠厓对》的评论:

> 贾君房在当世有文名,故杨兴曰:"君房下笔,语言妙天下!"昔亡弟愍烈公温甫好"语言妙天下",尤好读《罢珠厓对》。大抵西汉之文,气味深厚,音调铿锵,迥非后世可及。④

"语言妙天下",典出杨兴对贾捐之文章的评论,本不是对奏疏文字的要求,曾国藩将它用在《贾捐之罢珠厓对》中,强调奏疏文字也要有卓越审美力。

"语言妙天下"可以当作为对奏疏文字的总要求,它可以分成两个方面:

(一) 体现奏疏文本身份的语言美

曾国藩在《苏轼上皇帝书》一篇中提出:

---

① 曾国藩:《鸣原堂论文·贾捐之罢珠厓对》。

② 曾国藩:《鸣原堂论文·戊申封事》。

③ 曾国藩:《鸣原堂论文·贾谊陈政事疏》。

④ 曾国藩:《鸣原堂论文·贾捐之罢珠厓对》。

奏疏总以明显为要,时文家有典、显、浅三字诀;奏疏能备此三字,则尽善也。典字最难,必熟于前史之事迹,并熟于本朝之掌故,乃可言典。至显、浅二字,则多本于天授,虽有博学多闻之士,而下笔不能显豁者多矣。浅字与雅字相背,白香山诗务令老妪皆解,而细求之,皆雅饬而不失之率。吾尝谓奏疏,能如白诗之浅,则远近易于传播,而君上亦易感动。此文(苏轼《上皇帝书》)虽不甚浅,而典显二字,则千古罕见也。①

典、显、浅三字,全面体现了奏疏文体的需要。典,显示奏疏的高贵性,毕竟这是写给皇帝看的文本;显,显示其目的性,要让皇帝明白文本的意思,这是奏疏的最高目的;浅,基于皇帝的文化水平不一定高,一定要让他一看就懂。虽然语言浅白,但还是要"雅饬"。曾国藩认为"奏疏能备此三字,则尽善也"。因为尽善,奏疏的功能充分实现,上奏疏的臣子与接受奏疏的皇帝都获得莫大的愉悦,这也可以说是"尽美"。

(二) 体现语言文本的美

奏疏是文字,作为文字,它有适合自身的身份美学。曾国藩在评论收入《鸣原堂论文》的 17 篇时,用到的一些概念,可以看作是语言文本的身份审美:

"音调铿锵"——对文字音韵方面的要求,此评语见《贾捐之罢珠厓对》。

"无一句不对,无一字不谐平仄,无一联不调马蹄"——文字音韵方面的要求,见《陆贽奉天请罢琼林大盈二库状》。

"摘辞居要"——对文字表义的要求。与此语意思相同的,还有"精警",见《刘安谏伐阅闽越书》。

"善设譬喻"——对文字表义的要求,见《苏轼代张方平谏用兵书》。

"明白显豁,人人易晓为要"——对文字表义的要求,见《贾谊陈政事疏》。

"轩爽洞达"——对文字表义的要求,见《王守仁申明赏罚以励人

---

① 　曾国藩:《鸣原堂论文·苏轼上皇帝书》。

心疏》。

《鸣原堂论文》虽然论的是奏疏这一文本，但其基本精神适用于一切文本。

第五节　论　文　境

在曾国藩同治四年正月二十二日的日记中，谈到他读书的感受，说：

余昔年尝慕古文境之美者，约有八言：阳刚之美曰雄、直、怪、丽，阴柔之美曰茹、远、洁、适。蓄之数年，而余未能发为文章，略得八美之一以副斯志。是夜，将此八言各作十六字赞之，至次日辰刻作毕，附录如左：

雄：划然轩昂，尽弃故常；跌宕顿挫，扪之有芒。

直：黄河千曲，其体仍直；山势若龙，转换无迹。

怪：奇趣横生，人骇鬼眩；《易》《玄》《山经》，张韩互见。

丽：青春大泽，万卉初葩；《诗》《骚》之韵，班扬之会。

茹：众义辐凑，吞多吐少；幽独咀含，不求共晓。

远：九天俯视，下界聚蚊；寤寐周孔，落落寡群。

洁：冗意陈言，类字尽芟；惧尔褒贬，神人共监。

适：心境两闲，无营无待；柳记欧跋，得大自在。①

曾国藩很少在日记中发表议论，此段议论极为精彩，是一篇重要的美学文献。他所提出的问题很多，重要的有二：

一、"文境"概念

"境"是中国美学的重要概念，它最早出现在佛经的翻译之中。南北朝时期，西域高僧鸠摩罗什开始了中国最早的佛教翻译，他译的佛经中就用到过境。境本是汉字，进入佛经后，取得了佛教的含义。在佛经中，不管境

---

① 曾国藩：《日记·同治四年》。

用于庄严净土,离相寂灭,抑或是了然开悟,都是美的疆域,唐朝诗僧皎然将境用于论诗,于是,境又获得了诗美的含义。这里曾国藩将境用于论文,这样境又获得文美的含义。

"文境"是一个新的概念,要了解这一含义,必须了解曾国藩受到什么启发,然后创造了这一概念。据曾国藩的日记,二十二日,白天多次见客,中间下过一局围棋,读过《说文》10页,"说话太多,疲乏之至"。中午小睡,夜,又见客一次,读《经文世编》十余首,说是"无称意者",二更后"温韩文数首,朗诵,似乎有所得",思索经年的关于文境的问题蓦然涌上心头,于是写下了上面所引的这段话。显然,文境问题得到开启,主要是温习韩愈文章所得到的灵感。

曾国藩非常推崇韩愈。不仅推崇韩愈的学问,而且推崇韩愈的文风。韩愈重气,他说:"气,水也;言,浮物也;水大则物之浮者大小毕浮。气之与言犹是也。"① 曾国藩也认为气很重要,他欣赏贾谊的文章《治安策》,说"气势最盛,事理最显著者,尤莫善于《治安策》"。据此,笔者认为,文境概念应有气,且气势强盛。

气,组词能力很强。其中有"气势"这一概念,气势重在文章的力量及力量的走向。苏洵说韩愈的文章气势磅礴,"如长江大河,浑浩流转"。曾国藩在《鸣原堂论文》中多次谈到气势。气,也可以组成"气象"概念。气象,重在文章整体的精神风貌,它包含气势,而又不限于气势。气象可以用来论人,也可以用来论文。曾国藩用气象论文,他说:

> 文章之道,以气象光明俊伟为最难而可贵! 如久雨初晴,登高山而望旷野;如楼俯大江,独坐明窗净几之下,而可以远眺;如英雄侠士,褐裘而来,绝无龌龊猥鄙之态。此三者皆光明俊伟之象。文中有此气象者,大抵得于天授,不尽关于学术。自孟子、韩子而外,惟贾生及陆敬舆、苏子瞻得此气象最多。②

---

① 韩愈:《答李翊书》。
② 曾国藩:《鸣原堂论文·王守仁申明赏罚以励人心疏》。

"光明俊伟"指的是文章气象，这气象如"久雨初晴，登高山而望旷野，如楼俯大江，独坐明窗净几之下，而可以远眺"。特点是：阔大、高远、清爽。这气象又如"英雄侠士，褐裘而来，绝无龌龊猥鄙之志"。特点是：英雄、侠义、高尚。"气象光明俊伟"作为文章之道，应该进入文境。真正的好文都应该"气象光明俊伟"，为曾国藩激赏的孟子、韩愈、贾谊、陆敬、苏轼，其文章最多"光明俊伟"的气象。

"气象光明俊伟"是由多种因素构成的，曾国藩在《鸣泉堂论文》中所论到的诸多好文章都称得上"气象光明俊伟"。它们的优点应该可以进入文境之中，成为文境的要素，如"义理正大""襟度远大""词旨深厚""言语精妙"等等。

曾国藩的文境概念与意境、境界概念应该不是一回事。文境实质文章之道，它是韩愈发起的古文运动至桐城派的作文纲领的一个高度概括、一个美学意义上的总结。

二、阳刚之美和阴柔之美

《易传》中有阴阳、刚柔两对概念，它们相通，但不相同。后世将它们拆散，组合成阳刚、阴柔两个概念，表达为两种美的范畴。关于阳刚、阴柔的审美特点，桐城派的主要作家姚鼐曾有专文做了精彩的阐述。曾国藩没有重复姚鼐的观点，也没有重复他用自然现象作比喻的说法，而是直截了当地提出两者的特点，概括为八个字，称之为"八美"。

阳刚之美具有四个特点：雄、直、怪、丽。

根据曾国藩对于每个特点所写的 16 个字，笔者的理解是：

雄：动作性。迅猛，表现"划然轩昂"；剧变，表现为"尽弃故常"；运动，表现为"跌宕顿挫"；光辉，表现为"扪之有芒"。

直：坚定性。"黄河千曲，其体仍直"——不变的坚定性；"山势如龙，转换无迹"——变的坚定性。

怪：奇趣性，间有恐怖，但非真实的恐怖。

丽：青春性。如年少，如春天，如美文。

阴柔之美也具有四个特点：茹、远、洁、适。

同样，根据曾国藩对每个特点所写的 16 个字，笔者的理解是：

茹：汇聚性，幽独性。"众义辐凑"是汇聚性，"幽独咀含"是幽独性。

远：超越性，理想性。"九天俯视，下界聚蚊"，这是超越，对丑恶现实的超越；"寤寐周孔，不求共晓"，生活在虚幻的梦境之中。

洁：简洁性，自律性。"冗意陈言，类字尽芟"，这是简洁；"慎尔褒贬，神人共监"，自律性。

适：闲适性，自在性。"心境两闲"，闲适性；"柳记欧跋"，自在性。

在《圣哲画像记》中，关于阳刚之美、阴柔之美，曾国藩另有一种说法：

> 西汉文章，如子云、相如之雄伟，此天地遒劲之气，得于阳与刚之美者也，此天地之义也。刘向、匡衡之渊懿，此天地温厚之气，得于阴与柔之美者也。此天地之仁气也。

曾国藩说，天地有两种气：遒劲之气和温厚之气。前者性质为阳刚之美，为义；后者性质为阴柔之美，为仁。这两种气，为人类所感应，会生出许多人文作品来。就文章来说，扬雄、司马相如文章的雄伟，对应于天地遒劲之气，刘向、匡衡的文章的渊懿，对应于天地温厚之气。虽然此种说法没有科学根据，但深得人心，几乎成为一种不证自明的公理，成为中国人的集体意识。阳刚之美与阴柔之美不可偏废，就曾国藩个人的审美爱好来说，更喜爱阳刚之美。

曾国藩的美学思想具有鲜明的儒家色彩，曾国藩也称得上中国封建社会最后的儒家代表，较之此前的儒家专攻或主攻于著述不同，曾国藩则将主要精力用于政治，他的著述，以奏折为主，其次是日记、书札，真正称得上著述的只有《鸣原堂论文》。但他的美学思想仍然比较丰富，也很深刻。曾国藩美学坚持经世致用之道，他的美学不是高头讲章，而可直接用于著文，而且是著于世事有用的文，用于思想修养。文章，在他看来，是天下之公器，而不是玩物，虽然如此，他非常看重文采。正如他的弟弟曾国荃在为《鸣原堂论文》写的序中所说，他所追求是"美善兼尽"。曾国藩对于中国历代的古文诗歌，评价公允，不偏执。他说，"诗之道广矣，嗜好趋向，各视其性之所近","必强天下之舌,尽效吾之所嗜,是大愚也"。① 曾国藩的美学思想比较开放,它不拘守儒家门庭,对于庄子这样的道家哲学家,左丘明、司马迁这样的史学家格外看重,将他们与儒家的圣人并称。

清朝,除了早期的王夫之,没有出现大的美学思想家,曾国藩虽然也算不上美学大家,但他的美学思想为清朝——中国最后的封建王朝留下了尚称得上绚丽的霞彩,他的美学是中国封建社会美学不够完善的总结。

---

① 曾国藩:《圣哲画像记》。